美程美课教研团队·编著

你好 Python

化学工业出版社

·北京·

# 内 容 简 介

　　本书整理了 Python 语言面向初学者的几乎所有基础知识点，并对这些知识做了一定程度的拓展与提高。本书内容不仅包括有助于理解基本知识点的案例代码，还包含了经典数学问题等方面的项目，以及如何用 Python 开发音乐播放器以及弹球游戏等项目。

　　这是一本交互性极强的书，书中提供了大量的代码练习，包括代码填空、代码阅读、代码设计以及总结归纳等，有助于形成一定的编程思维模式，快速、牢固地掌握 Python 编程方法与技巧。本书配备部分视频讲解，扫二维码观看视频即可同步学习书中的核心知识及重点内容。

　　本书适合中小学生以及其他编程初学者学习使用，也适合想陪小朋友一起学习 Python 编程的家长阅读使用，同时可作为相关培训机构的参考用书。

**图书在版编目（CIP）数据**

　　你好，Python / 美程美课教研团队编著. — 北京：
化学工业出版社，2021.6
　　ISBN 978-7-122-38819-3

　　Ⅰ. ①你… Ⅱ. ①美… Ⅲ. ①软件工具 - 程序设计 -
少儿读物 Ⅳ. ①TP311.561-49

　　中国版本图书馆 CIP 数据核字（2021）第 056239 号

---

责任编辑：耍利娜　李军亮　　　　　　　　　　美术编辑：尹琳琳
责任校对：宋　夏　　　　　　　　　　　　　　装帧设计：水长流文化

---

出版发行：化学工业出版社（北京市东城区青年湖南街 13 号　邮政编码 100011）
印　　装：河北京平诚乾印刷有限公司
787mm×1092mm　1/16　印张 26½　字数 560 千字　2022 年 10 月北京第 1 版第 1 次印刷

---

购书咨询：010-64518888　　　　　　　　　　售后服务：010-64518899
网　　址：http://www.cip.com.cn
凡购买本书，如有缺损质量问题，本社销售中心负责调换。

---

定　　价：128.00 元　　　　　　　　　　　　　版权所有　违者必究

序一

  Python 是一种面向对象的解释型计算机程序设计高级编程语言，它拥有易理解、移植性强和交互性良好等优点。同时，Python 提供了大量机器学习相关的代码库和框架，能帮助初学者便捷地完成图像处理、文本识别、语音分析等工作。近年来，随着互联网和人工智能的迅猛发展，Python 语言已成为最常用的编程语言，也成了少儿编程学习者的首选编程语言。因此，研发一套具有针对性、适用性的优秀教材，让编程初学者，特别是中小学编程学习者轻松认识编程、理解编程、爱上编程，变得尤为重要。

  我很高兴能够看到这本《你好，Python》出版，该书根据编写组多年的 Python 编程一线教学经验，从低龄编程初学者的视角进行教学设计，涵盖了 Python 编程的基础知识及基本概念，讲解深入浅出，非常适合 Python 初学者学习。同时，该书强调思维认知的构建，着力系统化地塑造编程思维，尽可能地增加读者与书本的互动，让读者在实践过程中亲身感受编程的乐趣。此外，该书积极引导学习者使用多种算法解决同一问题，通过不断地对比和优化，促进学习者对知识点的透彻掌握，有助于独立思考、开放思考、多维思考能力的培养。

  希望这本书能让更多的中小学生了解编程，感受 Python 的魅力，通过不断的实践、探索，创造更美好的世界。

浙江大学副教授，博士生导师

中国高校计算机大赛组委会副秘书长

2008 年我加入阿里巴巴，经历了 12 个"双十一"。最近的一次"双十一"，天猫交易额达到了历史性的 4982 亿元，这一成果背后，是阿里巴巴引以为豪的人工智能技术。每天，都有成千上万名算法工程师为阿里巴巴的人工智能添砖加瓦。这些工程师都在用什么编程语言构建阿里巴巴的人工智能大厦呢？答案就是 Python 语言。事实上，国际大型互联网公司，比如谷歌、Facebook 对 Python 语言都情有独钟，这两家公司也是人工智能的开路先锋，谷歌发布了深度学习框架 TensorFlow，Facebook 推出了深度学习库 PyTorch。

Python 到底是一门什么样的语言？事实上，在所有编程语言里，Python 并不算新，从 1991 年发布第一个版本以来，Python 已经 30 多年了。Python 是一种不受局限、跨平台的开源编程语言，其数据处理速度快、功能强大且简单易学，在数据分析与处理中被广泛应用。近年来，随着人工智能日益广泛的应用，Python 迅速升温，成为人工智能从业者的首选语言。根据数据平台 Kaggle 发布的机器学习及数据科学调查报告，在工具语言使用方面，Python 是数据科学家和人工智能工程师使用最多的语言。在 IEEE 综览发布的最受欢迎编程语言列表中，Python 同样位列第一。

Python 为什么会成为人工智能算法编程的首选语言？首先，Python 有非常全面、强大的人工智能支持库。我们知道，不管是机器学习（Machine Learning）还是深度学习（Deep Learning），模型、算法、神经网络结构都有现成的算法包可以直接调用，使用者只需要将数据传递给算法包。Python 内置的 math 和 random 库，堪称人工智能的数据处理神器。有了它们，就可以轻松地处理各种矩阵和向量，而算法的背后就是各种矩阵和向量在支撑！其次，用 Python 调用大多数人工智能算法模型非常简单。比如，训练和使用一个经典的逻辑回归（Logistic Regression）模型，几十行代码就够了。对于普通用户，甚至可以连算法原理都不用知道，直接调用 Scikit-Learn 的 Python 接口就可以完成最简单的算法应用。最后，Python 编程已经在人工智能领域形成了规模效应，形成了越来越多的开源工具与算法包，以后会越来越方便。

Python 语言天生具有两大支柱性优点：语言简单易学，人工智能的支持库丰富强大。随着互联网、大数据和人工智能技术的爆发性应用，这两大支柱基本奠定了 Python 的重要地位。根据以发达国家 Stack Overflow 问题阅读量为基础的主要编程语言趋势统计，近年来，Python 已然力压 Java 和 JavaScript 语言，成为发达国家增长最快的编程语言。2012 年之后，对于 Python 相关问题的浏览量迅速增长，从时间上看，这一趋势正好和近几年人工智能的发展重合。技术的普及推广就像滚雪球，早期的积累相对缓慢，一旦过了临界点，就是大爆发。现在 TensorFlow 和 Caffe 这样的深度学习框架，主体都是用 Python 来实现的，提供的原生接口也是 Python。

我从青少年开始，学习使用过 Fortran、VisualBasic、C、C++、Java、JavaScript、PHP、Perl、Python 等众多计算机编程语言，目前还在使用的主要就是 Python 了。总的来说，Python 是最适宜少儿学习、掌握和应用的语言，甚至可以说是一门可以学到老、用到老的优秀编程语言。

2020 年年初，我国提出新型基础设施建设的总体思路，人工智能是其中的重要组成部分，是中国成为世界强国的关键能力之一。衷心希望更多的青少年学习使用 Python，用人工智能算法推动社会进步、国家富强！

杨志雄

杨志雄，2005 年浙江大学工学博士毕业，2008 年加入阿里巴巴，现为资深技术专家。长期从事大数据和人工智能应用领域的研发工作，涉及个性化推荐、大数据可视化情报分析、金融风险决策引擎等。目前在蚂蚁金服芝麻信用事业部，主持数据智能部工作，特别是推动下一代芝麻分的算法研发。

# 前言

## 一切源于好奇

如何用代码记录、存储、读取你的
数据？

如何用代码作出判断与选择？

如何用代码完成重复的工作？

游戏是如何开发并运行的？

如何用代码画图？

Python是一种什么样的语言？

……

带着这些问题开启这本书，一个
全新的代码世界将呈现在你面前。

## 什么是编程

在开始学习Python知识之前，首先要了解编程是做什么的。编程，顾名思义就是编写程序，我们平时上网课用的软件，跟家人聊天用的QQ、微信，以及平时玩的游戏等，都统称为程序，我们可以将程序理解为一系列指令的集合，我们用这些指令集合指挥计算机做什么、如何做，准确地说编程是将计算机指令按照功能需要有序组织起来。

## 为什么要学习编程

作为一名编程小白，尤其如果你是一名中小学生，学习编程的最终目标不应该定在会写几行代码，或熟悉一些语法或会开发某个程序上，更重要的是通过学习培养你的编程思维，提升你发现问题、分析问题、解决问题的能力。

◇ 如果你想知道计算机软硬件是如何运行的，编程是最好的方法；

◇ 如果你想体会创造的乐趣，编程是最合适的方式；

◇ 如果你想锻炼自己提出问题、分析问题、解决问题的能力，学编程是最好的途径；

◇ 如果你想提高自己的逻辑思维能力，编程是最高效的工具；

◇ 如果你想提高自己的归纳能力，培养自己透过现象看本质的能力，还是要学编程；

◇ 如果你想体会一点点排除故障，让一个项目在自己手里一步步完善的乐趣，更应该学编程；

……

## 如何学编程

很多准备学Python的人都觉得自己没基础、没人教，不知道如何下手而原地踏步，大部分人之所以原地踏步是因为觉得自己不行，但其实通过正确的方法学会Python并不难，与其他源码程序语言相比，Python没那么抽象，初学者可以花相对少的时间在语言门槛上，进而可以花更多的时间在逻辑、算法以及解决问题的方法上：

◇ 牢记语法及规则，熟悉某个程序语言的常用单词；

◇ 初学者要先学会多读代码，通过读代码锻炼自己的思维；

◇ 多实践，多写代码；

◇ 梳理任务流程、逻辑流程，画流程图的习惯对初学者尤为重要；

◇ 培养写完代码后不断反思、不断优化代码的意识；

◇ 最关键的一点就是重复学习，持之以恒，熟能生巧；

◇ 尽量使用最简单最有效的代码解决问题，在支持学习者"走捷径"的问题上，Python语言给我们提供了极大的便利；

◇ "学然后知不足，教然后知困"，建议你尝试将自己学到的知识讲给你的同学、老师、父母听，你一定会有不一样的收获。

对于低年龄段的初学者，逻辑识别是编程学习的第一道关键门槛，在学习的初始阶段，建议用伪代码的形式写出程序的逻辑。什么是伪代码？如下面这样有结构性、贴近自然语言、描述程序实现逻辑的内容，称为伪代码。

如输入3个数，打印输出其中最大的数，用伪代码这样表示：

Begin（代码开始）

输入 m，n，p

如果 m>n 则 m→Max

否则 n→Max

如果 p>Max 则 p→Max

print Max

End （代码结束）

## 学编程需要"平头哥"精神

我们经常见到编程初学者明明脑海里知道某个项目如何实现，但是就是迟迟不下手，或者不知道怎么开始写。代码是写出来的，不是想出来的，我们鼓励本书的读者不管你脑海里有没有成熟的解决方案，都要跟着你的直觉把代码写出来，然后在写的过程中你会对具体的解决方案越来越清晰，而且你只有先写出来才能逐步优化你的代码。对于初学者来说，一步到位写出正确的代码是不现实也不科学的，除非你仅仅是在模仿代码。

所以作为一个初学者，在写代码时需要有一股"愣头愣脑"的精神，也就是像自然界里"蜜獾"（俗称"平头哥"，也是本书带你学Python的主人公）的精神，即不要害怕犯错误，不要害怕失败。学编程最大的乐趣在于把自己的代码一步步完善、一步步优化，希望你像"平头哥"一样对待书中的任何内容：大胆地去尝试，大胆地去思考，大胆地去质疑有没有更好的解决方案，大胆地从不同的角度去理解书中的内容，大胆地去探寻书中内容以外的拓展知识。

## 书中有趣的项目

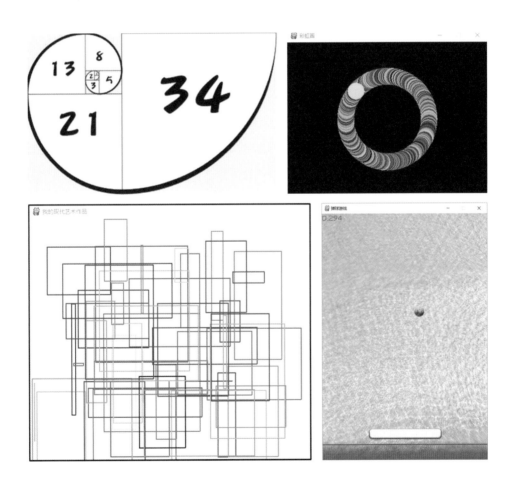

**致读者**

　　本书从策划至出版历时许久，许许多多的人为本书的出版提供了帮助。这里首先感谢张克俊老师以及杨志雄老师为本书作序并提出宝贵建议，其次感谢以任鹏老师为代表的具有丰富一线青少年编程教学经验的老师们，他们为本书的内容及展开方式等提供了宝贵的建议。最后感谢本书的策划、设计团队美程美课青少年编程（平头哥编程）教师团队，主要编写人员有林松生、谭显春、刘腾等。本着科学、严谨的态度，精益求精的原则，在编写的过程中，每一个知识点、每一个案例都要经过几十次课堂教学实践的磨合、推敲与优化。尽管如此，疏漏之处仍在所难免，敬请广大读者批评斧正。

编著者

# 关于本书

## 你需要准备什么

◇ 一台计算机，Linux、Windows 或 macOS 操作系统；

◇ 认知键盘的布局，也可以在学习编程的过程中熟悉使用键盘；

◇ 一定的英语词汇量，没有也没关系，本书每章节开始都为你列好本章需要认识的英语单词；

◇ Python 安装包，本书后面的内容还需要 PyCharm 或者 VSCode 等集成开发环境，以及一些特定的 Python 模块，如 re、easygui、pygame，本书所有代码支持 Python3.0 及以上版本；

◇ 勤奋以及不服输的精神，不能半途而废；

◇ 强烈的好奇心，是学习编程的基本前提。

## 如何使用本书

**填充**　这是一本交互性极强的书，提供了大量代码练习，如通过例程让读者归纳规则，进而完成代码阅读、代码填空以及程序设计练习，等等。这些都是为了能够让你牢固地掌握 Python 知识点所特意设计的。希望读完本书，它不再是干干净净的，所有需要填充的地方你也已经都填满了。

**善用**　细读代码，包括代码后面的注释，通过代码分析逻辑，善用注释去理解代码。

**实践**　本书的代码实例你都要去敲一遍，不断思考有无更优的代码方案，这样你对知识点一定会有不一样的认识。

**扩充**　善用搜索引擎，对于本书的知识点多上网搜索，可以从不一样的角度理解知识点。

**重复** 我们鼓励你从认知概念、语法甚至是一个单词开始，不断重复学习书中的知识点，直到你能将这些知识传授给你周围的人。

**拓展** 本书每一章的知识拓展与提高环节为可选学习内容，你可以根据个人的能力决定是否需要掌握这部分内容。

**视频** 本书配备部分视频讲解，扫二维码观看视频即可同步学习书中的核心知识及重点内容。

**分级** 本书适合小学四年级以上的所有编程初学者使用，为了方便不同年龄段的读者学习，我们将适合初中一年级以上深入学习的内容用"★"作了标注，这部分内容对小学六年级以下的读者不作要求，仅需认知，作为知识拓展用。

## 谁适合看这本书

编程老师　　　　　学生　　　　　　家长　　　　　职场新人

# 目录

## 平头哥的数据收纳盒——列表和元组 **5**

## **6** 平头哥的数据收纳盒——字典

## 是时候作出判断与选择了  **7**

## **8** 代码之"道"——循环

## 数学、传统文化与代码 **9**

## **10** 借你的代码来用——函数

## 11 平头哥的代码百宝箱——模块

## 糟糕的代码——异常与异常处理 12

## 13 看不见的"虫子"

## 不一样的编程——图形界面编程 ⒁

## ⒂ 小蟒蛇的文件柜——Python 文件操作

# 对象的特征——属性 **18**

# **19** 对象的行为——方法

# 寻求"爸爸"的帮助——继承 **20**

# **21** 游戏开发中的图形

## 不一样的输入——事件 **22**

## **23** 游戏开发怎能少了声音

## 弹球游戏 **24**

# 附录

# 参考文献

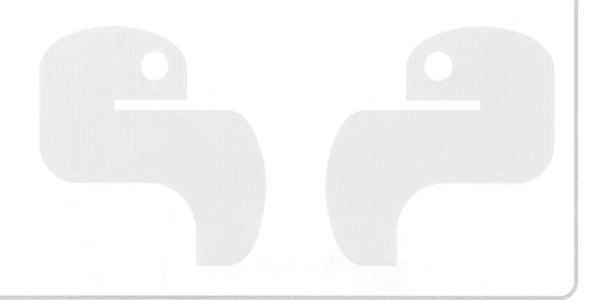

# 认识编程——
# 无处不在的编程思维

1

## 1.1 编程——开启思维训练的钥匙

编程学习，学什么？

◆ 程序语言的知识点、语法规则，编程技能；

◆ 分析问题的方法；

◆ 解构问题的方法；

◆ 透过现象寻找规则的能力；

◆ 逻辑识别提炼的能力；

◆ 不断反思、持续改进的习惯与能力；

……

## 1.2 编程学习——是技巧，也是思维，更是习惯

"如果一门计算机语言无法对你的编程思考方式产生影响，那么它就不值得你去学习。"

——首届图灵奖得主 Alan Perlis

如果你是中小学生，学习编程的目的重点不在于学习某种程序语言的技巧或知识，而在于能否通过编程的创造性学习，培养你发现问题、分析问题的能力，训练你的抽象与归纳能力，提升逻辑思维能力。既然你能关注到这本书，我们相信你足够聪明，但不是有了这一点，你就能做到卓越，关键在于你有多大的兴趣，你对 Python 的兴趣是不是持续的。

编程学习难吗？尽管编程语言的学习对你的知识储备、知识结构有要求，但这其中涉及的编程思维、算法思维却是你天天接触的：从过马路的红绿灯规则到帮助家人做家务，再到你玩的迷宫游戏等都是编程思维、算法思维在现实中的应用体现。利用这些事例，你可以学会如何分解任务、逻辑归纳、流程算法设计、任务实施，这一过程也是编程思维的核心所在（图 1-1），熟悉编程思维的模式有助于你对本书内容的认知与掌握。

把任务进行分解的过程通常有两种模式：一种为面向过程模式，另一种为面向对象模式。面向过程即为把一项任务分解成若干个小的任务，根据分解后的任务的特点，确定分支任务的先后顺序等关系，然后根据任务间的逻辑关系执行任务。

学习编程、训练编程思维并不意味着你必须具备多种特殊的技能，但是拥有解决问题的欲望、思维及正确的习惯却是必要的。

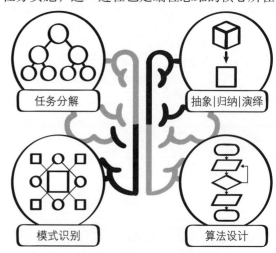

图 1-1　编程思维模型图

其实我们一直都在用编程思维解决问题，只是更多的时候我们无意识而已。

比如你在做某件事情时经常会被提示：这件事情要分几个步骤，第一步做什么，第二步做什么，等等，这种分步骤的形式是典型的面向过程的思路，试着思考你学习、做家务等活动通过分步骤是如何来实现的，是不是所有的事都可以分解为一个个的步骤。

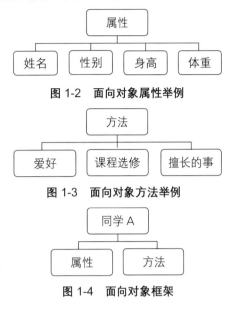

图 1-2　面向对象属性举例

图 1-3　面向对象方法举例

图 1-4　面向对象框架

当无法用分解步骤的办法设计任务（比如描述某个事物）时，我们可以利用面向对象的思路来实现。想象下刻画你的某个同学，我们需要描述哪些内容？首先你要确定描述这个同学的哪些特征，程序语言中名为属性（图 1-2）：姓名、性别、身高、体重；其次确定同学的爱好、课程选修、擅长的事等，程序语言中名为方法（图 1-3），这种描述方式就是面向对象模式（图 1-4）。

## 1.3　另类的语言——程序语言

1950 年第一台并行计算机 EDVAC 实现了"计算机之父"冯·诺伊曼的两个设想：采用二进制和存储程序，自此以后所有计算机内部都使用二进制，不过大部分人包括专业程序员并不擅长二进制语言。这时就需要一种翻译工具能够将用户的需求指令传达给计算机，再通过编译程序将用户的需求指令转变成计算机的二进制语言（图 1-5）。

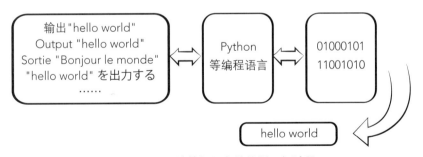

图 1-5　计算机语言的编译运行过程

能够将用户的需求以指令形式传达给计算机的工具就是程序语言。程序语言有很多种，伴随着信息技术的发展，从 Fortran 语言独领风骚到 19 世纪 80 年代的 Pascal 语言，再到 C 语言、Ada 语言、Java 语言，再到 Python 异军突起，一部程序语言的变化史就是一部信息技术革命的沿革史。

总有人争论：什么才是最好的程序语言？其实没有最好的语言，只有最合适的语言。

hello world——
Python 旅途之始

2

## 内容概述

通过本章你将了解学习 Python 需要做的准备工作，这将为你后面的学习打好坚实的基础。

◆ Python 的安装

◆ 变量使用规则

◆ 变量的定义及命名规则

◆ Python 的打印输出及输入

## ●●● 优雅的代码从认识英语单词开始

学习本章内容前你需要先认识表 2-1 中的单词。

表 2-1　英语单词

| 英文单词 | 中文含义 | Python 中用法 |
| --- | --- | --- |
| Python | 蟒蛇 | |
| input | 输入 | Python 中 input( ) 是函数，功能是允许用户交互输入一个值 |
| print | 打印 | Python 中 print( ) 是函数，功能是将某个值打印到屏幕上 |
| hello world | 你好世界 | 程序语言的图腾，大部分语言第一段代码都是 "hello world" |
| import | 导入 | Python 模块导入用关键字 |
| keyword | 关键字 | Python 中存储关键字的模块 |
| type | 类型 | type( ) 函数，返回对象的数据类型 |
| text | 文本 | 例程变量名 |
| turtle | 海龟 | Python 中的一个模块，用于绘制图形 |
| left | 左 | turtle.left（角度），海龟函数，画笔当前朝向向左转，可缩写为 .lt |
| right | 右 | turtle.right（角度），海龟函数，画笔当前朝向向右转，可缩写为 .rt |
| forward | 向前 | turtle.fd( ) 函数，海龟当前位置前行多少像素，.fd 为缩写 |
| circle | 圆形 | turtle.circle( )，绘制弧形函数，参数缺省为圆形，为 n 则是 n 边形 |
| done | 完成的 | turtle.done( ) 函数，保持绘制的图形一直显现 |
| name | 名字 | 例程变量 |
| range | 范围 | range( ) 函数，Python 循环迭代计数函数 |
| for | 对…… | for 循环关键字 |

## ●●● 知识、技能目标

### 知识学习目标

◆ 了解 Python 的安装

◆ 了解 Python 在老版本的系统上安装时遇到问题的解决办法

### 技能掌握目标

◆ 学会 print( )、input( ) 函数的规则

◆ 牢记 input( ) 的特殊性

◆ 初步掌握混合输出

◆ 进一步掌握控制 Python 换行与否

◆ 掌握 Python 变量定义命名规则，牢记使用先定义的规则

◆ 逐步培养变量定义的意识，养成定义良好变量的习惯

## ★ 2.1  磨刀不误砍柴工

### 千里之行，始于足下

再简单、再精彩的内容都要从第一步迈出，学习任何程序语言都要从开发环境安装、使用开始，从本节内容中你将了解到 Python 的安装以及常见问题的解决方式。

### 安装包下载

在确定安装包版本前，你需要确定自己的电脑操作系统版本，常用的操作系统版本有 Windows 系列（XP、Win7、Win10 等，同时 Windows 系统又分为 64 位以及 32 位）、Linux、Mac OS。打开浏览器，进入 Python 官网，可选择 Python 版本，如图 2-1 所示。

图 2-1  Python 版本选择

根据自己的操作系统版本，选择并点击"Windows"、"Linux/Unix"或"Mac OS"，此处我们以"Windows"为例，Python 版本选择如图 2-2 所示。

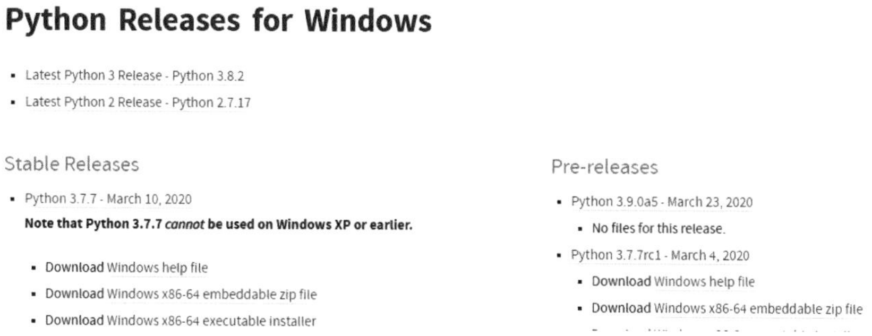

Python Releases for Windows
Latest Python 3 Release - Python 3.8.2
Latest Python 2 Release - Python 2.7.17
Stable Releases
Python 3.7.7 - March 10, 2020
Note that Python 3.7.7 cannot be used on Windows XP or earlier.
Download Windows help file
Download Windows x86-64 embeddable zip file
Download Windows x86-64 executable installer
Pre-releases
Python 3.9.0a5 - March 23, 2020
No files for this release.
Python 3.7.7rc1 - March 4, 2020
Download Windows help file
Download Windows x86-64 embeddable zip file

图 2-2　Python 版本选择（Windows 系统）

TIPS　Windows XP 系统仅支持 Python3.4.4 及以前的版本。

## Python 安装

Python 安装很简单，但是也有注意事项，安装的时候要注意勾选“Add Python 3.8（或其他版本）to PATH（将 Python 添加到 path 路径中）”（图 2-3）。

Python 3.8.2 (64-bit) Setup
Install Python 3.8.2 (64-bit)
Select Install Now to install Python with default settings, or choose
Customize to enable or disable features.
Install Now
C:\Users\Administrator\AppData\Local\Programs\Python\Python38
Includes IDLE, pip and documentation
Creates shortcuts and file associations
Customize installation
Choose location and features
python for windows
Install launcher for all users (recommended)
Add Python 3.8 to PATH
Cancel

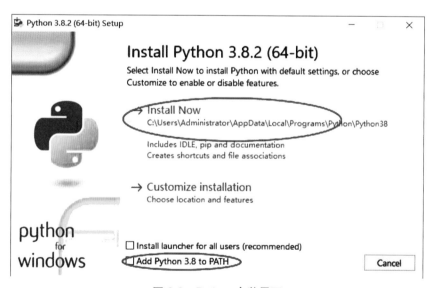

图 2-3　Python 安装界面

## 安装出现错误了

故障一：无法启动此程序，因为计算机中丢失……（图 2-4）。

图2-4 安装报错

错误原因：操作系统缺少 MFC 运行环境库 api-ms-win-crt-runtime，这涉及 Python 的编译环境，Python 在 Windows 上也是用微软的 Visual Studio C++编译的，底层也会用到微软提供的 C++库和 runtime 库。

解决方法一：下载 VC redit. exe 并安装。

解决方法二：去微软官网下载安装 KB2999226 补丁程序。

故障二：安装某些模块时报错。

解决方法：确认安装 Python 时勾选 "Add Python 3.8 to PATH"（图 2-5）。

图2-5 勾选安装路径

## Python 运行

Python 运行方式主要包括交互式解释器（IDLE）、命令行脚本、集成开发环境等。

## 交互式解释器

① 启动 IDLE；

② 逐行输入程序语句，每一行的程序语句运行结果立即显示出来；

③ 便于调试。

IDLE 的界面如图 2-6 所示。

```
Python 3.7.0 Shell
File  Edit  Shell  Debug  Options  Window  Help
Python 3.7.0 (v3.7.0:1bf9cc5093, Jun 27 2018, 04:59:51) [MSC v.191
4] on win32
Type "copyright", "credits" or "license()" for more information.
>>> print('Hello Wold')
Hello Wold
>>>
```

图 2-6　IDLE

## 命令行脚本

① "File"菜单选择"new file"；

② "Run"菜单选择"Run Module"或者按 F5；

③ 键入代码（图 2-7）；

④ 按提示保存代码；

⑤ 进入 Shell 运行代码（图 2-8）。

```
File  Edit  Format  Run  Options  Window  Help
score = int(input('请输入成绩：'))
if score >= 90 :
    print('A')
else :
    if score >=80 :
        print('B')
    else :
        if score >= 70 :
            print('C')
        else :
            if score >= 60 :
                print('D')
            else :
                print('E')
```

图 2-7　命令行脚本

## 集成开发环境

常用的 Python 集成开发环境有 PyCharm、Eclipse with PyDev、

```
Python 3.7.0 Shell
File  Edit  Shell  Debug  Options  Window  Help
Python 3.7.0 (v3.7.0:1bf9cc5093, Jun 27 2018, 04:59:51) [MSC v.1914 64 bit (AMD
4] on win32
Type "copyright", "credits" or "license()" for more information.
>>> print('Hello Wold')
Hello Wold
>>>
==== RESTART: C:/Users/lss/AppData/Local/Programs/Python/Python37/qqq.py ====
请输入成绩：80
B
>>>
```

图 2-8　命令行脚本在 IDLE 中运行

Visual Studio Code 等，对于比较复杂的项目用集成开发环境开发将更加方便。在本书中后阶段内容中，将用 PyCharm 工具开发项目（图 2-9）。

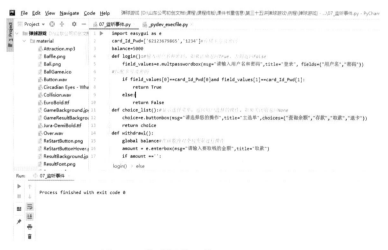

图 2-9　集成开发环境——PyCharm

## 2.2 你的代码"打印机"

前面章节提到过程序是指挥计算机工作的指令或指令集合，大部分好玩的、有趣的程序都有如下特征：

① 要求有数据输入；

② 程序处理数据；

③ 输出数据处理结果。

去银行取款时，ATM 机会要求你输入密码，取款机系统会处理你输入的密码并验证你的密码是否正确，最后返回是否允许你进行取款等其他操作的结果，这就是一个完整的输入—处理—输出的过程。但是并不是所有的输出都需要用户输入，比如让代码在屏幕上打出一行字。

Python 中在屏幕上打印输出一行字，需要用到 print( ) 函数（关于函数你可以理解为封装好的直接拿来用的代码，后面将详细介绍），它的作用是将信息打印在屏幕上。按照前面提到的打开 Python IDLE 的方法，准备好输入你的第一行代码（图 2-10）。

```
Python 3.7.0 Shell
File Edit Shell Debug Options Window Help
Python 3.7.0 (v3.7.0:1bf9cc5093, Jun 27 2018, 04:59:51) [MSC
4)] on win32
Type "copyright", "credits" or "license()" for more informati
>>> |
```

**图 2-10 打开 Python IDLE**

Shell 窗口中的">>>"是 IDLE 中的 Python 语句提示符，提示符后面就是键入代码的位置。

### "程序猿"的信仰——"hello world"

与学习其他语言一样，Python 第一行代码也是"hello world"，这里用"print( )"命令输出"hello world"。

**代码清单 2-1 hello world**

```
>>>print('hello world')
hello world
```

> **TIPS** 初学者学习 Python 要养成一个习惯——确认自己的输入法是否是英文状态，如果是中文状态，请将输入法切换成英文（按下 Shift 键可切换为英文状态）。

### 观察代码颜色，可以检查代码错误

在 IDLE 里，不同颜色的代码代表不同的身份，紫色表示这个单词是 Python 函数，绿色代表字符串，蓝色代表代码运行结果，橘黄色是其他关键字。如果把 Python 命令"print"拼错或者字符串漏掉一个引号会怎么样？请尝试操作并修改。

## 2.3 优雅的代码源于规范的名字——变量

### 变量及变量定义

设想下你去快递点取快递，快递员会问你的名字，然后根据你的名字找到快件所在的位置，并将快件拿给你。同样 Python 的变量也是近似的逻辑，表面上看，定义变量是把值存放给一个名字，实际计算机内存逻辑中是每个值都会分配一个临时地址（你可以将地址想象成存放这个值的盒子），定义变量等同于给这个盒子贴个标签，这个标签就是变量的名字。与其他的程序语言不同，Python 变量的定义不需要事先声明，直接赋值就完成了变量定义。如 a = 10 或者 b = 'Python'，就完成了变量 a、b 的定义。

> **TIPS** 需要强调的是，变量在使用前必须先定义，否则将会报错。

对于第一行代码程序，也可以用变量实现（代码清单 2-2）。

**代码清单 2-2 第一行代码换种写法**

```
>>>s='Hello World'
>>>print(s)
Hello World
>>>print(a)

Traceback (most recent call last):
  File "<pyshell#4>", line 1, in <module>
    print(a)
NameError: name 'a' is not defined
```

最后一行"NameError: name 'a' is not defined"意思是"名字'a'没有被定义"，表示变量没有被定义就被拿来用，是错误的。

### 给变量起名字也是有讲究的

规范而漂亮的变量名是程序开发的基础，不仅让你的代码整齐而规范，更有助于别人读懂你的代码。

变量的命名是有规则的，在定义变量时必须遵循以下规则：

① 建议变量名定义为有意义的词，也就是当别人看到你这个变量时能通过字面意思大概联想到这个变量的作用，如 my_teacher 就比 i 或者 person 有意义；

② 变量名是区分大小写的，如 teacher 与 Teacher 并不是同一个变量；

③ 为了方便识别，慎用小写字母 l 及大写字母 O；

④ 禁用保留字、关键字。常用保留字见"代码清单 2-3 Python 的关键字"；

⑤ 只能由数字、字符、下划线构成，首字符只能是字母或"－"，不能包含空格。

**代码清单 2-3 Python 的关键字**

```
>>>import keyword
>>>keyword.kwlist
['False','None','True','and','as','assert','async','await',
'break','class','continue','def','del','elif','else','except',
'finally','for','from','global','if','import','in','is','lambda',
'nonlocal','not','or','pass','raise','return','try','while',
'with','yield']
```

诸如变量等的名字统称为标识符，Python 中对于不同的对象起名字有一些约定俗成的规定，具体见表 2-2。

表 2-2　标识符命名要求

| 类型 | 规则 | 样例 |
| --- | --- | --- |
| 模块名和包名 | 全小写字母，多个单词之间用下划线隔开 | student、my_name |
| 函数名 | 全小写字母，多个单词之间用下划线隔开 | math、os、sys |
| 类名 | 首字母大写，采用驼峰命名法，多个单词时，每个单词第一个字母大写，其余小写 | Student、MyClass |
| 常量名 | 全大写字母，多个单词使用下划线隔开 | MIN、MAX_NUM |

程序开发过程中让程序员头疼的是 bug，实际上还有一个让人头疼的事就是起名字（给方法、函数以及变量等命名），甚至有时候会词穷。这里给大家介绍一个神奇的网站——CODELF，你可以直接在网站上搜索使用，也可以在你的编辑器里安装插件。

## ★ 2.4　名字与地址——变量定义的原理

定义变量时，赋值符号"＝"右侧可以是数字，可以是文字，可以是函数，也可以是另外一个变量。

将一个值赋值给一个变量，在程序执行时，相当于在计算机里临时为这个值开辟一个空间，并"贴一个标签"标识这个值的名字（图 2-11），如 myteacher＝"Mr Li"（图 2-12）。

定义一串字符变量，要遵守不同的规则，如 myteacher＝"Mr Li"，与数字不同，

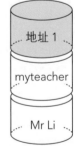

图 2-11　变量定义的模型　　图 2-12　变量定义举例

Python 中将一串字符按照字面显示或打印出来，需要在这串字符两边加英文状态下的引号（Python 中这种数据名为字符串，将在第 4 章中学习）。

实际编程学习中，我们经常会用一个变量去赋值另外一个变量，这种情况可以理解为将原来的存储空间的标签（名字）换成新的标签（名字）（图 2-13），如下面代码：

```
>>>myteacher="Mr Li"
>>>yourteacher=myteacher
>>>print(yourteacher)
Mr Li
```

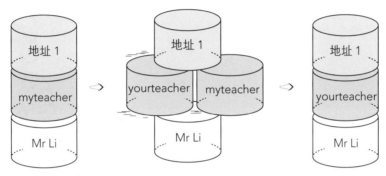

图 2-13 用变量定义变量原理模型

一个变量是否还是原来的变量，由其内存地址是否变化来决定，Python 提供了内置函数 id( )，它返回变量的内存地址。针对上述变量定义，这里验证两个变量内存地址的变化情况：

```
>>>myteacher='Mr Li'
>>>print(id(myteacher))  #2401406969088
>>>print(id('MrLi'))  #2401406969088
>>>yourteacher=myteacher
>>>print(id(yourteacher))  #2401406969088
>>>yourteacher='Mr Li'
>>>print(id(yourteacher))  #2401406969088
```

上面几次 id( ) 函数返回的结果相等，这表明尽管名字变了，因为变量的值并没有变化，变量的内存地址并没有变化，或者进一步说变量的地址与值有关，与变量名无关。

定义好的变量，值是可以修改的，程序里变量的修改可以理解为作废原来的变量，在新的空间定义一个新的变量，如图 2-14 所示。

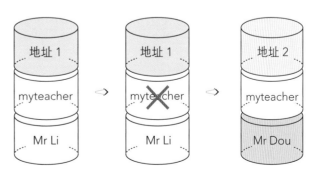

图 2-14 变量修改原理

```
>>>myteacher='Mr Li'
>>>print(id(myteacher))   #2162650408192
>>>myteacher='Mr Dou'
>>>print(id(myteacher))   #2162651185928
```

## 观察与归纳

上例中我们修改 my teacher 的值，your teacher 的值会不会改变？写下下面代码的运行结果。

```
>>>myteacher="Mr Li"
>>>yourteacher=myteacher
>>>print(yourteacher)
>>>my teacher="Mr Dou"
>>>print(myteacher)
>>>print(yourteacher)
```

运行结果：

_____

_____

## 2.5 计算机需要你做点什么

前面提到了输入，顾名思义就是需要告诉计算机一些内容。Python 的输入有多种方式：第一种是 input( ) 函数输入，允许用户在文本式代码里输入数据；第二种输入是通过图形界面输入数据；第三种输入称为事件，诸如鼠标、键盘等需要与计算机交互的输入。在后面章节中将陆续介绍。

在介绍输入前，先来学习下如何通过备注让别人看懂你的代码。

## 代码注释

**程序应该是写给其他人读的，让机器来运行它只是一个附带功能。**

—— Harold Abelson and Gerald Jay Sussman《The Structure and Interpretation of Computer Programs》

"喂，你写的代码是做什么用的？"我们读别人代码时往往会遇到这样的问题。

为你的代码添加备注，以便你自己或其他人读懂你的代码，这样的备注称为注释，以"#"开始，计算机会无视或忽略带"#"的代码或者其他内容。

## 注释的作用

① 便于别人读懂你的代码；

② 在复杂的代码中，便于你自己很快知道每部分代码的意义；

③ 有时候整个项目中某些代码不执行，可以用"#"将这些代码注释掉（详见代码清单 2-4）。

了解了注释，现在回到"数据输入"部分的内容。

## 初次接触输入

当程序处理数据时，有时候需要把这些数据直接放在代码中，比如前面提到的例程把数据"Mr Li"放在 myteacher 上，或者把一个变量给另外一个变量：

```
>>>myteacher="Mr Li"
>>>yourteacher=myteacher
>>>print(yourteacher)
```

但是很多时候需要程序使用者告诉程序"myteacher"是"Mr Li"，这种需要从用户那里获取信息的情况就是输入，这一点在前面的内容中也提到过。Python 提供了一个内置函数，即 input( ) 函数，它允许用户向程序输入特定的信息。

## input( ) 函数

帮助程序从键盘等设备获取数据，多在程序使用者与程序进行交互时使用。例如：获取输入的内容，赋值给变量 s，并输出 s 的值。

**代码清单 2-4 input( ) 函数应用**

```
>>>s=input('请输入数据:')    #提示从键盘输入数据
>>>print(s)
```

**代码清单 2-5 input( ) 获取的数据是字符串**

```
>>>s=input('请输入一个数值:')
请输入一个数值:2
>>>print(s)
2
>>>type(s)
<class 'str'>
```

TIPS　　Python 通过 input( ) 函数获取输入后返回的值，其数据类型是字符串类型。

type( ) 为类型函数，返回某个变量的数据类型，"str" 意为字符串类型。通过代码清单 2-5 可以发现：尽管变量 s 的值为 2，但是它的数据类型不是数值却是字符串。

Task: input( ) 函数练习

从键盘上输入你最喜欢的动画人物，赋值给变量 b，提示是"请输入最喜欢的动画人物："，并打印输出。

你的代码

## 2.6  打印输出变量

将字符串 hello world 赋值给变量 text 并打印 text。

**代码清单 2-6  打印输出变量**

```
>>>text ='hello world'
>>>print(text)
hello world
```

如果将代码这样写，请写出运行结果：

```
>>>text ='hello world'
>>>print('text')
```

为什么会是这样？（在第 4 章中可以找到答案）

你还可以将变量与其他类型数据组合实现复杂输出，如下面的例程：

在电脑上输入你的姓名，存放到变量 name 中，然后打印出"你好 姓名，欢迎来学 Python"。

**代码清单 2-7 关于变量的复杂输出**

```
>>>name = input('输入你的名字: ')
输入你的名字: 小明
>>>print('你好',name,', 欢迎来学 Python')
你好 小明, 欢迎来学 Python
```

## 2.7 学习 Python 怎么能少了小海龟

这里介绍另外一个小伙伴——小海龟"turtle"，它的特长是通过代码绘制图形，接下来的内容将一一为你展示它的绘图技能。

turtle 库是 Python 语言中一个很流行的绘制图像的函数库，类似这样的函数库称为模块（模块的介绍及导入使用将在第 11 章中介绍）。

使用之前，需要用 import 命令导入库：import turtle。

### 我在哪里——什么是坐标

"我在哪里？我是谁？"小海龟疑惑，"嗯，我知道我是谁，我是小海龟，但是我究竟在哪里？"

你可以通过代码告诉 turtle 的移动方向、移动目的地，但是如何实现？这里引入一个全新的概念——坐标，来标识海龟的位置。

拿一张白纸，用白板笔在纸上任意地方标个点，你看到这个点，会想到："噢，这个点在这个地方。"但是把这张纸拿另外一张纸覆盖起来后，你会如何描述这个点在什么地方呢？如果同时标两个或者多个不同的点，又如何标识这两个点或多个点在纸上的位置呢？

在平面中画出两条互相垂直的轴，水平的叫作 $x$ 轴，垂直的叫作 $y$ 轴。平面中任何一个点都对应着 $x$ 轴以及 $y$ 轴的一个值，这两个值组成的有序数（$x$，$y$）称为这个点的二维坐标，如图 2-15 中 A 点的坐标为（3，4）。

思考：写出 B 点的坐标。

### 前后左右——海龟的方向感

① 海龟默认位置为原点位置且方向朝向右。

② 海龟移动，把当前点当作起始点，有前进方向、后退方向、左侧方向、右侧方向

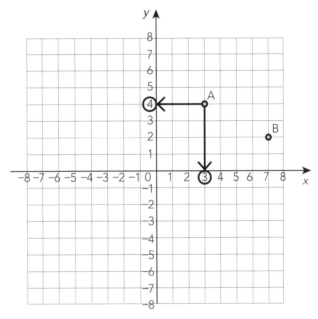

图 2-15 认识位置与坐标

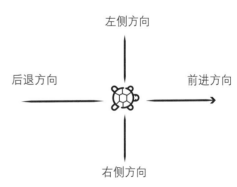

图 2-16 海龟的方向规定

（图 2-16 和图 2-17 ）。

turtle. fd(d)：指沿着海龟的前进方向运行；

turtle. bk(d)：指沿着海龟的反方向运行；

turtle. circle(r, angle)：指沿着海龟左侧的某

一点做圆运动，运动半径为 r，运动幅度通过

angle 参数确定，即半径起始位置间的角度。

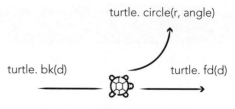

图 2-17　直线运动与圆弧运动

③ 海龟移动绝对角度。turtle. seth(angle)：只改变海龟的行进方向（角度按逆时针），

但不行进时，angle 为绝对度数（从海龟默认初始位置开始逆时针转）。

④ 海龟移动相对角度。turtle. left(angle)：从当前位置开始，逆时针旋转；turtle.

right(angle)：从当前位置开始，顺时针旋转。

## 小海龟：我能边走边绘图

海龟在前后左右移动的同时就是绘制图形的过程。

（1）绘制圆形

```
turtle. circle( )  #circle, 圆
```

（2）保持绘制图形一直呈现

turtle 中我们用 turtle. done( ) 命令保持所绘制的图形一直呈现。

现在画一个边长为 100 的正方形，再画一个半径为 100 的圆形。

关于边长，需要说明一个概念，在这里边长为 100 表示 100 个像素。所谓像素可以理解

为屏幕上的图像单元，如果将某个图片放得足够大，你会看到图片是由一行行、一列列单元

构成的，这些单元就是像素。

在开始绘制图形前需要先用 import 命令导入模块——import turtle。

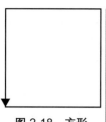

图 2-18　方形

海龟绘制方形
（图 2-18）
```
import turtle
turtle.fd(100)
turtle.lt(90)
turtle.fd(100)
turtle.lt(90)
turtle.fd(100)
turtle.lt(90)
turtle.fd(100)
turtle.done()
```

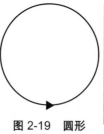

图 2-19　圆形

海龟绘制圆形
（图 2-19）
```
import turtle
turtle.circle (100)
turtle.done()
```

| TIPS | 若想改变箭头形状可以用 turtle.shape( ) 更改，如用 turtle. shape（'turtle'），将箭头更改为海龟形状。 |

## 划重点

◆ 变量使用前必须先定义

◆ 变量命名有自己的规则

◆ input( ) 函数返回的值为字符串类型

◆ Python 编程中括号、引号等必须是英文状态下的符号（在键入代码时除了必要的中文外，其他时候必须是英文状态，要养成这个好的习惯）

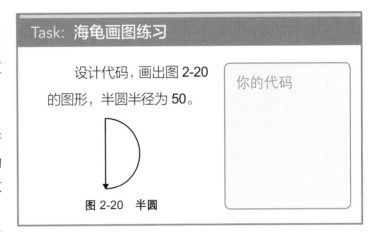

Task: **海龟画图练习**

设计代码，画出图 2-20 的图形，半圆半径为 50。

你的代码

图 2-20　半圆

◆ 打印时，如果要把某个值原模原样打印出来，需要在这个值两边加引号（其实就是转变成字符串再打印，在后面的内容中将详细介绍）

## ★ 拓展与提高

◆ Python 代码执行顺序

Python 代码执行顺序是自主程序第一行代码开始依次向下执行的，执行的过程如遇缩进，则在缩进内执行代码直到缩进结束再依次向下执行。

◆ print( ) 打印时默认每打印一次换行一次

**代码清单 2-8 print( ) 默认换行打印**

```
>>> for i in range(5): #for 循环，表示后面缩进的代码重复执行的次数
>>>     print(i)

0
1
2
3
4
```

◆ 如果打印输出的时候，需要实现强制换行，可以在需要换行输出的字符串前加 "\n"

**代码清单 2-9 print( ) 打印强制换行**

```
>>>print('hello world!')
hello world!
>>>print('hello \nworld!')
```

```
hello
   world!
```

◆ print( ) 取消默认打印换行用 end = ''

**代码清单 2-10 取消打印默认换行**

```
>>> for i in range(7):
>>> print(i,end='')
```

```
0123456
```

◆ 实现水平间隔输出

**代码清单 2-11 实现水平间隔输出**

```
>>>print('Hello\twelcome\tto\tPython_world.')
Hello welcome to Python_world.
```

Python 中用 "\t" 实现水平间隔换列（一个 "\t" 为 4 个空格符，可多个叠加使用）。

◆ 打印一个计算自然数两倍及三倍值的列表

**代码清单 2-12 水平间隔输出实例**

```
>>>print('i\t\t2i\t\t3i')
>>>for i in range(11):
>>>    print(str(i) + '\t\t' + str(2*i) + '\t\t' + str(3*i))
```

```
i          2i          3i
0          0           0
1          2           3
2          4           6
3          6           9
4          8           12
5          10          15
6          12          18
7          14          21
```

```
8          16          24
9          18          27
10         20          30
```

当需要打印出"\"这个符号时，需要用到"\\"，第一个为"\"转义，第二个是要打印出的"\"。

## 你掌握了没有

◆ 代码填空

要求把"0123456"按 0123、456 分两行输出。

```
for i in range(7):
    print(i,_____)   #取消打印换行
    if i=3:
            print(_____)   #实现换行
```

◆ 代码模仿，写结果

```
>>>language=input('输入你擅长的程序语言')
>>>print('我擅长', language,'语言')
>>>print('我擅长' + language + '语言')
```

运行结果：

_____

_____

关于"print('我擅长' + language + '语言')"这种形式的输出，将在字符串章节中学习到。

## 学编程，多动手

写一个程序，实现如下功能：

① 添加注释"向用户打招呼"；

② 提示用户"请输入您的名字"；

③ 用户输入后，在屏幕输出"你好，×××"，其中 ××× 是用户输入的名字。

你的代码

# 3

平头哥的代码
计算器

数学无处不在，在编程中，无论是具体的编程项目，还是编程工作本身，都离不开数学运算以及数学思想。想想看，用 Python 画圆的时候需要计算画笔走过的角度或画笔行走的距离，用 Python 统计全市中小学生体育成绩，用 Python 开发游戏时记录并计算游戏的分数，等等，都需要用到数值运算。这一章平头哥将带你学习 Python 数值类型及转换、算术运算与比较运算等知识，你还将学习到 Python 提供的部分数学工具，学会这些将为你后面的学习打下基础。

## ●●● 优雅的代码从认识英语单词开始

学习本章内容前你需要先认识表 3-1 中的单词。

表 3-1　英语单词

| 英文单词 | 中文含义 | Python 中用法 |
| --- | --- | --- |
| number | 数值 | Python 数据类型 |
| integer | 整数 | Python 整型数值，int( ) 函数将某一数值转换为整数 |
| float | 浮点型 | Python 浮点型数值，或者说小数，float( ) 函数将某一数值转换为小数 |
| math | 数学 | Python 中数学模块 |
| weight | 体重 | 例程变量 |
| perc | 百分比 | percent 缩写 |
| win | 战胜 | 例程用词 |
| classmate | 同学 | 例程用词 |
| today | 今天 | 例程用词 |
| True | 真 | 布尔值 |
| False | 假 | 布尔值 |
| max | 最大 | max( )，Python 函数，求取最大值 |
| min | 最小 | min( )，Python 函数，求取最小值 |
| round | 四舍五入 | round( )，Python 函数 |
| ceil | 天花板 | math.ceil( )，math 模块函数向上取整 |
| floor | 地板 | math.floor( )，math 模块函数向下取整 |
| random | 随机 | random 模块 |
| choice | 选择 | random.choice( ) 函数，从参数序列中选取某个（些）元素 |
| pencolor | 画笔颜色 | turtle 模块函数，定义画笔颜色 turtle.pencolor( ) |
| pensize | 画笔粗细 | turtle 模块函数，定义画笔粗细 turtle.pensize( ) |

续表

| 英文单词 | 中文含义 | Python 中用法 |
|---|---|---|
| fillcolor | 颜色填充 | turtle 模块函数，定义图形填充颜色 |
| begin_fill | 开始填充 | turtle 模块函数，标志填充开始 |
| end_fill | 结束填充 | turtle 模块函数，标志填充结束 |
| colormode | 颜色模式 | 表示颜色数值模式 0~255 或者 0~1 |
| blue | 蓝色 | 例程用词 |
| red | 红色 | 例程用词 |
| randrange | 随机范围 | random.randrange( )，表示从一个整数范围中随机选取一个值 |

## ●●● 知识、技能目标

### 知识学习目标

◆ 认知理解数值类型

◆ 认知数值基本运算概念及数学内置函数

◆ 认知数学第三方模块

◆ 认知布尔值

◆ 理解"地板除"及向下取整、向上取整的概念

### 技能掌握目标

◆ 掌握数值类型转换函数的使用

◆ 掌握算术运算、关系运算以及布尔运算

◆ 掌握常用数学函数的使用

◆ 掌握 math 模块的使用

"在抽象的意义下，一切科学都是数学。"

—— C. R. Rao（数学家、统计学家）

## 数值类型及类型转换

Python 中的数值，有的不带小数点，有的带小数点，不带小数点的是整数，带小数点的是小数，又叫浮点数。

整数：int，integer 的缩写，整型数值，如 1、2、399、−1、−10 等。

小数：float，浮点型数值，如 1.1、2.35、4.0 等。

### 数值类型函数

这里同样用到上一章提到的函数。Python 内置了两个数值类型函数，可实现整型数据与浮点型数据间的相互转换：

① int( )：int( ) 函数将括号中的数值转换为整型数值；

② float( )：浮点型数值转换函数将括号中的数值转换为浮点型。

int( ) 函数运算规则是对浮点型数据小数部分数值截断，返回整数部分的数值，而 float( ) 函数则是对整型数据补充小数部分，如：

```
int(4.6)——4
int(4.1)——4
float(4)——4.0
```

## 整型以及浮点型数据运算举例

在 IDLE 里直接键入数学式，就可以直接得到我们要的计算结果：

999 + 1024（整型）

999 + 1024.0（浮点型）

1024/255（整型）

1024.0/255.0（浮点型）

---

**Task: 数值运算练习**

    一个桶能装 50L 的纯净水，一个暖水瓶可以装 3L 水，编写程序，计算一桶水够装满几个暖水瓶。

| 你的代码 |
| --- |

    换个问法：

    一个桶能装 50L 的纯净水，一个暖水瓶可以装 3L 水，编写程序，计算需要几个暖水瓶装下一桶水。

| 你的代码 |
| --- |

---

## 关于数值的格式化输出打印

在处理打印数字的任务时，通常会遇到以下两个问题：

① 要求输出小数，显示 n 位小数；

② 输出整数，同其他类型数据混合输出。

带有特定格式的输出称为格式化输出，Python 中用 "%" 实现格式化输出，对于数值格式化输出需要这样做："%d" 告诉 Python 输出整型数值；"%f" 告诉 Python 输出浮点型数据，默认小数点后 6 位；"%.2f" 表示小数点后 2 位，进一步说是小数点后四舍五入保留 2 位，具体例程如下：

### 代码清单 3-1 关于数值的格式化输出

```
>>>weight_XiaoMing=25.625767
>>>print("XiaoMing's weight is", weight_XiaoMing,'kg')#非格式化输出
>>>print("XiaoMing's weight is %.2f kg"% weight_XiaoMing)#格式化输出
```

"%d"告诉 Python 输出整型数值，那么问题来了：整型数值输出代码规则是什么呢？下面的例程将告诉你答案。

## 整型数值格式化输出

**代码清单 3-2 整型输出的规则验证**

```
>>>num=25.625767
>>>print('%d'%num)
25
>>>num=25.225767
>>>print('%d'%num)
25
```

## 观察与归纳

"%d"输出整型数据的结果：_____

## 浮点型数值的格式化输出

注意：在格式化输出中，float 型数值保留到某位小数的时候，是四舍五入的。

如：小明花 20 元钱买了三瓶可乐，平均一瓶可乐多少元？

```
price=20/3
print('平均一瓶可乐%.2f 元'%price)
6.67
```

## 格式化输出拓展

当需要打印百分比，如 70%时，如何实现？

当需要打印"%"时，需要两个"%"，即"%%"，第一个"%"对第二个"%"进行转义，就如同要打印出"\"需要"\\"一样。

**代码清单 3-3 打印"%"**

```
>>>perc=65.9
>>>print('I win %.1f%% of my classmates today.'%perc)
I win 65.9% of my classmates today.
```

# 3.2　算术运算

## 基本运算

Python 中的基本运算，除加减乘除（＋、－、*、/）外，还需要掌握其他运算方式（表3-2）。

以下符号的作用是什么？请在 IDLE 中测试一下，并在表 3-2 中写下结果以及你对运算含义的理解。

表 3-2　特殊运算符号

| 运算符 | 示例运算 | 结果 | 运算概念及规则 |
|---|---|---|---|
| ** | 20**3= ? | | |
| // | 20//3 = ? | | |
| // | 20.0//3 = ? | | |
| % | 20%3 = ? | | |

## 敲代码并归纳

打开 IDLE，输入表 3-3 中的运算题，写下你从结果中归纳的关于运算结果精度的规则。

表 3-3　数学运算练习

| 运算 | 结果 | 运算 | 结果 | 你的归纳 | 参考归纳 |
|---|---|---|---|---|---|
| 675 + 232 | | 675 + 232.0 | | | |
| 688 − 396 | | 688.0 − 396 | | | |
| 52*315 | | 52*315.0 | | | Python 数值算术运算只要有一个操作数为浮点数，运算结果即为浮点数 |
| 800/2 | | 800/2.0 | | | |
| 100%3 | | 100.0%3 | | | |
| 660//59 | | 660//59.0 | | | |
| 99**2 | | 99.0**2 | | | |

## 为什么要用计算机计算数据

"这些数好简单，我自己就能算，再不行可以用计算器，为什么要用 Python？"你肯定会这么想，那这里有一串数据你来算下：

```
36789278470976325678965437 65675*34678980786546783456 7234509384
```

## 用代码解数学题

甲乙两地相距 360 千米。一辆汽车从甲地开往乙地，计划 9 小时到达。因天气变化，实际每小时比计划少行 4 千米，实际多少小时到达乙地？

你的代码

## 模运算（求余数）隐藏的规则

先看下面的实例：

假设一个自然数 n 作除数，被除数 m 也是自然数（m>n），求 m 除以 n 的余数。

这里以 n = 3、4、5，m = 11~21 为例：

| 当 n = 3 时： | 当 n = 4 时： | 当 n = 5： |
|---|---|---|
| 举例 | 举例 | 举例 |
| 11 除以 3 余数 2 | 11 除以 4 余数 3 | 11 除以 5 余数 1 |
| 12 除以 3 余数 0 | 12 除以 4 余数 0 | 12 除以 5 余数 2 |
| 13 除以 3 余数 1 | 13 除以 4 余数 1 | 13 除以 5 余数 3 |
| 14 除以 3 余数 2 | 14 除以 4 余数 2 | 14 除以 5 余数 4 |
| 15 除以 3 余数 0 | 15 除以 4 余数 3 | 15 除以 5 余数 0 |
| 16 除以 3 余数 1 | 16 除以 4 余数 0 | 16 除以 5 余数 1 |
| 17 除以 3 余数 2 | 17 除以 4 余数 1 | 17 除以 5 余数 2 |
| 18 除以 3 余数 0 | 18 除以 4 余数 2 | 18 除以 5 余数 3 |
| 19 除以 3 余数 1 | 19 除以 4 余数 3 | 19 除以 5 余数 4 |
| 20 除以 3 余数 2 | 20 除以 4 余数 0 | 20 除以 5 余数 0 |
| 21 除以 3 余数 0 | 21 除以 4 余数 1 | 21 除以 5 余数 1 |

试试你的归纳能力（归纳模运算结果的规则，描述其与除数、被除数的关系）

_____

_____

_____

参考规则

关于 m、n 两个自然数的模运算 m%n，无论 m 为何值，模运算结果都是 0, 1, 2, …, n–1，也就是说不论 m 是什么样的正整数，n 作除数的时候，模运算的结果是在 0, 1, 2, …, n–1 间周期变化的，这一点很重要，在后面的学习中会经常用到，比如可以通过模运算结果的周期变化设计程序循环。

## 比较运算

### 数值比较运算

假定 a = 5，b = 10，IDLE 中键入示例（表3-4），写下你所得的结果。

表3-4  比较运算

| 运算符 | 含义 | 示例 | 结果 |
|---|---|---|---|
| == | 比较两个数是否相等 | a==b | |
| != | 比较两个数是否不相等 | a!=b | |
| >= | 比较前数是否大于或等于后数 | a>=b | |
| <= | 比较前数是否小于或等于后数 | a<=b | |

续表

| 运算符 | 含义 | 示例 | 结果 |
|---|---|---|---|
| > | 比较前数是否大于后数 | a>b | |
| < | 比较前数是否小于后数 | a<b | |

比较运算只有两种结果：True 与 False，它们是布尔（boolean）类型的值，表示真和假，布尔类型可以进行 and、or 和 not 运算，如 True and True，True or False，not True。

> **TIPS** 注意区分 = 与 ==，前者为赋值符号，后者为等号（比较运算符号）。

### Python 英文字母的大小比对

除了数值可以进行比较运算外，英文字母也可以进行比较运算，IDLE 中键入表 3-5 中的运算看看能得到什么样的结果，并总结字母大小比较的规则。

表 3-5 比较字母大小

| 项目 | 结果 | 总结 52 个字母（大写和小写）大小关系 |
|---|---|---|
| 'a'<'z' | | |
| 'a'>'b' | | |
| 'A'<'Z' | | |
| 'A'<'B' | | |
| 'A'>'a' | | |
| 'z'<'Z' | | |
| 'Z'>'a' | | |

### 比较运算练习

从键盘读入两个数 a 和 b，运用比较运算符（==）比较两个数，按下列格式输出比较结果。

输出格式："a == b 的结果是 False 或 True"。

> 你的代码

## 数学内置函数

前面学过的 int( ) 和 float( ) 都是 Python 内置函数，除了这两个函数外，Python 还有大量的内置数学函数，其中包括：

```
max(x1,x2,…)    返回参数的最大值
min(x1,x2,…)    返回参数的最小值
round(x)        对 x 四舍五入，返回对应值
```

**例程 1**

用 Python 找出 12、24、13、78、44、26、52 中的最大值和最小值。

```
>>>max(12,24,13,78,44,26,52)
>>>min(12,24,13,78,44,26,52)
```

**例程 2**

返回 3.1415926 的整数值。

```
>>>round(3.1415926)
```

思考：如何返回 3.7563 的整数部分的值？

---

**Task: 找最大值**

找出 2.26、4.1、5、7.7、8、4.6、5.3、9.7 中的最大值，然后对最大值四舍五入并返回对应值。

你的代码

---

## 3.5　math 模块

math 是 Python 中的一个数学模块，math 模块中内置多种函数，这里着重介绍 math. ceil( ) 函数以及 math. floor( ) 函数。ceil 在英语中是天花板的意思，math. ceil( ) 表示对操作数向上取整，取大于或等于 x 的最小整数值，如果 x 是一个整数，则返回 x。floor 是地板的意思，math. floor( ) 表示向下取整，取小于或等于 x 的最大整数值。

**例程**

```
>>>import math
>>>math.ceil(3.4)
>>>math.floor(3.4)
```

什么时候该用向上取整、向下取整？

**Task: 向下取整练习**

工厂新进一批铝材重 2t，每个窗户需要铝材 60kg，求这批铝材可以做多少个窗户。

你的代码

**Task: 向上取整练习**

某校四年级六班 60 人去春游划船，每艘小船最多可载客 7 人，求需要多少艘船才能让所有人上船。

你的代码

## random 模块

The generation of random numbers is too important to be left to chance.

（随机数的产生实在太重要了，不能够让它由偶然性来决定。）

—— Robert R.Coveyou

random 是 Python 里另一个内置模块，模块中内置了多个函数，帮助程序产生随机数：

① random. choice( ) 函数返回一个列表、元组或字符串（将在第 4 章、第 5 章中介绍）的随机项。

试一试：

```
import random
random.choice("A string")#A
random.choice("A string")#s
random.choice("A string")#

import random
random.choice([1,2,3,4,5])#2
random.choice([1,2,3,4,5])#4
random.choice([1,2,3,4,5])#1
random.choice([1,2,3,4,5])#2
```

② random. random( ) 函数生成（0~1）之间的随机数。

试一试：

```
import random
random.random()#0.10225606857448688
random.random()#0.07621883529799323
random.random()#0.5522125021290866
random.random()#0.5402514891994429
```

## 给点颜色

颜色

画笔颜色：turtle. pencolor ("blue" or "red" or…);

填充颜色：turtle. fillcolor ("blue" or "red" or … )；

画笔宽度：turtle. pensize (width)。

**代码清单 3-4 给图形上颜色（图 3-1）**

```
import turtle
```

```
turtle.pencolor("blue")
turtle.fillcolor("red")
turtle.begin_fill()
turtle.circle(50)
turtle.end_fill()
turtle.done()
```

图 3-1　填充颜色

turtle.pencolor()

turtle.fillcolor()

turtle. color (pencolor 参数值，
　　　　　　　fillcolor 参数值)

> **TIPS**　turtle 中实现某个图形填充，需要在此图形绘制代码前后分别插入 turtle. begin_fill( ) 以及 turtle.end_fill( ) 代码。

## 海龟的考验

画出图 3-2 中的图形，提示半圆半径 50，画笔宽度 5。

你的代码

图 3-2　绘制半圆

思考：利用搜索引擎查询 turtle. circle( ) 的参数设定，想一想如何画出图 3-3 中的图形（注：想一想搜索什么样的主题可以得到答案）。

## 随机颜色的乐趣

海龟绘图中的颜色表示除了颜色单词外，还可以用 RGB 颜色模式实现更丰富的颜色变化。RGB（R—red，G—green，B—blue）的色彩值由一个 0~255 的整数三维数组（元组）或者 0~1 的小数三维数组（元组）来决定（表 3-6）。

图 3-3　绘制五边形

表 3-6　RGB 颜色值

| 英文名称 | RGB（0~255） | RGB 小数值（0~1） | 颜色名称 |
|---|---|---|---|
| white | 255, 255, 255 | 1.0, 1.0, 1.0 | 白 |
| yellow | 255, 255, 0 | 1.0, 1.0, 0 | 黄 |

续表

| 英文名称 | RGB（0~255） | RGB 小数值（0~1） | 颜色名称 |
| --- | --- | --- | --- |
| magenta | 255, 0, 255 | 1.0, 0, 1.0 | 洋红 |
| cyan | 0, 255, 255 | 0, 1.0, 1.0 | 青 |
| blue | 0, 0, 255 | 0, 0, 1.0 | 蓝 |
| black | 0, 0, 0 | 0, 0, 0 | 黑 |

turtle 模块中，当采用 RGB 颜色模式时，你需要先声明色彩模式 turtle. colormode (255)，参数缺省时默认 1.0，即 RGB 数值范围在 0~1。

**代码清单 3-5 随机色画圆**

```
import turtle, random
#采用 RGB 颜色模式，必须先定义色彩模式
turtle.colormode(255)
turtle.pencolor(255,0,255)   #画笔颜色
#填充颜色
turtle.fillcolor(255,255,0)
turtle.pensize(2)   #画笔宽度
turtle.begin_fill()   #开始填充
turtle.circle(50)
turtle.end_fill()   #结束填充
turtle.done()   #绘制的图片一直显示在屏幕
```

既然 RGB 颜色由 0~255 或 0~1 的三维数组构成，那是否可以用本章的 random 模块产生随机的颜色呢？当然可以！可以这样实现（图 3-4）：

```
import random as r
turtle.pencolor(r.randrange(256),r.randrange(256),
r.randrange(256))   #画笔颜色
turtle.fillcolor(r.randrange(256),r.randrange(256),\
r.randrange(256))
```

图 3-4　随机颜色

你的程序画出来的是什么颜色？

> **TIPS** 如果出现代码断行的情况，用 "\" 连接，"\" 后面不能有空格，否则不起作用，在后面的内容中将经常用到它。

## 划重点

◆ "//" "%" "**" 运算

◆ 理解比较运算与布尔值

◆ math 模块，math. ceil( )、math. floor( ) 的运用，理解什么时候该用 math. ceil( )，什么时候该用 math. floor( )

◆ random 模块的应用

## ★拓展与提高

◆ math 模块中 ceil 与 floor 拓展

```
math.ceil(-3.9)   #-3
math.floor(-3.9)  #-4
math.ceil(-2.1)   #-2
math.floor(-2.1)  #-3
```

归纳：＿＿＿＿＿＿＿＿＿＿＿＿＿＿＿＿＿＿＿＿＿＿＿

◆ 常用 Python 数值运算顺序（优先级自上而下依次递增）

① 比较：$<, <=, >, >=, !=, ==$

② 加法与减法：$+, -$

③ 乘法、除法与取余：$*, /, \%$

④ 乘方运算 $**$

⑤ 正负号：$+, -$

⑥ 括号（ ）

试计算 $(5*4 + 16)/4\%3$

◆ math 模块中其他常用函数

```
fabs(x):返回 x 的绝对值
>>>math.fabs(-0.03)
0.03
factorial(x):取 x 的阶乘的值
>>>math.factorial(3)
6
gcd(x，y):返回 x 和 y 的最大公约数
>>>math.gcd(8,6)
```

2

pi:数字常量，圆周率

```
>>>print(math.pi)
3.141592653589793
```

pow(x, y):返回 x 的 y 次方，即 x**y

```
>>>math.pow(3,4)
81.0
```

radians():把角度转换成弧度

```
>>>math.radians(45)
0.7853981633974483
```

求角度 x 的余弦(例，x=45)

```
>>>math.cos(math.radians(45))
0.7071067811865476
```

sin(x):求 x(x 为弧度)的正弦值

```
>>>math.sin(math.radians(45))
0.7071067811865476
```

sqrt(x):求 x 的平方根

```
>>>math.sqrt(100)
10.0
```

## 你掌握了没有

读程序，写结果

| int(3.6) | 6.0//2 | math.floor(3.2) |
|---|---|---|
| _____ | _____ | _____ |
| round(3.2) | math.ceil(3.2) | round(3.6) |
| _____ | _____ | _____ |

## 学编程，多动手

输入 4 个学生的成绩，输出其中成绩最高的分数和最低的分数以及所有学生的平均分，格式为"最高成绩为 分，最低成绩为 分，平均成绩为 分"，学生成绩带一位小数。

你的代码

# 4

串起来的字符——
字符串

本章将学习如何创建字符串，如何访问字符串中的某个或某些字符，并且会介绍及示范部分字符串函数的功能，以及如何实现字符串格式化输出。

学习任何一种编程语言，了解数据类型及数据结构是基础，它与算法一起构成了程序。

"Algorithms + Data Structures = Programs."（算法＋数据结构＝程序）

——Niklaus Wirth（Pascal 语言的作者，1984 年度图灵奖得主）

## ●●● 优雅的代码从认识英语单词开始

学习本章内容前你需要先认识表 4-1 中的单词。

**表 4-1 英语单词**

| 英文单词 | 中文含义 | Python 中用法 |
|---------|---------|--------------|
| string | 串 | Python 中用简写 str( ) 表示字符串转换函数 |
| length | 长度 | 简写 len( ) 函数，求取字符串长度 |
| upper | 上面的 | string.upper( )，将字符串中的小写字母转为大写字母 |
| lower | 小的 | string.lower( )，转换字符串中所有大写字母为小写 |
| title | 标题 | srting.title( )，开头字母大写 |
| format | 格式 | 格式化输出方法 |
| start | 开始 | s[start:end:step]，字符串切片开始位置 |
| end | 结束 | s[start:end:step]，字符串切片结束位置 |
| step | 步长 | s[start:end:step]，字符串切片的间隔 |
| swapcase | 交换，转换 | string.swapcase( )，字符串交换转换，大写变小写，小写变大写 |
| center | 中间 | string.center( )，字符串居中对齐函数 |
| ljust | 左对齐 | string.ljust( )，字符串居左对齐函数 |
| rjust | 右对齐 | string.rjust( )，字符串居右对齐函数 |
| width | 宽度 | 字符串对齐函数参数，字符串对齐填充后宽度 |
| fillchar | 填充符号 | 字符串对齐函数参数，字符串填充符号 |
| goto | 跳到，走到 | turtle 函数，goto( ) 表示画笔跳到某个位置 |
| penup | 抬起画笔 | turtle 函数，penup( ) 表示提起画笔不画图，配合 goto( ) 函数 |
| pendown | 放下画笔 | turtle 函数，pendown( ) 表示放下画笔继续画图 |

## ●●● 知识、技能目标

### 知识学习目标

◆ 认知字符串的定义及注意事项
◆ 认知字符串访问及字符串切片的概念与规则

### 技能掌握目标

◆ 掌握字符串创建引号使用的注意事项
◆ 学会访问单个或多个字符
◆ 牢记字符串连接运算的原则
◆ 熟练掌握字符串函数的使用

## 4.1 字符串创建

字符串，顾名思义是一串"串"起来的字符（图 4-1），Python 对字符串的创建有明确的要求，不仅需要按要求将字符组织起来，还要在两边加引号，需要进一步说明的是字符串是有序的。与前面学习过的数值一样，字符串也是 Python 数据类型的一种，只要是在引号里的数据，都会变成字符串。

图 4-1 "串"起来的字符

### 双引号创建字符串

```
>>>str1="Python"
>>>print(str1,type(str1))

Python <class 'str'>
```

### 单引号创建字符串

```
>>>str2='Python'
>>>print(str2,type(str2))

Python <class 'str'>
```

### 字符串函数返回字符串

```
>>>str3=str(123)
>>>print(str3,type(str3))

123 <class 'str'>
```

### 三引号创建字符串（多行字符串定义时）

```
>>>str4= '''this is A test for
        Multiple line'''
>>>print(str4,type(str4))
   this is A test for
Multiple line    <class 'str'>
```

当要定义的字符串本身就含有引号时该如何处理？

尝试定义以下字符串：

① I'm fine, thank you. And you?

② "Python"是蟒蛇的意思，同时也是一种编程语言的名称。

> **TIPS**　同一类型的引号会自动配对。

### 归纳

字符串本身含有单/双引号时定义字符串

---

## 4.2　把串起来的字符取出来

前面提到过字符串是有序的字符序列，是"一串串起来的字符"，在编写程序时你还会遇到这样的场景：提取字符串中符合特定条件的某个或某些字符。既然字符串是有序的，你可以给字符串中的字符按次序标一个数字（称为下标），利用下标来实现对字符串的访问。下标的标注有正序标注及逆序标注两种方式，正序标注从左侧第一个字符开始标"0"，依次递增直至最后一个字符，这其中包含空格、标点等所有符号，见图 4-2。

|  | 数字标识 | 0 | 1 | 2 | 3 | 4 | 5 | 6 | 7 | 8 |
|---|---|---|---|---|---|---|---|---|---|---|
| s= | 字符 | H | i | , | P | y | t | h | O | n |

**图 4-2　字符串正序标注**

在 Shell 中键入下列代码，试一试你能得到什么。

**代码清单 4-1 字符串访问**

```
>>>s='Hi,Python'
>>>print(s[0])  #H
>>>print(s[2])  #,
>>>print(s[4])  #y
```

显然通过"字符串[下标]"形式，可以访问到下标对应的字符。

## 如何统计字符串的长度

Python 中用 len(s) 统计字符串 s 的元素个数即字符串长度（包含其中的空格和标点符号）。

**代码清单 4-2 字符串长度函数**

```
>>>s="Hi,Python"
>>>print(len(s))
```

思考：字符串 s 长度为 n（n=len（s），长度就是字符串有多少个字符），最后一个字符的下标是多少？

字符串长度是 6，如何访问最后一个字符？（从 0 开始标第一个字符，最后一个字符下标为 5，即 s[5]）

字符串长度是 9，如何访问最后一个字符？（从 0 开始标第一个字符，最后一个字符下标为 8，即 s[8]）

字符串长度是 100，如何访问最后一个字符？（从 0 开始标第一个字符，最后一个字符下标为 99，即 s[99]）

如果字符串长度是 n，如何访问最后一个字符？（s[n − 1]）

访问最后一个字符还有一个办法：通过逆向索引访问（下标从最后一个字符开始标 −1），见图 4-3。

| s= | 数字标识 | −9 | −8 | −7 | −6 | −5 | −4 | −3 | −2 | −1 |
|---|---|---|---|---|---|---|---|---|---|---|
| | 字符 | H | i | , | P | y | t | h | o | n |

图 4-3　字符串逆向索引访问

**代码清单 4-3 字符逆序访问**

```
>>>s='Hi,Python'
>>>print(s[-1])  #n
>>>print(s[-2])  #o
>>>print(s[-3])  #h
>>>print(s[-4])  #t
```

Task: **字符串访问练习**

定义一个存放你家人电话号码的字符串：

① 输出字符串中元素的个数；

② 通过正向索引输出第 2 个字符、第 5 个字符和最后 1 个字符；

③ 通过逆向索引输出倒数第 2 个字符、倒数第 5 个字符。

你的代码

## 4.3　字符串运算

在第 3 章中学习了用"＋""＊"进行数值加运算、乘运算，字符串也可以用"＋"或"＊"进行运算，其中"＋"作用是将两个字符串连接起来，"＊"为复制某个字符串多少次，具体代码如下：

**代码清单 4-4 字符串运算**

```
>>>a="Hello"
>>>b="Python"
#将字符串 a 和字符串 b 相连
>>>print("a＋b 输出结果:",a＋b)
#将字符串 a 重复 10 次
>>>print("a*10 输出结果:",a*10)
HelloPython
HelloHelloHelloHelloHelloHelloHelloHelloHelloHello
```

思考：

执行下面两行代码，有什么区别？

```
print("(a＋b)*5 输出结果: ",(a＋b)*5)
print("a＋b*5 输出结果: ",a＋b*5)
```

(a＋b)*5 输出结果: HelloPythonHelloPythonHelloPythonHelloPythonHelloPython

a＋b*5 输出结果: HelloPythonPythonPythonPythonPython

代码运行结果表明，同数值运算一样，字符串运算是按优先级先后运算的，写出数值运算的排列顺序：

_____

_____

试一试: 输出 100 遍字符串 "what's your name"。

## 挑剔的字符串

"不,我是字符串,你是数值,
我们没法连接!"

```
print('a'+2)
TypeError: can only
concatenate str (not "int")
to str   #只能连接字符串跟字符串
```

正解: print('a'+'2')

## in 与 not in 运算

Python 编程任务中,经常会需要判断某个字符串是不是在另外一个字符串中,这里用 "in" 与 "not in" 实现字符串的包含与不包含运算。

① in 成员运算符——如果字符串中包含给定的字符返回 True。

② not in 成员运算符——如果字符串中不包含给定的字符返回 True。

**代码清单 4-5 字符串包含运算**

```
a="Hello"
b="Hello Python"
print("a 中包含 H 吗? ","H" in a)  # a 中包含 H 吗?
print("b 中包含 E 吗? ","E" in b)  # b 中包含 E 吗?
print("b 中包含 a 吗? ",a in b)  # b 中包含 a 吗?
```

in 或者 not in 通常作为条件与条件判断语句结合使用(条件判断会在第 7 章中详细介绍)。

**代码清单 4-6 in、not in 与条件判断**

```
>>>str1=input("输入你想到的单词: ")
>>>if 'a' in str1:   #如果 str1 里有字符'a'
>>>    print(str1)
>>>if 'b' not in str1:   #如果 str1 里没有字符'b'
>>>    print(str1)
```

## 字符串运算练习

甲乙两地相距 360 千米。一辆汽车从甲地开往乙地,计划 9 小时到达。因天气变化,实际每小时比计划少行 4 千米,实际多少小时到达乙地?(用字符串连接方式输出结果"实际用了多少小时到达乙地")

你的代码

## ★ 4.4 取出多个字符——字符串切片

通过字符串访问，每次都可以获得一个字符。如何得到字符串中的某些字符呢？这里用切片方法可以提取字符串中的多个字符（图 4-4）。

**图 4-4 字符串切片**

### 字符串切片的规则

s[start:end:step]

> **TIPS** s[start:end:step] 不包含 end 位置上的字符。

start、end 都是字符的下标值，step 是字符提取的步长。下标标注的规则跟字符串访问下标的规则是一样的（表 4-2）。

**表 4-2 字符串下标标注规则**

| 正向标下标 | 0 | 1 | 2 | 3 | 4 | 5 | 6 | 7 | 8 | 9 | 10 |
|---|---|---|---|---|---|---|---|---|---|---|---|
| 字符串 | A | b | c | d | E | f | g | h | i | j | K |
| 逆序标下标 | −11 | −10 | −9 | −8 | −7 | −6 | −5 | −4 | −3 | −2 | −1 |

### 切片的参数规则

s[:] 提取整个字符串；

s[start:] 从 start 提取到字符串结尾；

s[:end] 从开头提取到 end −1；

s[start:end] 从 start 顺序提取到 end −1，如果 start >= end 则为空；

s[::−1]从后往前逆序依次提取整个字符串。

如 s = "I learn Python every day."，编写程序，从 s 中提取出 "Python" 打印，实现方法如代码清单 4-7。

**代码清单 4-7 字符串切片**

```
>>>s="I learn Python every day."  #我每天学习 Python
>>>print(s[8:14:1])
Python
```

上述代码 s[8：14：1]仍然使用前面字符串访问中用到的下标法，8 为起始字符下标，14 为结束位置，但取不到 14 位置的字符，1 为步长，即相邻两个字符的下标位置差为 1（步长为 1 时可缺省），这种方法称为切片。

## 写出下面字符串切片的表达式

s='abcdefghijk'

获取字符串 s 的前三个字符 _____

获取字符串 s 最后三个字符 _____

获取字符串 s 的第 2、4、6 个字符 _____

获取字符串 s 的倒序 _____

## 字符串切片练习

居民身份证号码总共有 18 位。排列顺序从左至右依次为：六位数字地址码，八位数字出生日期码，三位数字顺序码和一位数字校验码。

输入一串身份证号，提取出生日期，按照下列格式输出：

我在××××年××月××日出生

我的身份证号倒序输出是×××××××××××××××××

你的代码

## ★ 4.5  字符串函数

Python 提供了一些有趣的字符串函数或方法，利用这些函数或方法你可以实现大小写转换、生成标题格式、字符串对齐等操作。

（1）大小写转换函数

lower( ) 函数将字符串中的大写字母转换成小写；

upper( ) 函数将字符串中的小写字母转换成大写。

```
>>>a="Hello Python"
>>>print(a.lower())
>>>print(a.upper())
hello python
HELLO PYTHON
```

（2）title( ) 函数返回字符串中所有单词首字母大写且其他字母小写的格式（即转换为标题格式）

```
>>>a="good morning"  #早上好
>>>b="my name is DaMing"  #我的名字是DaMing
>>>print(a.title())
>>>print(b.title())
Good Morning
```

```
My Name Is Daming
```

（3）swapcase( )函数是对字符串做大小写互换(大写变为小写，小写变为大写)

```
>>>a="Hi Python"
>>>print(a.swapcase())
hI pYTHON
```

（4）字符串中对齐方式分为 3 种（如下所示）

字符串.center (width, fillchar)：居中；

字符串.ljust (width, fillchar)：左对齐；

字符串.rjust (width, fillchar)：右对齐。

注：

width：正整数，表示新的字符串的宽度；

fillchar：字符，填充字符串。

---

**Task: 字符串对齐练习**

定义一个字符串"hello world"，用右对齐、左对齐、居中的方式,填充"*"至字符串的长度为20，并打印输出。

你的代码

---

**Task: 字符串函数练习**

定义一个字符串"We like learning PYTHON."并按以下规定格式输出：

① 用字符串内置函数打印 we like learning Python。

② 用字符串内置函数打印 WE LIKE LEARNING PYTHON。

③ 用字符串内置函数打印 We Like Learning Python。

④ 用字符串内置函数做大小写转换并打印出来（大写变为小写，小写变为大写）。

⑤ 用字符串函数对齐的三种方式，将字符串长度补齐至 50（补空格）。

你的代码

---

## 4.6 print( ) 有讲究

当用 print( ) 输出时，大多数时候由于任务的需要，你需要按照特定的格式输出，前面第 3 章也提到过：格式化输出由"%"和格式字符组成，如"%f"，它的作用是将数据按照浮点型输出，格式说明是由"%"字符开始的。

（1）整型输出%d

age=26

print（'My age is %d.'%age）

#代码运行结果: My age is 26.

（2）输出字符串%s

name="xiaoming"

print('My name is %s.'%name)

#代码运行结果: My name is xiaoming.

（3）输出浮点数

height=1.890

print('His height is %f m.'%height)

#代码运行结果: His height is 1.890 m.

（4）保留2位小数

height=1.890

print('His height is %.2f m.'%height)

#代码运行结果: His height is 1.89 m.

（5）指定占位符宽度

name='xiaoming'

age=26

height=1.890

print('name:%10s,age:%10d,height:%5.2f'%('xiaoming', 26,1.890))

#代码运行结果: name:   xiaoming,age:         26,height: 1.89

（6）指定占位符宽度（左对齐）

name='xiaoming'

age=26

height=1.890

print('name:%-10s   age:%-10d   height:%-5.2f'% ('xiaoming', 26,1.890))

#代码运行结果: name:xiaoming age:26 height:1.89

代码示例如下：

**代码清单 4-8 格式化输出**

```
>>>name=input("Your name:")
>>>age=int(input("Your age:"))
#要求在一行打印出：I am ×××，I'm ×× years old.
>>>print("I am %s, I'm %d years old." %(name,age))
```

```
Your name:Python
Your age:30
I am Python,I'm 30 years old.
```

## 格式化输出方法 .format( )

使用"{}"代替"%"进行字符串的格式化。

**代码清单 4-9 用"{}"实现格式化输出**

```
>>>name=input("Your name:")
>>>age=int(input("Your age:"))
>>>print("I am {}, I am {} years old.".format(name,age))
```

```
Your name:Python
Your age:30
I am Python,I am 30 years old.
```

## 4.7 能画能书小海龟

在第 2 章中，你学习了 turtle 中坐标的概念，turtle 坐标分绝对坐标与相对坐标，绝对坐标是指海龟以原点位置为参照的坐标，图 4-5 即是绝对坐标。

**turtle. goto(x, y)**

海龟直接跳到（x,y）位置，使用 goto（x,y）语句，默认画出跳转过程的轨迹，如不需要画出轨迹，则需要用到 turtle. penup( )、turtle. pendown( )，turtle. penup( ) 为提起画笔，turtle. pendown( ) 为放下画笔，通常的用法是这样的：

```
turtle.penup()
```

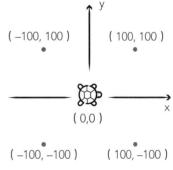

**图 4-5 海龟与绝对坐标**

```
turtle.goto(x,y)
turtle.pendown()
```

## turtle 绝对角度

绝对角度是指相对于海龟初始朝向（沿 x 轴朝右）偏转的角度，旋转角度如图 4-6 所示。

当你需要改变小海龟的绝对方向时(以默认初始朝向为参照，即为绝对方向)，turtle 提供了一个 seth( ) 函数，函数参数是绝对角度，如 seth(60)，表示让海龟朝向自初始朝向逆时针旋转 60°，需要注意的是 seth( ) 只改变方向但不行进。

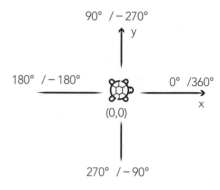

图 4-6　海龟的旋转角度

## turtle 输出字符串

turtle 不仅能画图，还能在图形中绘制字符串内容，具体函数及参数：

```
write(arg,move=false,align='left',font=('arial',8,'normal'))
```

参数说明：

① arg——文本信息，写入 turtle 绘画屏幕的文本内容。

② move（可选）——真/假。

③ align（可选）——字符串对齐："左(left)"、"中(center)"或"右(right)"之一。

④ font（可选）——字体三个特性:fontname（字体名称）、fontsize（字体大小）、fonttype（字体类型）。

⑤ 写入文本——arg 为字符串。

⑥ 如果 move 为 True，则笔将移动到右下角。

接下来用一个任务来学习小海龟是如何实现"写字""画图"的。

**代码清单 4-10 小海龟写字、画图（图 4-7）**

正方形：四条边相等，四个内角为 90 度

图 4-7　小海龟写字、画图例程图

```
import turtle as t
t.pencolor('yellow')
t.pensize(3)    #定义画笔粗细
t.fillcolor('red')   #填充颜色
t.begin_fill()    #开启颜色填充
t.fd(100)
t.lt(90)
t.fd(100)
t.lt(90)
t.fd(100)
```

```
t.lt(90)
t.fd(100)
t.end_fill()    #完成颜色填充
t.penup()
t.goto(-100,100)    #设置写字的位置，字的位置为屏幕中心向上 100 的位置
t.pencolor('blue')    #画笔颜色
t.write('正方形：四条边相等，四个内角为90度',font=('arial',20,'normal'))    #屏幕上写字
t.done()
```

## 划重点

- ◆ 字符串下标的标注方法，正向索引、逆向索引与字符串访问
- ◆ 部分字符串函数的使用
- ◆ 字符串格式化输出

## ★拓展与提高

### 字符串函数扩充

除了前面提到的字符串函数或方法外，字符串还有其他函数及方法，这些函数的详细功能见下面的实例。

**代码清单 4-11 字符串函数扩充**

```
>>>name = "my name \tis {name} and {age} years old"
>>>print(name.capitalize())    #第一个字母大写
>>>print(name.count("a"))    #传入的参数在字符串中有多少个 a
>>>print(name.endswith("ex"))    #检查字符串是否以传入参数为结尾
>>>print(name.startswith("my"))    #检查字符串是否以传入参数为开头
>>>print(name.find("name"))    #返回传入的参数在该字符串中的索引值
>>>print(name.rfind("a"))    #找到最右边值为a的下标并返回
>>>print("ab23".isalnum())    #检查字符串是否在所有英文字母及阿拉伯数字中
>>>print("abA".isalpha())    #检查字符串是否为纯英文字符
>>>print("0".isdigit())    #判断是否为非负整数，类似于 isnumeric()函数
>>>print("a1".isidentifier())    #判断是否为合法的标识符
>>>print(" ".isspace())    #判断是否为空格
>>>print("loA".islower())    #是否小写
>>>print("ABC".isupper())    #是否大写
>>>print("I am L".istitle())    #字符串中每个单词首字母是否大写
```

## 你掌握了没有

**读程序写结果**

```
s='hi,I love Python'
print(s[::-1])
print(s[:15:2])
print(s[-14:-3:])
```

_____

_____

_____

**代码填空**

```
s='hi,I love Python'
```

_____

_____

_____

```
'Hi,I Love Python'
'HI,i LOVE python'
'tyP evol I,'
```

## 学编程，多动手

输入两个字符串，将字符串 1 全部大写，将字符串 2 全部小写，按照"字符串 1 字符串 2"拼接，格式化输出"字符串 1，字符串 2 连接的结果是……"。

你的代码

# 5

平头哥的数据收纳
盒——列表和元组

本章将带你学习 Python 的另外两种数据类型——列表和元组，你将学习到列表的创建与访问，列表的增删改查操作以及一些常用的列表函数，同时还将学习到列表与元组的区别。

## ●●● 优雅的代码从认识英语单词开始

学习本章内容前你需要先认识表 5-1 中的单词。

**表 5-1　英语单词**

| 英文单词 | 中文含义 | Python 中用法 |
| --- | --- | --- |
| list | 列表 | Python 列表函数 list()，将某一数据转换成列表 |
| append | 追加，添加 | 列表操作函数 list1.append()，将参数的值添加到列表 list1 尾 |
| delete | 删除 | 列表操作方法 del()，将列表中以参数为索引的值删除 |
| extend | 拓展与提高 | 列表操作函数 list1.extend()，将参数列表拓展与提高到 list1 |
| count | 总数，计数 | 列表操作函数 list1.count()，统计某个元素出现的次数 |
| insert | 插入 | 列表操作函数 list1.insert(1，2)，将参数 2 插入到列表中参数 1 的位置 |
| pop | 弹出，删除 | 列表操作方法 list1.pop()，不传参数，删除最后一个元素 |
| remove | 移除 | 列表操作函数 list1.remove()，对列表元素操作，删除某个值 |
| index | 索引 | 列表操作函数 list1.index()，返回某个元素在列表中的索引 |
| sort | 排序 | 列表操作函数 list1.sort()，对 list1 元素排序 |
| group | 组 | 例程变量名 |
| hobby | 爱好，兴趣 | 例程变量名 |
| blue | 蓝色 | turtle 例程变量 |
| orange | 橙色 | turtle 例程颜色变量 |
| purple | 紫色 | turtle 例程颜色变量 |
| bgcolor | 背景颜色 | turtle.bgcolor() 函数，设置背景颜色 |
| sides | 边数 | turtle 项目变量 |
| yellow | 黄色 | turtle 项目颜色变量 |
| red | 红色 | turtle 项目颜色变量 |

### ●●● 知识、技能目标

知识学习目标

◆ 理解列表的概念

◆ 理解列表访问、切片的规则

◆ 理解列表增删改查的规则

◆ 理解列表函数的规则

技能掌握目标

◆ 掌握列表创建技巧

◆ 掌握列表访问、切片的操作技巧

◆ 掌握列表增删改查操作技巧

◆ 掌握列表函数的使用技巧

---

## 5.1 数据与"[ ]"的奇妙组合

为什么胡乱堆在一起的书不容易找，而书架上按顺序排列的却很容易找？

想一想，你的音乐播放器里歌曲是以什么形式存放的？是胡乱放一起的吗？

另外如何保存班级中 40 个学生的姓名？

```
name1='Jerry'
name2='Carry'
…
name40='Tom'
```

有没有更高效的办法，用一个容器就能将所有的名字放到一起？Python 中有这样一个"容器"——列表，定义一个名为 classmates 的列表存放 40 个学生，你会发现用列表存储数据会更高效。

列表，作为一个"数据容器"，可以存放一系列有序的数据。将列表的元素用逗号间隔，用中括号括起来，就创建了一个列表，再赋值给某个变量，就构成了列表变量。

```
classmates=['Jerry','Carry',…,'Tom']
```

列表可以盛放不同类型的数据，包括列表、字符串、变量、字典、集合、组合、数值等，具体如下：

```
list1=[123,'abc',[1,2,3],{'a':1,'b':2},(1,2,3),{a,b,c}]
```

在写程序时，有时需要定义空列表，以便存放程序运行过程产生的数据，这一点很重要，未来你将会经常用到，具体存放数据的方法本章后面会介绍。

```
empty_list1=[], empty_list2=list()
```

## 5.2　列表访问与切片

与字符串一样，列表的访问与切片也是通过下标即索引实现的。还记不记得在字符串章节是怎么标下标的？请在下面空白处填充下标的标识方法。

正向标下标_____

逆向标下标_____

同样，列表的元素访问规则如下。

**代码清单 5-1 列表元素访问**

```
>>>classmates=['Jerry','Tom','Karry','Jean']
```

#正向访问

```
>>>print(classmates[0])
>>>print(classmates[1])
>>>print(classmates[2])
>>>print(classmates[3])
```

#逆向访问

```
>>>print(classmates[-1])
>>>print(classmates[-2])
>>>print(classmates[-3])
>>>print(classmates[-4])
>>>print(classmates[-5])
```

```
Traceback (most recent call last):
File "<stdin>", line 1, in <module>
IndexError: list index out of range
```

**输出整个列表**

```
print(classmates)
```

**★列表切片**

第 4 章中学习了字符串的切片操作，列表切片的规则与字符串的规则是一样的。现在是验证你有没有掌握前面的知识的时候了：给下面实例每一行代码写注释并写下代码运行结果。

**代码清单 5-2 列表切片**

```
alist=[3,4,5,6,7,9,11,13,15,17]
print(alist[::])   #_输出整个列表__[3,4,5,6,7,9,11,13,15,17]
print(alist[::-1])   #_____
print(alist[::2])   #_____
print(alist[1::2])   #_____
print(alist[3::])   #_____
print(alist[3:8])   #_____
```

## ★ 5.3 二维列表

### 二维列表的访问

列表里的元素可以是多样化的，当列表中的元素是列表时就构成了二维列表，现实生活中很多场景都可以用二维列表来描述，比如我们设计一个表格存放小组成员中每个人的性别、身高、体重、兴趣、总成绩，小组成员有 Tom、Jean、Jack、Karry，每个人都有性别、身高、体重、兴趣、总成绩。

**代码清单 5-3 用多个列表实现定义（表5-2）**

```
group_info=[Tom,Jean,Jack,Karry]
Tom=['男',160,50,'足球',290]
Jean=['女',159,42,'刺绣',285]
Jack=['男',163,55,'编程',260]
Karry=['男',165,66,'阅读',245]
```

表 5-2  二维列表结构

| 列表元素 | [0]性别 | [1]身高 | [2]体重 | [3]兴趣 | [4]总成绩 |
|---|---|---|---|---|---|
| group_info[0]=Tom | 男 | 160 | 50 | 足球 | 290 |
| group_info[1]=Jean | 女 | 159 | 42 | 刺绣 | 285 |
| group_info[2]=Jack | 男 | 163 | 55 | 编程 | 260 |
| group_info[3]=Karry | 男 | 165 | 66 | 阅读 | 245 |

但是如何在同一个列表里单独存放每个人所有数据呢？这时候用到二维列表来存放数据：

```
group_info=[['男',160,50,'足球',290], ['女',159,42,'刺绣',285], ['男',163,55,'编程',260], ['男',165,66,'阅读',245]]
```

现在你需要提取某个人的某项信息，如何提取具体信息？表5-2中"足球"存储在 group_info[0][3]中，也就是通过 group_info[0][3]访问了 Tom 的兴趣"足球"。

### 观察与归纳

如何提取二维列表的某项信息？ _____

### 二维列表排序

这里用到一个匿名函数 lambda，它其中一个用法是将 lambda 函数作为参数传递给其他函数，用于定义或指定对列表中所有元素进行排序的准则。

语法为 function(list, key = lambda x:(参数表达式))，例如 sort([1, 2, 3, 4, 5, 6, 7, 8, 9], key = lambda x: abs(5 − x)) 表示将列表 [1, 2, 3, 4, 5, 6, 7, 8, 9] 按照元素与 5 距离从小到大进行排序，其结果是[5, 4, 6, 3, 7, 2, 8, 1, 9]，对上面的二维列表例子用 lambda 实现按学生每项信息排序：

**代码清单 5-4 二维列表排序**

```
group_info=[['男',160,50,'足球',290], ['女',159,42,'刺绣',285],
['男',163,55,'编程',260], ['男',165,66,'阅读',245]]
#按身高排序
sort(group_info,key=lambda x:x[1])
```

[['女', 159, 42, '刺绣', 285], ['男', 160, 50, '足球', 290], ['男', 163, 55, '编程', 260], ['男', 165, 66, '阅读', 245]]

```
#按体重排序
sort(group_info,key=lambda x:x[2])
```

[['女', 159, 42, '刺绣', 285], ['男', 160, 50, '足球', 290], ['男', 163, 55, '编程', 260], ['男', 165, 66, '阅读', 245]]

```
#按总成绩排序
sort(group_info,key=lambda x:x[4])
```

[['男', 165, 66, '阅读', 245], ['男', 163, 55, '编程', 260], ['女', 159, 42, '刺绣', 285], ['男', 160, 50, '足球', 290]]

## 5.4 增删改查基本操作

在定义列表的时候，你已经在里面放入了一些数据，这是一个初始化的过程。你还需要对这个列表进行一些操作，比如增加、删除、修改等。

```
classmates=['Jerry','Tom','Karry','Jean']
```

① 现在班级新转来了一个同学，如何操作？

**代码清单 5-5 使用 append( ) 在列表尾部追加元素**

```
>>>classmates.append('Jack')
>>>print(classmates)
```

['Jerry','Tom','Karry','Jean','Jack']

② Karry 同学转学了，如何实现？

**代码清单5-6 用 del 删除某个元素（del 后为要删除元素的索引）**

```
>>>del classmates[2]
>>>print(classmates)
```

```
['Jerry','Tom','Jean','Jack']
```

③ 隔壁班的 Jame 和 Curry 作为交换生与本班的 Jean 和 Jack 进行交换，如何在列表中实现？

**代码清单5-7 元素的修改（通过对已有位置的元素直接赋值实现）**

```
>>>classmates[2]='Jame'
>>>classmates[3]='Curry'
>>>print(classmates)
```

```
['Jerry','Tom','Jame','Curry']
```

④ 现在要把另外一个班级合并到 classmates，怎么实现？

**代码清单 5-8 用 extend( ) 实现列表的合并**

```
>>>classmates=['Jerry','Tom','Jame','Curry']
>>>classmates1=['Jack','Jean']
>>>classmates.extend(classmates1)
>>>print(classmates)
```

```
['Jerry','Tom','Jame','Curry','Jack','Jean']
```

可归纳出：

列表 extend( ) 的规则是＿＿＿＿＿＿＿＿＿＿＿＿＿＿＿＿＿＿＿＿＿＿＿＿＿＿＿

**代码清单 5-9 用 append( ) 添加数据**

```
>>>classmates=['Jerry','Tom','Jame','Curry']
>>>classmates1=['Jack','Jean']
>>>classmates.append(classmates1)
>>>print(classmates)
```

＿＿＿＿＿＿＿＿＿＿＿＿＿＿＿＿＿＿＿＿＿＿＿＿（写下你认为的运行结果）

可归纳出：

append( ) 的规则是＿＿＿＿＿＿＿＿＿＿＿＿＿＿＿＿＿＿＿＿＿＿＿＿＿＿＿＿＿

**代码清单 5-10 使用 " ＋ " 进行列表扩展**

```
>>>classmates=['Jerry','Tom','Jame','Curry']
>>>classmates1=['Jack','Jean']
>>>classmates= classmates＋classmates1
>>>print(classmates)
```

```
['Jerry','Tom','Jame','Curry','Jack','Jean']
```

⑤ 列表的重复运算，如何实现?

**代码清单 5-11 列表的重复运算**

```
>>>classmates=['Jerry','Tom','Jame','Curry']
>>>classmates2=classmates*3
>>>print(classmates2)
```

```
['Jerry','Tom','Jame','Curry','Jerry','Tom','Jame','Curry',
'Jerry','Tom', 'Jame','Curry']
```

⑥ len( ) 函数在字符串章节你已经学过，对列表它依然可用，返回列表元素个数。

**代码清单 5-12 返回列表元素个数**

```
>>>hobby=['Python','sport','game','painting','read']
>>>print(len(hobby))
```

5

---

## Task: 列表操作练习

创建列表 numbers = [1,3,5,7,9]，如何把它修改成 [2,4,6,8,10]？

你的代码

---

# 5.5 列表函数

## list 类型转换函数

回顾与复习:你之前学过了哪些类型转换函数?

---

**代码清单 5-13 列表转换函数**

```
>>>s='cat'
>>>list1=list(s)
>>>print(list1)
```

```
['c', 'a', 't']
```

### 列表中元素的最大值与最小值

回顾与复习：回顾数值章节中获取元素的最大值和最小值的方法，你也可以用同样的方法获取列表元素的最大值最小值，具体规则是：

max(列表名) min(列表名)

**代码清单 5-14 获取列表最大值和最小值**

```
>>>number=[2,3,6,8,7,9]
>>>max(number)
9
>>>min(number)
2
```

---

**Task: 列表最大值和最小值运算练习**

定义列表 randomlist, 在里面填入 4 个随机数，输出其中的最大值和最小值。在空白处写下你的代码。

你的代码

---

### 在列表指定位置插入元素 insert ( )

append( ) 只能在尾部追加元素，如果想在列表的任意位置插入元素，可以用 insert( ) 操作，规则是 insert(i, a)，其中 i 是要插入的位置，a 是要插入的元素值。

进行列表 insert( ) 操作，可以想象插队的过程，插队的平头哥站在了小海龟的位置，那么小海龟需要往后移一个位置，但是站在小海龟前面的小伙伴却不需要移动。比如 insert（1, 'Jean'），表示下标为 1 的位置插入了 Jean 这个字符串。那么原来下标为 1 的元素就往后顺延到了下标为 2 的位置，后面的其他元素也是向后顺延一位。

请将 Rose 插入到第一位，Lily 插入到 Tom 后面。

**代码清单 5-15 列表插入操作**

```
>>>classmates=['Jerry','Tom','Jame','Curry']
>>>classmates.insert(0,'Rose')
>>>classmates.insert(2,'Lily')
>>>print(classmates)
```

```
['Rose','Jerry' , 'Lily', 'Tom', 'Jame', 'Curry']
```

## 观察

观察上述插入结果，我们发现了什么问题？Lily 同学有没有插入到 Tom 同学后面？问题出在哪里？

---

## insert( ) 插入例程

numbers = [1, 3, 5, 7, 9]，在适当的位置插入 2、4、6、8，使新的列表仍然保持从小到大的顺序。

[1，3，5，7，9]插入 2、4、6、8 后新的列表仍然保持从大到小的顺序，是不是 numbers. insert(1, 2)，numbers. insert(2, 4)，……，就可以呢？代码运行后发现显然不是。

通过观察与分析，你会发现列表的每次插入操作都会改变当前插入位置以后所有元素的索引值，正确的程序逻辑是要重新计算索引值，再进行插入操作：

插入元素 2 时所在的位置索引是 1，即 numbers. insert(1, 2)；

插入元素 4 时所在的位置为前述插入元素 2 后更新的位置索引 3，即 numbers. insert(3, 4)；

插入元素 6 时所在的位置为前述插入元素 2、4 后更新的位置索引 5，即 numbers. insert(5, 6)；

插入元素 8 时所在的位置为前述插入元素 2、4、6 后更新的位置索引 7，即 numbers. insert(7, 8)。

"每次重新计算索引值，好麻烦啊！"平头哥想，于是他对小蟒蛇说，"你要找一种办法可以不用重新计算索引值，要不然我们就'罢工'了。"

"好吧，换个思路，其实很简单，"小蟒蛇说，"观察上述操作你会发现，每次插入操作都只是改变当前插入位置以后的所有元素的索引值，而插入位置前面的元素索引值却不受影响，通过上述分析，要避免每次插入需要重新计算索引值，你们认为应该怎么做？答案请从下面代码中找。"

## 逆序向列表中插入数据

### 代码清单 5-16 列表插入操作代码优化

```
>>>numbers=[1,3,5,7,9]
>>>numbers.insert(4,8)
>>>numbers.insert(3,6)
>>>numbers.insert(2,4)
>>>numbers.insert(1,2)
>>>print(numbers)
```

```
[1,2,3,4,5,6,7,8,9]
```

在处理任务时如果不确定你的方法是否正确、是否最优，建议通过尝试运行代码，观察结果，从结果中找到问题所在以及可能的优化方案，何况有时你的代码并不会告诉你有错误，只有通过结果验证你才会发现错误，这也是程序调试最基本的工作。

## 删除列表最后一个元素　pop( )

### 代码清单 5-17 列表中的 pop( ) 删除

```
>>>classmates=['Rose','Jerry' ,'Lily','Tom','Jame','Curry']
>>>classmates.pop()
>>>classmates.pop()
>>>classmates.pop()
>>>print(classmates)

['Rose', 'Jerry', 'Lily']
```

注：输入 print(classmates.pop( ))，会得到什么结果？请自行摸索总结 Python 列表 pop( ) 的特性。

## 列表删除练习

将 numbers = [1, 2, 3, 4, 5, 6, 7, 8, 9] 中的元素 2、4、6、8 删除掉。

提示：删除操作对元素索引位置的改变与插入操作一致。

你的代码

## 删除指定值的元素（对元素值操作）　remove( )

### 代码清单 5-18 字符串 remove( ) 函数操作

```
>>>classmates=['Rose','Jerry','Lily','Tom','Jame','Curry']
>>>classmates.remove('Rose')
>>>classmates.remove('Tom')
>>>print(classmates)
['Jerry','Lily','Jame','Curry']
>>>classmates.remove('Jack')

ValueError: list.remove("Jack"): Jack not in list
```

思考：列表中有相同的元素，remove( ) 该如何移除？

```
classmates=['Rose','Jerry','Lily','Jerry','Tom','Jame','Curry']
classmates.remove('Jerry')
print(classmates)
```

```
['Rose','Lily','Jerry','Tom','Jame','Curry']
```

## 观察与归纳

如果列表中有相同的元素，用 remove( ) 移除，会移除哪一个元素？

你的代码

_____

## Remove( ) 函数练习

numbers = [1, 2, 3, 4, 5, 6, 7, 8, 9]，将列表中的偶数去除。

## 没有最好只有更好——代码优化

回顾 numbers 这个例程，想想是怎样重构代码的？例程中先后用了多种方法实现删除操作：第一种方法，通过 pop( ) 或 del，从前往后删，这样在删除前面元素的过程中后面元素的位置会发生变动，每次操作需要重新计算索引值；于是有了第二种方法，即从后往前删除的方法，这种方法不用考虑位置的变化，相对要好一点；再看第三种方法，用 remove( ) 直接删除元素，要删除偶数，那就是删除元素 2、4、6、8，十分简单。

一个优秀的编程课程初学者需要具备一种品质：持续反思。同样一个任务通过代码解决的方法太多了，只有你不断反思，不断重构代码，才能写出尽可能高效的代码。代码重构是一个很好的习惯，当你掌握的知识越来越多的时候，回过头去梳理修改自己以前写的代码，一定会有不一样的收获。

## 判断一个值是不是在列表里  in

字符串部分内容中，已经接触了 in 与 not in 操作，对于列表同样也可以通过 in 操作判断某个值是不是在列表里。

```
>>>classmates=['Rose','Jerry','Lily','Tom','Jame','Curry']
>>>print('Jack' in classmates)
>>>print('Lily' in classmates)
False
True
```

## 查询特定元素值的索引值  index( )

```
classmates=['Rose','Jerry','Lily','Tom','Jame','Curry']
>>>print(classmates.index('Jerry'))
>>>print(classmates.index('Jame'))
1
4
```

index( ) 函数返回参数元素在列表中的索引值。

## 观察与验证

思考：如果列表里有多个值相同的元素，index( ) 是如何获取索引的？请动手验证。

## 查询某个值在列表中出现的次数　count( )

```
>>>classmates=['Rose','Jerry','Lily','Tom','Jame','Curry','Jame','Jame','Jame']
>>>print(classmates.count('Jame'))
>>>print(classmates.count('Jack'))
4
0
```

## 重新排列列表的元素　sort( )

sort( ) 函数将参数列表中的元素从小到大排列，排列后的列表与原来列表是同一个列表。

定义列表 random_list，在里面填入 5 个随机数，对其中元素进行由小到大的排序。

```
>>>import random
>>>random_list=[random.random(),random.random(),random.random(),random.random(),random.random()]
>>>random_list.sort()
>>>print(random_list)
```

## sort( ) 函数练习

```
>>>str_list=['a','s','d','f','g']
>>>str_list.sort()
>>>print(str_list)
```

需要说明的是 sort( ) 函数并没有返回值，由于没有返回值，用 sort( ) 方法对列表排序后仍然是原来的列表，这也从侧面反映了列表是可变序列（即改变元素顺序，列表还是那个列表）这一特性，后面即将接触到的 reverse( ) 方法也是一样。

## 你已不在原地，但列表还是那个列表

为了验证"sort( ) 方法对列表排序后仍然是原来的列表"这一结论，这里还是用 id( ) 函数返回列表内存地址，借此验证 sort( ) 排列后的列表是否是新的列表。

```
>>>list1=[1,3,2,4,5,2,6]
>>>id(list1)
2126321000072
```

```
>>>list1.sort()
>>>print(list1)
[1, 2, 2, 3, 4, 5, 6]
>>>id(list1)
2126321000072
```

上述代码两次 id( ) 返回的值相等，表明 sort() 排序后列表的内存地址并没有变化，列表还是那个列表。

### 思考与探索

空列表如何添加数据，动手验证一下。

本章内容中，向列表 list1 中插入数据都有哪些办法？这些方法有哪个（些）可以用来向空表里追加数据？

---

**Task: 插入练习**

前面插入数据例程"numbers = [1,3,5,7,9]，在适当的位置插入 2、4、6、8，使新的列表仍然保持从小到大的顺序。"有没有更便捷的方法？

你的代码

---

## 5.6 用列表绘图

**通过循环、列表访问控制颜色周期变换**

通过下面的实例，来验证借助列表实现颜色的周期变化。

如何画出图 5-1 彩虹迷宫图形？图形的特征如下：

① 从内到外由多条边构成的螺旋图；

② 累计 149 条边；

③ 所有边颜色呈红、黄、绿、蓝、橙、紫周期变化。

前面学习过海龟默认位置、朝向是原点位置朝右，我们预设 turtle 图形绘制，小海龟左转"lt"且"fd"，在此前提下，第一次循环颜色只能是红色，具体每条边与颜色对应关系如表 5-3。

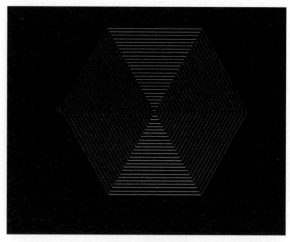

图 5-1 彩虹迷宫

表 5-3　边的次序与颜色值对应

| 第一条边 | 第二条边 | 第三条边 | 第四条边 | 第五条边 | 第六条边 |
|---|---|---|---|---|---|
| red | yellow | green | blue | orange | purple |
| 第七条边 | 第八条边 | 第九条边 | 第十条边 | 第十一条边 | 第十二条边 |
| red | yellow | green | blue | orange | purple |
| 第十三条边 | 第十四条边 | 第十五条边 | 第十六条边 | 第十七条边 | 第十八条边 |
| red | yellow | green | blue | orange | purple |
| … | … | … | … | … | … |

## 归纳

表 5-3 中边的序号跟颜色之间的分布规律是什么？它们的关系是什么？找到它们之间的规律有助于设计程序需要的算法。

## 颜色周期变化是如何实现的

你需要先定义一个列表 colors[] 存放 6 种颜色，利用列表的元素访问操作调用颜色值，实现颜色的周期变化（也就是实现 colors 列表元素的周期访问）。这里需要索引值的周期变化，如何实现索引值的周期变化？

绘制 149 条边的图形，这里应用到 Python 循环中的 for 循环（后续章节会介绍）。如何实现索引值周期变化？提到数值的周期变化你想到了什么？

for 循环计数迭代变量 x，自 1 开始绘制第 1 条边，直到第 x 条边，六模运算的结果是什么？按第 3 章中我们学习的模运算的规律，无论被除数是哪个自然数，如果除数是 6，模运算结果都是 0，1，2，3，4，5，而这恰恰是颜色列表的索引值，因而我们可以这样设计颜色的代码：t. pencolor(colors[x % sides])。

### 代码清单 5-19 用列表绘图

```python
import turtle as t
t.bgcolor("black")
sides = 6
colors = ["purple","red", "yellow", "green", "blue", "orange"]
for x in range(1, 150):
    t.pencolor(colors[x % sides])
    t.forward(x)
    t.left(60)
t.done()
```

尝试与体会——参数的变化对程序结果的影响

我们把 t. left(60) 改成 t. left(61)，再改成 t. left(65)，看代码执行结果如何？见图5-2。

(a) t.left(61)　　　　　　　　(b) t.left(65)

**图 5-2　不同的参数对代码运行结果的影响**

## 5.7　元组

什么是元组？元组是另一种形式的数据容器。它跟列表的共同点是：元素的内容可以是任意类型的，元素是有序的。它们的不同点是：元组的内容不可变，也就是说，它的内容一旦定义好，就不能增加、删除、修改了。

Python 中使用 "( )" 创建元组，如 classmates = ('Rose' , 'Jerry' , 'Lily')，需要注意的是当创建只有一个元素的元组时，创建规则是 classmates = ('Rose',)，而不是 classmates = ('Rose')。

### 划重点

◆ 列表 insert( )、append( )、extend( )，"＋"等列表元素增加函数或方法的区别

◆ del、pop( ) 删除的特殊技巧

◆ 列表 sort( ) 函数的规则与技巧

◆ 列表 in/not in 的应用

### ★拓展与提高

复制列表：list.copy( )

```
List0=[1,43,51,12,1744,12,376,413,80,40]
list1=list0.copy()   # 复制一个副本，原值和新复制的变量互不影响
print(list1)
[1,43,51,12,1744,12,376,413,80,40]
```

反向排序：list.reverse( )

```
list = [1,43,51,12,1744,12,376,413,80,40]
list.reverse()   # 反向列表中元素
print(list)
[40,80,413,376,12,1744,12,51,43,1]
```

需要注意的是 reverse( ) 方法改变的是列表本身，它没有返回值。

```
list = [1,43,51,12,1744,12,376,413,80,40]
list2 = list.reverse()   # 反向列表中元素
print(list2)
None
```

由上面代码可知 list2 并没有任何值，这表明 list. reverse( ) 并没有赋值给 list2，也说明了 list. reverse( ) 并没有返回值。

元素求和：sum(list[,start])

sum 对序列元素求和，start 不为 0 表示将序列元素的和与 start 相加，start 缺省默认为 0。例如：

sum([1, 2, 3, 4]) 将返回 10；

sum([1, 2, 3, 4],2) 将返回 12。

## 你掌握了没有

代码填空

某个含有 n 个元素的列表中含有 m 个 12，试着用代码写出如何将所有 12 替换为 24。请补全下述代码。

```
list1=[1,12,30,4,12,12,2,12,3,12,8,12,9,12]
for i in range(_____):   #此处填入统计有多少个 12
    list1_index=_____   #第一个元素 12 的索引
    _____=24
print(list1)
```

## 学编程，多动手

◆ 用学过的知识将列表 list1 = ['hello', '', 'world', 2]转换为字符串"hello world2"

> 你的代码

◆ 输出单词 PneumonoultramiCroscopicsilicovolcAnoconiosis 的最大字母和最小字母

> 你的代码

◆ 二维列表元素访问

```
list1=[['Apple','Google','Microsoft'],['Java','Python','Ruby','
PHP'],['Adam','Bart','Lisa']]
```

① 打印 Apple；

② 打印 Python；

③ 打印 Lisa。

> 你的代码

# 6

平头哥的数据
收纳盒——字典

本章你将接触到另一种形式的"数据容器"——字典，从认识字典的概念及创建开始，逐步掌握字典的增删改查操作以及字典内置函数。

## ●●● 优雅的代码从认识英语单词开始

学习本章内容前你需要先认识表 6-1 中的单词。

表 6-1　英语单词

| 英文单词 | 中文含义 | Python 中用法 |
| --- | --- | --- |
| dictionary | 字典 | 缩写 dict( )，Python 定义字典函数 |
| key | 关键字、键 | Python 关键字，字典的键 |
| value | 价值、值 | Python 关键字，字典的值 |
| item | 项 | Python 关键字，字典的项，键值对 |
| fruit | 水果 | 例程变量 |
| price | 价格 | 例程变量 |
| phonenumber | 电话号码 | 例程变量 |
| apple | 苹果 | 例程变量 |
| strawberry | 草莓 | 例程变量 |
| dad | 爸爸 | 例程变量 |
| uncle | 叔叔 / 舅舅 | 例程变量 |
| aunt | 婶婶 / 舅妈 | 例程变量 |
| mum | 妈妈 | 例程变量 |
| brother | 哥哥 / 弟弟 | 例程变量 |
| choice | 选择 | 例程变量 |
| call | 通话 | 例程变量 |
| flux | 流量 | 例程变量 |

## ●●● 知识、技能目标

知识学习目标

- ◆ 认知字典的概念
- ◆ 认知字典的键、值概念

技能掌握目标

- ◆ 掌握字典创建技巧
- ◆ 掌握字典增删改查操作

## 6.1 键与值的"羁绊"

上一章学习了列表，列表是一种将元素组织起来的方式。除列表外，你还可以用另外一种方式将元素组合起来，比如将某个值与另一个值关联起来，类似手机通讯录中人名与联系方式关联起来的方式，也类似字典中单词和含义的关联。Python 中这种关联的方式也称为字典，被关联在一起的两个值，一个称为键（key），另一个称为值（value），键与值统称为项（item），其中 key 必须是唯一的，见图6-1。

如存放成绩可以用列表：

names=['Tony', 'Bob', 'Tom']

scores=[95, 75, 85]

也可以用字典：

score={'Tony': 95, 'Bob': 75, 'Tom': 85}

显然用字典存放数据更高效。

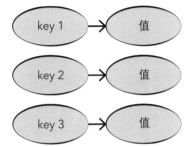

**图 6-1 键与值的"羁绊"**

Python 中字典的实现原理和查字典是一样的。假设字典包含了 1 万个汉字，现在要查某一个字，一个办法是把字典从第一页往后翻，直到找到想要的字为止，这种方法就是在列表中查找元素的方法，列表越大，查找越慢。第二种方法是先在字典的索引表里（比如部首表）查这个字对应的页码，然后直接翻到该页，找到这个字。无论找哪个字，这种查找速度都非常快，不会随着字典大小的增加而变慢。dict 就是第二种实现方式，给定一个名字，比如 Tony，dict 在内部就可以直接计算出 Tony 对应的存放成绩的"页码"，也就是 95 这个数字存放的内存地址，直接取出来，所以速度非常快。

你可以猜到，这种 key-value 存储方式，在放进去的时候，必须根据 key 算出 value 的存放位置，这样取的时候才能根据 key 直接拿到 value。字典中没有了键，值也没有了存在的意义。

## 6.2 字典的创建

### 创建空字典

创建空字典有两种方法，第一种是"字典名 = {}"，第二种是"字典名 = dict( )"，大/小括号里面是空的，这样就创建出了空字典。

### 创建非空字典

创建非空的字典跟创建空字典的方法一样，只不过花括号里加入了内容，格式为"键：值"，这个值是编程语言里的值，不单单是数值，值可以是字符串，可以是列表，还可以是元组，甚至可以是个字典。值得注意的是这里的键是个不可变的表达式，可以是数字、字符串或者元组，不可以是列表，想想这是为什么。

dictionary={key1:value1,key2:value2,…,keyn:valuen}

我们用第一种方法创建一个小明信息的字典。

小明的信息包括：

姓名：小明；性别：男；年龄：13；爱好：打篮球

**代码清单 6-1 定义字典**

```
>>>xiaoming={'姓名' : '小明' , '性别' : '男' , '年龄' : 13 , '爱
好' : '打篮球'}
>>>xiaoming
{'姓名': '小明', '性别': '男', '年龄': 13, '爱好': '打篮球'}
```

定义一个字典存放水果的价格，具体见图 6-2。

梨:2.0元/斤　西瓜:0.8元/斤　芒果:6.0元/斤　苹果:2.0元/斤　葡萄:10.0元/斤

图 6-2　项目例图——水果价格

**代码清单 6-2 字典定义练习**

```
>>>fruit_price={'梨':2.0 ,'西瓜': 0.8,'芒果':6.0 ,'苹果': 2.0,
'葡萄':10.0}
>>>fruit_price
{'梨':2.0, '西瓜' : 0.8, '芒果' :6.0 , '苹果' : 2.0, '葡萄':10.0 }
```

## 6.3　字典增删改查

### 查询键是否在字典里 in/not in

格式：key in/not in dictionary

这里查询一下"喜好"是否在 xiaoming 这个字典里：

```
>>>xiaoming={'姓名':'小明','性别':'男','年龄':13,'爱好':'打篮球'}
>>>'喜好' in xiaoming
False
>>>'喜好' not in xiaoming
True
```

## 查询键的值　dictionary[key]

查询小明的年龄：

```
>>>xiaoming={'姓名':'小明','性别':'男','年龄':13,'爱好':'打篮球'}
>>>xiaoming['年龄']
13
```

查询 xiaoming 的爱好：

```
>>>xiaoming['爱好']
'打篮球'
>>>xiaoming['喜好']
Traceback (most recent call last):
  File "<pyshell#7>", line 1, in <module>
    xiaoming['喜好']
KeyError:'喜好'
```

## 增加字典的项

格式：dictionary[key] = value

向 fruit_price 里增加榴莲，价格是 30.0 元/斤：

```
>>>fruit_price['榴莲']=30.0
>>>fruit_price
{'梨': 2.0, '西瓜': 0.8, '芒果': 6.0, '苹果': 2.0, '葡萄': 10.0,
'榴莲': 30.0}
```

## 修改值

格式：dictionary[key] = value

将 fruit_price 里的苹果价格改成 3.0 元/斤：

```
>>>fruit_price['苹果']=3.0
>>>fruit_price
{'梨': 2.0, '西瓜': 0.8, '芒果': 6.0, '苹果': 3.0, '葡萄': 10.0,
'榴莲': 30.0}
```

执行 dictionary[key] = value 时，如果 key 已经存在于字典里，那么就是修改键对应的值，如果 key 不存在于字典里，执行此操作将增加以 key 为键的项。

## 删除字典的项

格式：del dictionary[key]

删除 fruit_price 中的"葡萄"项：

```
>>>del fruit_price['葡萄']
```

```
>>>fruit_price
{'梨': 2.0, '西瓜': 0.8, '芒果': 6.0, '苹果': 3.0, '榴莲': 30.0}
```

**总结**

表 6-2 是字典键值操作的总结。

表 6-2　字典的键值操作总结

| 函数名 | 含义 |
| --- | --- |
| key in/not in dictionary | 查询键是否在字典里 |
| dictionary[key] | 查询字典键的值 |
| dictionary[key]=value | 增加字典键的项 |
| dictionary[key]=value | 修改字典键的值 |
| del dictionary[key] | 删除字典的项 |
| del dictionary | 删除字典 |

## Task: 字典综合练习

定义你家庭的通讯录 phonenumber（包含爸爸、哥哥以及妈妈的电话）。

对定义的通讯录做出如下操作:

① 查询"叔叔"在不在你的通讯录里;

② 用字典查询你妈妈的电话号码;

③ 向 phonenumber 里增加你婶婶的电话号码，电话号码为 555 的项，然后查看字典;

④ 将 phonenumber 里你哥哥的电话号码改为 550，然后查看字典。

你的代码

## ★ 6.4　字典内置函数

Python 字典内置了操作函数，具体如表 6-3所示。

表 6-3　字典内置函数

| 函数名 | 含义 |
| --- | --- |
| keys( ) | 返回字典的所有 key 值 |
| values( ) | 返回字典的所有 value 值 |
| items( ) | 返回字典所有 item 值 |

keys( ) 的功能是把字典中的所有键以列表的形式返回；values( ) 的功能是把字典中的所有值以列表的形式返回；items( ) 的功能是把字典中的所有项以列表的形式返回，列表元素为键值对构成的元组。

---

**Task: 根据规则写出代码运行结果**

读代码写结果：
```
>>>fruit_price={'梨': 2.0, '西瓜': 0.8, '芒果': 6.0,
'苹果': 3.0, '葡萄': 10.0, '榴莲': 30.0}
>>>fruit_price.keys()
```
_____（写下输出结果）
```
>>>fruit_price.values()
```
_____（写下输出结果）
```
>>>fruit_price.items()
```
_____（写下输出结果）

---

## 划重点

◆ 字典的键值操作及应用
◆ 掌握什么时候该用字典描述数据

## ★拓展与提高

◆ 创建字典时如果同一个键被赋值多次（或者说键重名），只保留最后一个键的项
如 `dict1 = {'apple':5,'apple':6,'strawberry':7,' apple':12 }`
`print(dict1['apple'])`
执行结果为：_____
◆ 键必须不可变，所以可以用数字、字符串或元组充当，而用列表就不行
请定义一个以列表为键的字典，打印输出验证。
```
>>>a={[1,2]:a,[3,4]:b}
Traceback (most recent call last):
```

```
    File "<pyshell#56>", line 1, in <module>
        a={[1,2]:a,[3,4]:b}
TypeError: unhashable type: 'list'
```

◆ fromkeys( ) 函数

用于创建一个新字典，以序列中元素作字典的键，value 为字典所有键对应的初始值。

```
dict1=dict.fromkeys(seq[, value])
```

如下例程：

```
>>>str1='myPython'
>>>dict1=dict.fromkeys(str1,10)
>>>print(dict1)
```

运行结果：_____ （提示与思考：字符串 str1 中有两个 y，y 在生成的字典中是出现在 m 后还是 p 后？）

◆ update( ) 函数

参数为另一个字典，将字典参数 dict2 的 key/value(键/值) 对应更新到字典 dict1 里。语法为 dict1. update(dict2)。

定义两个字典验证一下：

```
>>>xiaoming={'姓名':'小明' , '性别' : '男' , '年龄' : 13 , '爱好' :
    '打篮球'}
>>>xiaoming_new={'姓名' :'Tom','成绩':99}
>>>xiaoming.update(xiaoming_new)
>>>print(xiaoming)
{'姓名': 'Tom', '性别': '男', '年龄': 13, '爱好': '打篮球', '成绩':
99}
```

> **TIPS** 执行 update( )操作，键相同的项会直接替换成 update( )参数字典的项。

注：是否可以将第四行代码修改为赋值给一个新的字典变量，并打印这个变量？

```
>>>xiaoming={'姓名':'小明' , '性别' : '男' , '年龄' : 13 , '爱好'
    : '打篮球'}
>>>xiaoming_new={'姓名':'Tom','成绩':99}
>>>xiaoming0=xiaoming.update(xiaoming_new)
>>>print(xiaoming0)
None
```

## 你掌握了没有

### 字典的特征总结

字典是通过键而不是下标来获取指定项的；

字典是无序的；

字典是可变的，并且可以任意嵌套；

字典中的键是唯一的，不可改变。

### 什么时候适合用字典，什么时候不适合用字典

字典可以提高数据存取效率，大多数情况下采用字典都是好的选择。但是对顺序有要求，找不到唯一性的项作为"键"的场景不适合用字典。

## 学编程，多动手

假设现在可以根据需求定制自己的手机套餐，可选项为通话时长、流量。假设有如下设置：

通话时长：① 0 min /月；② 50 min /月；③ 100 min /月；④ 300 min /月；⑤ 不限量。

流　　量：① 0MB /月；② 500MB /月；③ 1GB /月；④ 5GB /月；⑤ 不限量。

输出通话时长、流量详情，根据用户选择，生成自定义套餐。最后将用户选择的内容搭配为一个套餐输出，格式为：您的手机套餐定制成功，免费通话时长为__，流量为__。

提示：① 将通话时长、流量各定义为字典；② 用户定制好的套餐为一个字典。

你的代码

# 7

是时候作出判断
与选择了

## 内容概述

本章小蟒蛇将带你用代码作出判断与选择，你将学习到以下几部分内容：

◆ 生活中的条件判断语句

◆ 认识流程图，明确程序中的分支结构

◆ 掌握流程图的画法技巧，学会绘制流程图

◆ 掌握逻辑运算符和比较运算符，还有逻辑判断的规则

◆ Python 中的条件控制语句

if...else 与 if...elif...else

## ●●● 优雅的代码从认识英语单词开始

学习本章内容前你需要先认识表 7-1 中的单词。

表 7-1　英语单词

| 英文单词 | 中文含义 | Python 中用法 |
| --- | --- | --- |
| if | 如果 | Python 条件判断关键字，如果（条件），末尾加 "：" |
| else | 其他的 | 与 else 相对，表示 if 条件以外，末尾加 "：" |
| and | 与 | 逻辑与运算 |
| or | 或 | 逻辑或运算 |
| not | 非 | 逻辑非运算 |
| condition | 条件 | 例程变量 |
| math | 数学 | 例程变量 |
| score | 分数 | 例程变量 |
| english | 英语 | 例程变量 |
| physics | 物理 | 例程变量 |
| chinese | 语文 | 例程变量 |
| chemistry | 化学 | 例程变量 |
| age | 年龄 | 例程变量 |
| speed | 速度 | turtle 海龟函数，设定画笔的绘制速度 |
| year | 年 | 例程变量 |
| leapyear | 闰年 | 例程变量 |
| pink | 粉色 | turtle 颜色变量 |
| black | 黑色 | turtle 颜色变量 |

## ●●● 知识、技能目标

### 知识学习目标

◆ 理解生活中的条件判断

◆ 理解 Python 中的条件判断

◆ 了解流程图的概念

◆ 了解 Python 条件控制语句及条件判断嵌套

◆ 了解逻辑运算的概念

### 技能掌握目标

◆ 掌握画流程图的技巧，学会将条件判断逻辑用流程图表示

◆ 掌握 if...else...语句的应用技巧

◆ 掌握条件判断嵌套的应用技巧

◆ 掌握逻辑运算的技巧，以及逻辑运算与条件判断的配合使用技巧

## 7.1　生活中的判断与选择

　　"一目之罗，不可以得鸟；无饵之钩，不可以得鱼"，知道这句谚语的含义是什么吗？显然，这句话是关于条件判断的。

　　日常生活中通常会面临这样的状况：如果……，就……，否则就……，大多数时候你可以根据主观或者客观条件来判断这时需要作出什么样的选择。

　　"但是我讨厌判断，更讨厌选择。"平头哥唠唠叨叨道。"怕什么，有我呢，看我用代码帮你解决问题，代码里我们同样可以用'如果……那么……，否则……就……'这样的形式来描述条件判断的现实逻辑。"小蟒蛇不屑地看着平头哥。

　　"红灯停，绿灯行，黄灯亮了等一等"（图 7-1），这是你从小便熟悉的条件判断语句（还记得在前面学习过的伪代码吗）：

图 7-1　交通信号灯

　　如果 红灯亮

　　　　停止前进

　　如果 绿灯亮

　　　　继续前行

　　如果 黄灯亮了

　　　　耐心等一等

　　在这个例子中，依据判断灯亮的结果是"红灯"还是"绿灯"，作出下一步的动作选择。而 Python 语言对于条件判断的结果只有两种——True 和 False（布尔值，第 3 章比较运算部分已经学过），程序通过校验条件判断语句的结果是 True 还是 False 来决定后续执行哪些代码。

## ★ 7.2 代码逻辑沙盘——流程图

流程图是用来梳理程序逻辑结构的图形，通过流程图可以轻松地实现程序的模式识别、逻辑识别等工作，从而为算法设计打基础。

计算机编程，任何算法（程序）都可以由顺序结构、选择结构和循环结构这三种基本结构组合起来实现。顺序结构（图 7-2）是指程序中的各个操作是按照它们在源代码中的排列顺序依次执行的。选择结构也叫分支结构（图 7-3），是指在算法中通过对条件的判断，根据条件是否成立而选择不同流向的算法结构。循环结构是指在一定条件被下反复执行的那部分代码，是程序设计中最能发挥计算机特长的程序结构。

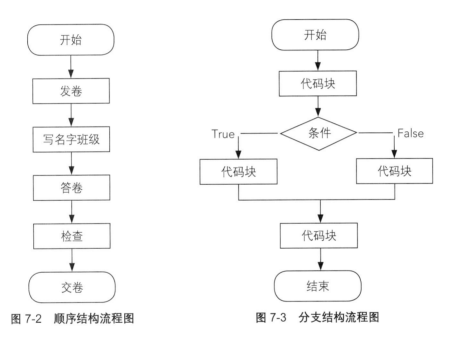

图 7-2 顺序结构流程图    图 7-3 分支结构流程图

无论是哪一种结构的流程图，都是由一些有固定格式的图形构成的（图 7-4）。流程图可以很方便地梳理、描述、设计代码逻辑。

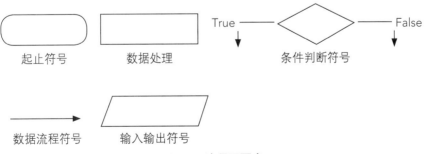

图 7-4 流程图要素

生活中有很多事情都可以用流程图解构、描述。"红灯停，绿灯行，黄灯亮了等一等"，用流程图画出交通信号灯的逻辑（图 7-5）。

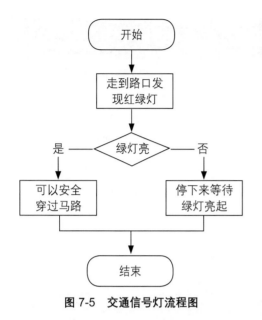

图 7-5　交通信号灯流程图

## 7.3　条件表达式与关系运算、逻辑运算

条件判断语句通常由条件判断语句关键字与条件表达式构成，条件表达式即关系运算（比较运算）或者逻辑运算表达式，通过判断比较运算或者逻辑运算的结果是 True 还是 False 来决定程序该往哪个分支执行。

### 火车票的规矩——关系运算

"如果你的身高超过了 1.2m，那你必须买票。"平头哥对着小海龟说。"耶，我这辈子都不可能买票了，因为我们海龟就是矮啊，"小海龟说，"我矮，我骄傲！"

如同检票时需要判断小海龟的身高是否超过了 1.2m 一样，Python 条件判断也是通过比较大小或者是否相等来实现的，在第 3 章中你已经学习了关系运算的内容，这里作一个总结回顾（表 7-2，空格处填入你所知道的运算规则）。

表 7-2　关系运算回顾

| 运算符号 | 运算规则 |
| --- | --- |
| == | |
| >= | |
| <= | |
| > | |
| < | |
| != | |
| in | |
| not in | |

### 逻辑运算

高二进行分班，语文和英语都在 90 分以上（包含 90 分）可以进入文科特长班，数学、物理中的任意一门成绩在 95 分以上（包含 95 分）可以进入理科特长班。小明的成绩为 "'Chinese': 90, 'English': 88, 'Math': 99, 'Physics': 80, 'Chemistry': 78"，分析他有没有进入文科特长班和理科特长班的资格。

可以先分析一下此任务，思考一下 if 里面的条件应该怎么写。

先看进入文科特长班的条件：语文和英语都要在 90 分以上才能有资格进入，也就是说，这里两个条件需要同时满足。在程序中，两个条件必须都满足叫作与，用关键字 and 表示，用 and 关键字来连接条件 1 和条件 2，表示这两个条件必须都为 True，最后的判断才为 True。

进入理科特长班的条件：数学或者物理有一科在 95 分以上就有资格进入，也就是说，这里的两个条件，满足任意一个即可。那如果两个都满足呢？当然也是可以的。两个条件满足任意一个即可叫作或，用关键字 or 表示，用 or 关键字来连接条件 1 和条件 2，就表示这两个条件只需要有一个为 True，最后的判断就是 True。

**代码清单 7-1 条件判断与逻辑关系运算**

```
>>>score={'Chinese':90,'English':88,'Math':99,'Physics':80,
'Chemistry':78}
>>>if score['Chinese']>=90 and score['English']>=90:
>>>    print('恭喜你有资格进入文科特长班')
>>>if score['Math']>=95 or score['Physics']>=95:
>>>    print('恭喜你有资格进入理科特长班')
```

上面例程 if 语句中的 "and" 以及 "or" 为逻辑运算，常用逻辑运算有逻辑与、逻辑或、逻辑非运算（表 7-3）。

表 7- 3 逻辑运算规则

| 运算符 | 含义 | 用法 | 运算结果 |
|---|---|---|---|
| and | 与 | A and B | A、B 都为真，结果为真；A、B 有一个为假，结果为假 |
| or | 或 | A or B | A、B 有至少一个为真，结果为真；A、B 都为假，结果才为假 |
| not | 非 | not A | A 为真，结果为假；A 为假，结果为真 |

## 7.4 Python 条件控制语句

### 语法格式

```
if condition :
    执行代码 1
```

　　　　执行代码 2

　　　　执行代码 3

……

else :

　　　　执行代码 a

　　　　执行代码 b

　　　　执行代码 c

……

> **TIPS**
> ① condition 是判断条件，通常为比较运算或包含运算。condition 如果为真（True），则执行代码 1、2、3；如果为假（False），则执行代码 a、b、c。
> ② if、else 语句后面有冒号。
> ③ 冒号后代码一定要缩进。

其他代码……

if 语句执行是从上往下判断的，如果某个判断结果是 True，执行该判断对应的语句，忽略掉剩下的 else 或 elif 语句。

例程 1

写一段判断是否是成年人的代码，还是从伪代码开始梳理逻辑：

输入你的年龄

如果你的年龄大于 18 岁：

　　　　你是成年人

反之：

　　　　你是少年

根据上述伪代码，现在用 Python 代码实现如下（代码清单 7-2）：

**代码清单 7-2 初识条件判断**

```
>>>age = int(input('输入你的年龄: '))
>>>print('Your age is %d'%age)
>>>if age>18:
>>>    print('You are adult!')    #你是成年人
>>>else:
>>>    print('You are teenager!')    #你是少年
```

7.2 节中的"判断 a 是否是 b 的整数倍"的流程图任务可以转化成如下代码：

**代码清单 7-3 判断 a 是否是 b 的整数倍**

```
>>>a = int(input('输入整数 a:'))
>>>b = int(input('输入整数 b:'))
>>>if a%b==0:
>>>    print('a 是 b 的整数倍')
>>>else:
>>>    print('a 不是 b 的整数倍')
```

例程 2

输入一个整数，输出这个整数的绝对值。画出这个任务的流程图（图 7-6）并设计代码。

任务分解分析：

第一步，输入一个整数；

第二步，逻辑分析，一个数的绝对值，当这个数为正数时，绝对值为这个数自身；当这个数为负数时，绝对值为这个数的负值（负值与 1、2、3 等正值相对，在正值前加"-"得到其负值）；

第三步，打印出绝对值。

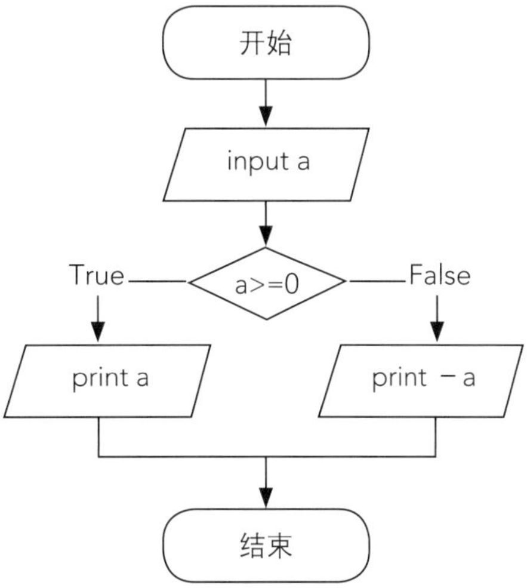

图 7-6　绝对值流程图

**代码清单 7-4 输出绝对值**

```
a = int(input('请输入一个整数:'))
if a>0:
    a=a
else:
    a=-a
print('绝对值是%d'%a)
```

## 7.5 条件判断嵌套

生活中你是否遇到下面的情况？看下面的伪代码：

如果 周日晴天：

　　如果 爸爸妈妈有时间：

　　　　全家去郊游

　　否则：　　　　　　　　　#如果爸爸妈妈没时间

　　　　自己去图书馆

否则：　　　　　　　　　　#如果周日不是晴天

　　如果 爸爸或妈妈在家：

　　　　全家大扫除

　　否则：　　　　　　　　　#如果爸爸妈妈都不在家

　　　　自己在家做作业

上面这个是典型的条件判断嵌套模式，条件嵌套可以理解为在满足某条件的前提下还要有两种或以上的可选项，要同时满足另外的条件，标准的条件判断嵌套如下：

语法格式：

```
if condition1 :
    if condition2 :
        执行代码 1
    else :
        执行代码 2
else :
    if condition3 :
        执行代码 3
    else :
        执行代码 4
```

## 循环嵌套的含义

在满足 condition1，同时满足 condition2 时，执行代码 1；

在满足 condition1，但不满足 condition2 时，执行代码 2；

在不满足 condition1，但满足 condition3 时，执行代码 3；

在不满足 condition1，也不满足 condition3 时，执行代码 4。

## 例程

输入一个数字，输出它能否被 2 或者 3 整除，画出流程图及写出代码。

任务分解分析：

第一步，输入一个数字（思考 Python 中如何输入一个数据）；

第二步，思考整除的数学逻辑，并在 Python 中用程序表示；

第三步，逻辑、流程分析（图 7-7）；

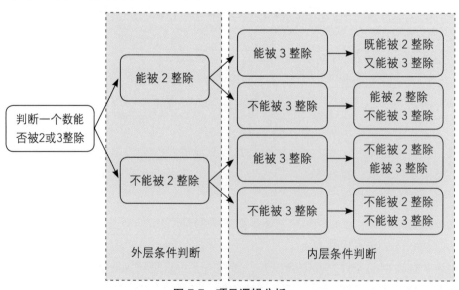

图 7-7 项目逻辑分析

第四步，算法设计，画出流程图（图7-8）；

第五步，代码设计。

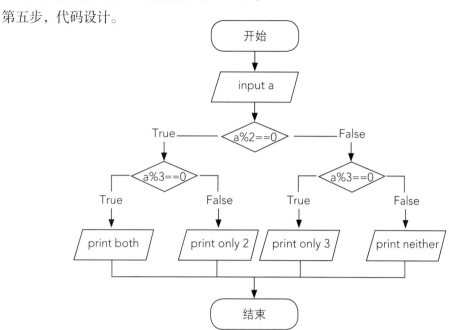

图 7-8　项目流程图

**代码清单 7-5 判断数字被 2 或者 3 整除**

```
digit=int(input("请输入数字："))
if digit%2==0:
    if digit%3==0:
        print("你输入的数字可以被2和3整除")
    else:
        print("你输入的数字可以被2整除，但不能被3整除")
else:
    if digit%3==0:
        print("你输入的数字可以被3整除，但不能被2整除")
    else:
        print("你输入的数字不能被2和3整除")
```

Task: 条件判断嵌套练习

输入学生成绩，返回 A、B、C、D、E：

100~90：A；90（不含）~80：B；80（不含）~70：C；70（不含）~60：D；60 以下：E。

判断流程图见图 7-9。

**代码清单 7-6 输入成绩，返回 A、B、C、D、E**

```python
score = float(input('请输入成
绩: '))
if score >= 90:
    print('A')
else:
    if score >= 80:
        print('B')
    else:
        if score >= 70:
            print('C')
        else:
            if score >= 60:
                print('D')
            else:
                print('E')
```

图 7-9 成绩判断流程图

## 一种简单写法——elif

代码清单 7-6 的对齐方式是不是不是很美观且不够整齐？Python 还提供了另一种条件判断语句嵌套描述方式：

将上述"学生成绩"例程代码用 elif 缩写。

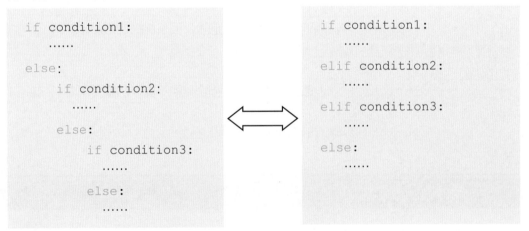

```python
if condition1:
    ......
else:
    if condition2:
        ......
    else:
        if condition3:
            ......
        else:
            ......
```

```python
if condition1:
    ......
elif condition2:
    ......
elif condition3:
    ......
else:
    ......
```

**代码清单 7-7 输入成绩并返回 A、B、C、D、E 的优化**

```python
score = float(input('请输
入成绩: '))
```

```
if score >= 90:
    print('A')
elif score >= 80:
    print('B')
elif score >= 70:
    print('C')
elif score >= 60:
    print('D')
else :
    print('E')
```

## 7.6　小海龟的判断与选择

本节小海龟将带我们绘制图 7-10 中的图形。

提示：每种颜色 100 条边。

第 1~100 条边为黑色；

第 101~200 条边为红色；

第 201~300 条边为橙色；

第 301~400 条边为黄色；

第 401~500 条边为绿色；

第 501~600 条边为蓝色；

第 601~700 条边为粉色；

第 701~800 条边为紫色。

图 7-10　颜色变化与条件判断

这里同样需要用到 for 循环（先不要问它是什么，先体会再探究），当绘制边数为 701~800 条边（或者说循环执行到第 701~800）时是紫色，601~700 时为粉色。

**代码清单 7-8　海龟画图与条件判断**

```
import turtle
turtle.speed(100)    #设置画笔的速度
for i in range(1, 801):
    if i > 700:
        turtle.pencolor("purple")
    elif i > 600:
        turtle.pencolor("pink")
    elif i > 500:
        turtle.pencolor("blue")
```

```
elif i > 400:
    turtle.pencolor("green")
elif i > 300:
    turtle.pencolor("yellow")
elif i > 200:
    turtle.pencolor("orange")
elif i > 100:
    turtle.pencolor("red")
elif i <= 100:
    turtle.pencolor("black")
turtle.fd(i)
turtle.right(90)
turtle.done()
```

## 划重点

◆ 项目分解或任务逻辑分析

◆ 根据任务分析的结果，画出流程图

◆ if 与 else 条件判断的规则

◆ 条件判断嵌套的理解与设计

◆ if...else...与 elif 的转换

◆ 逻辑运算的规则

## ★ 拓展与提高

### 逻辑运算的顺序

① 当 not、and 以及 or 一起运算时运算顺序是怎样的？

and 优先权高于 or，验证代码如下：

```
>>>a=50
>>>if a< 100 and a > 10 or a <20 and a>100:
>>>    print('b is True')
>>>else:
>>>    print('b is False')
```

代码执行结果为＿＿＿＿＿＿＿＿＿＿＿＿

② 与 "( )" 结合运算顺序又是怎么样的？

有括号的优先运算括号里的。

```
>>>a=50
```

```
>>>if a< 100 and (a > 10 or a <20 and a>100):
>>>    print('b is True')
>>>else:
>>>    print ('b is False')
```
代码执行结果为_____

③ not、and、or 一起时运算顺序为 not 优先权高于 and，and 优先权高于 or，若有括号则括号优先权最高。

```
>>>a=50
>>>if not a> 100 and not(a > 10 or a <20) and a>100:
>>>    print('b is True')
>>>else:
>>>    print ('b is False')
```
代码执行结果为_____

## Python 代码执行的顺序

总体上来说 Python 代码执行的顺序是从第一行开始依次向下执行的，如遇缩进则执行完整个缩进内代码再执行缩进结束后的代码。

## 代码缩进与代码对齐

通过对代码缩进与对齐的观察，程序中处于同一缩进层次的代码构成一个代码块，结合条件或循环等代码配对原则，从而可以判断代码块的开始与结束。Python 开发时经常使用一种便捷的条件判断写法："if condition:"或者"while condition："，这种情况表示 if condition is True 或者 while condition is True，执行后面的代码，这种写法将在后面的学习中经常用到。

```
if  condition1:
    代码 1
    if condition2:
        代码 2
    else:
        代码 3
else:
        代码 4
```

当 conditon1 为 True 时，执行代码 1；

当 conditon1 为 True 时，代码 1 执行完后，继续判断 condition2 是否为 true；

当 condition2 为 True 时，执行代码 2；

当 condition2 为 False 时，根据代码对齐原理，执行代码 3；

当 condition1 为 False 时，执行代码 4。

可以通过下面的两段代码作一个简单的验证。

```
#if 条件为 True
>>>if  3+2==5:
>>>    print("我爱 Python")
>>>print("你算错了")
#if 条件为 False
>>>if  3+2==6:
>>>    print("我爱 Python")
>>>print("你算错了")
```

运行上述代码你得到了什么样的结果？

## 你掌握了没有

### 数字间的逻辑运算

0 or 1_____    2 or 1_____    1 and 2_____    0 and 2_____

写出上述结果，数字间的逻辑运算规则是怎样的？

### 代码阅读与填空 1

读出下述代码的运行结果。

```
>>>name='Hello world,my Python'
>>>if  'Hello' in name:
>>>    if 'world' in name and 'mine' in name:
>>>        print(name)
>>>    else:
>>>        print('输入有误，重新输入')
>>>else:
>>>    print('游戏结束->')
```

运行结果：_____

思考：

① 什么情况下打印"游戏结束 - >"？

② 第三行代码改为 if 'world' in name or 'mine' in name:

打印结果：_____

## 代码阅读与填空 2

```
a=10
b=8
c=9
if a > b:
    if c > a:
        print('c > a > b')
    elif c < b:
        print('a > b > c')
    else:
        print('a > c > b')
else:
    if c > b:
        print('c > b > a')
    elif c < a:
        print('b > a > c')
    else:
        print('b > c > a')
```

代码运行结果:

---

# 学编程，多动手

输入年份（比如 2003），判断这一年是不是闰年。

提示：什么是闰年？分析闰年的数学逻辑关系。

你的代码

代码之"道"——
循环

8

通过本章你将学习到循环的概念、计数循环以及条件循环的语法规则，还将学习到循环控制 break 与 continue 的逻辑与应用。代码阅读以及代码的设计任务让你充分理解循环嵌套的逻辑，初步掌握循环嵌套设计的技巧。

## ●●● 优雅的代码从认识英语单词开始

学习本章内容前你需要先认识表 8-1 中的单词。

表 8-1　英语单词

| 英文单词 | 中文含义 | Python 中用法 |
|---|---|---|
| province | 省份 | 例程变量 |
| north_east | 东北 | 例程用词 |
| end | 结尾，结束 | Python 保留字，end = ''，用以控制 print( ) 换行 |
| cost | 话费，消费 | 例程变量 |
| program | 程序 | 例程用词 |
| while | 当……时 | Python 条件循环保留字 |
| temp | 临时的 | 例程变量 |
| subject | 主题，科目 | 例程变量 |
| break | 中断 | Python 循环控制关键字，结束本层循环 |
| continue | 继续 | Python 循环控制关键字，结束本次循环，继续下一次循环迭代 |
| homework | 作业 | 例程变量 |
| password | 密码 | 例程变量 |
| counter | 计数器 | 例程变量 |
| word | 词汇 | 例程变量 |
| found | 找到 | 例程变量 |

## ●●● 知识、技能目标

知识学习目标

◆ 认知循环及循环体的概念及作用

◆ 认知计数循环以及条件循环的概念

- ◆ 认知循环控制 break 以及 continue 的概念及规则
- ◆ 认知循环嵌套程序执行逻辑与规则

## 技能掌握目标

- ◆ 掌握根据具体的任务要求判断是否需要循环的技巧
- ◆ 掌握根据具体的任务分析设计循环代码的技巧
- ◆ 掌握计数循环以及条件循环的使用技巧
- ◆ 掌握根据任务需要确定循环控制选择的技巧
- ◆ 掌握循环嵌套代码的阅读与设计技巧
- ◆ 掌握根据任务设计循环嵌套的技巧

## 8.1 周而复始的代码——循环概念

**"道"是万事万物由生及灭循环往复的规律。**

——《道德经》

本节平头哥将带你学习 Python 程序设计的"道"。在开始本节内容之前，你得先把被困的小伙伴小海龟拯救出来。

走过了条件判断的十字路口，平头哥发现自己的小伙伴小海龟被困在了电路迷宫里（图 8-1），这时突然一个声音提示到："给你能够容纳不多于五行代码的空间，用代码指示小海龟沿电路线路走出迷宫，将它拯救出来，才能继续后面的内容。"

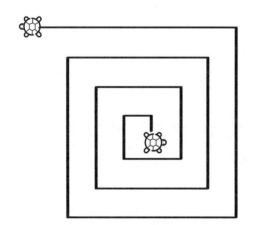

**图 8-1 迷宫里的小海龟**

分析
小海龟要从核心处走出来需要经过：

| | |
|---|---|
| p.fd(0) | p.lt(90) |
| p.lt(90) | p.fd(160) |
| p.fd(20) | p.lt(90) |
| p.lt(90) | p.fd(180) |
| p.fd(40) | p.lt(90) |
| p.lt(90) | p.fd(200) |
| p.fd(60) | p.lt(90) |
| p.lt(90) | p.fd(220) |
| p.fd(80) | p.lt(90) |
| p.lt(90) | p.fd(240) |
| p.fd(100) | p.lt(90) |
| p.lt(90) | p.fd(260) |
| p.fd(120) | p.lt(90) |
| | p.fd(280) |
| p.fd(140) | p.lt(90) |

"一堆重复代码！"平头哥默默地说，再看看任务提示："只有五行代码的空间，我该怎么办？"

遇到问题不要慌，拿起纸笔写一下，分析代码的周期性规律：

`p.fd(20*i)` #i＝0,1,2,...,14，i＝0 第 1 次循环，i＝1 第 2 次循环，...,i＝14 第 15 次循环

`p.lt(90)`

这一组代码不断重复执行了 15 次。

满足一组（行）代码周期性重复运行这一条件，这时候就可以用循环优化代码方案了。像这种有明确循环次数的循环称为计数循环（本章后面会详细介绍），具体实现方式如下：

**代码清单 8-1 初识循环**

```
import turtle as p
for i in range(15):
    p.fd(20*i)
    p.lt(90)
```

拯救出了小海龟之后该开始这一章的更多内容了。

## 生活中的循环

打开你学校中的课表，你会发现什么？是不是第一周、第二周直至学期末每周的课程安排完全一样？

再比如，周一到周五你每天上学的线路：早上，从家里到学校；中午，从学校到家里，再从家里到学校；下午，从学校到家里，是不是每天都在重复同样的线路？

计算机程序中一样也会有大量重复带有周期性规律的代码，这部分代码，可以根据其重复规律设计出最高效的代码执行之"道"，称为循环（loop）。

前面学习了 print（'hello world'），如果打印五遍的话可以这样实现：

```
print('hello world')
print('hello world')
print('hello world')
print('hello world')
print('hello world')
```

但是如果要打印 100 遍呢，输入 100 行 print( ) 代码？有没有更好的办法？这就需要用到本节内容开始的时候提到的 for 循环了。

```
for i in range(100):
    print("hello world")
```

```
1 hello world
2 hello world
3 hello world
4 hello world
5 hello world
6 hello world
……
100 hello world
```

## 还可以这么打印

### 代码清单 8-2 利用循环打印 hello world

```
for i in range(100):
    print("hello world",end='')
hello worldhello world……hello worldhello world
```

## 也可以这么打印

### 代码清单 8-3 横向空格输出

```
for i in range(100):
    print('hello world\t\t',end='')   #横向空格一个"\t"四个空格
```

```
hello world    hello world    hello world    ……    hello world
```

## 又可以这么打印

### 代码清单 8-4 复合对齐输出

```
for i in range(1,101):
    print('hello world\t\t',end='')
    if i%4==0:
        print()
```

```
hello world    hello world    hello world    hello world
hello world    hello world    hello world    hello world
……
hello world    hello world    hello world    hello world
hello world    hello world    hello world    hello world
```

## 8.2 数着数执行的循环——for 循环

前面章节你学习了字符串、列表、元组和字典，for 循环通过遍历这些数据结构中的元素实现循环代码的运行。所谓遍历，就是将这些容器里面的元素按次序一个个地读出来或者取出来。例如在以下示例中，将列表中的元素 1、2、3、4、5 一个一个取出来使用。

**代码清单 8-5 通过序列迭代的循环**

```
for i in [1,2,3,4,5]:
    print('hi,there', i)
print('循环结束。这是循环体外的一
条语句。')
```

```
#代码执行结果
hi,there 1 #i==1
hi,there 2 #i==2
hi,there 3 #i==3
hi,there 4 #i==4
hi,there 5 #i==5
循环结束。这是循环体外的一条语句。
```

变量 i 的值从列表第一个元素开始，执行循环，输出"hi, there 1"，每次循环代码执行完毕，i 会取这个列表中的下一个值，然后再执行循环代码。像这样重复确切次数的循环（列表里元素的数量有限）叫作 for 循环，也叫计数循环（注意 for 语句后加冒号）。

如果你还是不理解什么是 for 循环，想象下体育课上，参加 2000m 测试，跑道一圈 250m，终点计时处计数牌会提醒现在是第几圈，当跑完 8 圈的时候就表示测验结束了，类似跑圈一样规定了圈数的循环就是 for 循环。

### for 循环语法

for 循环是通过判断循环迭代序列里是否还有元素来判断循环是否结束的（图8-2）。

for 迭代变量 in 字符串、列表、元组、字典等循环迭代序列：

    语句 1
    语句 2
    语句 3
    语句 4

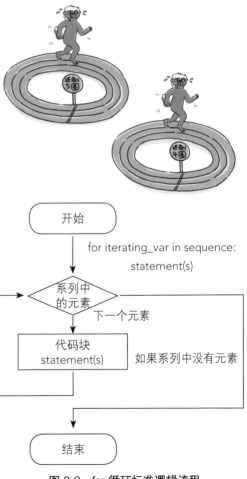

**图 8-2 for 循环标准逻辑流程**

```
        语句 5
        语句 6
        ......
```

### for 循环规则

①for 后面接一个变量名，这个变量由自己定义，每次循环，i 的值都会更新，记录刚刚从循环迭代序列中取出来的元素。

②in 后面接的是数据容器，字符串、列表、元组、字典等都可以，这种"容器"又称为计数迭代序列。

③for 循环一定要加冒号，冒号表示循环的开始，冒号后面的语句要缩进一段（英文输入状态缩进 4 个空格），所有缩进的语句直至当前缩进结束都代表它是循环体内部的语句，也就是说，这些语句每次循环都要执行。

④for 循环遍历始于计数迭代序列第一个元素，结束于计数迭代序列最后一个元素。

⑤代码语句 4、5、6，它们有没有缩进？没有，所以它们是循环体外的语句，它们不会在循环中执行，而是等循环结束后再执行。

### 循环计数迭代序列例程 1

前面提到了 for 循环计数迭代序列可以是字符串、列表、字典或者元组等，接下来通过一个例程来验证。

**代码清单 8-6 for 循环计数迭代**

```python
s = 'I learn Python language every day.'
score = {'Chinese': 88, 'Math':77, 'English': 93}
north_east = ('辽宁', '吉林', '黑龙江')
for c in s:
    print(c)
for i in score.items():
    print(i)
for province in north_east:    #东北的省份
    print(province)
```

### 循环计数迭代序列例程 2

现在营业厅要检测手机号的话费余额，要给余额不足的手机号发一个短信提醒余额不足，请尽快充值。

假定手机序号为 1、2、3、4、5，话费余额分别为 −10、22、44、−8、−11。

提示：用字典来存放手机序号及余额。

**代码清单 8-7 for 循环计数迭代序列——字典**

```
>>>cost = {1:-10,2:22,3:44,4:-8,5:-11}
>>>for a,b in cost.items():
>>>    if b<0:
>>>        print('第%d 个用户欠费%d，请充值'(%a,%b))
```

注："for a, b in cost. items( ):"这种形式的描述等同于"for item in cost. items( ):"，a 和 b 分别对应键与值，当需要将字典的键与值分别进行运算时可以这样表述。

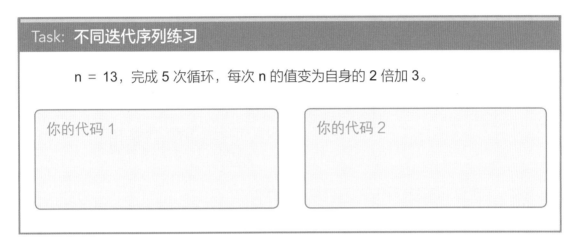

**Task: 不同迭代序列练习**

n = 13，完成 5 次循环，每次 n 的值变为自身的 2 倍加 3。

你的代码 1

你的代码 2

**观察与总结**

之前的案例 for i in [1, 2, 3, 4, 5] 中，循环执行了几次？是不是 5 次？那么再看上面这个例程，同样也进行了 5 次循环，每次循环，我们用不用得到 i 的值？这里 i 仅仅是作为循环计数迭代变量，因为每次循环只将 n 的值乘以 2 再加 3 就行了。

思考：for 循环中，循环次数与循环计数序列类型或者序列中元素的值有无关系？

**更省事的迭代——range( ) 函数**

既然循环次数与循环计数序列类型或者序列中元素的值没有关系，只是计次数，那就可以用一个函数代替所有类型的序列。

如何画出图 8-3 中的图形？可以用一个列表实现：

```
for i in [1,2,3,4,5,6]:
    print('*'*i)
```

```
*
**
***
****
*****
******
```

图 8-3 range() 函数例程图

上面打印"*"的实例，如果要打印 100 行呢？打印 100 行，计数器里就需要 100 个元素，如果按照上面的代码实现方式是不是就需要一个长度为 100 的序列？有没有更高效的方式？

幸运的是，Python 提供了 range( ) 函数：range([start, ]end[, step])，它可以让你更便捷地设计循环迭代序列。

range([start, ]end[, step])（注：带中括号的参数可以省略）：start 是计数索引开始的数值，缺省默认值是 0；end 是计数索引结束的数值，但不包括这个位置，也就是说 [1, 2, 3, 4, 5]也需要用 range(1, 6) 函数表示；step 是步长，表示一次前进几个位置，默认值是 1，例如 step = 2 时，表示的就是 1、3、5 这三个数。

range( ) 函数生成一个类似于列表的结构，或者可以理解为 range( ) 创建了 start 与 end 之间所有的值。

同样还是 n = 13，完成 100 次循环，每次 n 的值变为自身的 2 倍加 3，现在用 range( ) 函数来实现循环计数。

**代码清单 8-8 用 range( ) 函数实现循环迭代**

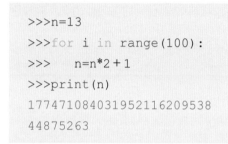
```
>>>n=13
>>>for i in range(100):
>>>    n=n*2+1
>>>print(n)
177471084031952116209538
44875263
```

思考：如果像下面这样写代码，输出结果是什么？

```
>>>n=13
>>>for i in range(5):
>>>    n=n*2+1
>>>    print(n)
```

代码运行结果：

_____

_____

_____

_____

_____

## 循环体内的代码缩进

**别人缩进是为了好看，我没了缩进，啥都干不对！**

——小蟒蛇 Python

Python 中的缩进（indentation）决定了代码的执行顺序及执行层次。这一点和传统的 C/C + + 有很大的不同（传统的 C/C + + 使用大括号 "{}" 决定作用域的范围；Python 使用缩进空格来表示作用域的范围，相同缩进空格的代码处于同一运行层次）。

Python 对代码的缩进要求非常严格，同一个逻辑级别的代码块的缩进量必须一样。

在 Python 中，对于类定义、函数定义、流程控制语句、异常处理语句等，这些代码行尾都有一个 "："，冒号表示下一个代码块的开始，而缩进的结束则表示此代码块的结束。注意，Python 中实现对代码的缩进，可以使用空格或者 Tab 键实现。但无论是手动敲空格，还是使用 Tab 键，通常情况下都是采用 4 个空格长度作为一个缩进量（默认情况下，一个 Tab 键就表示 4 个空格，但是原则上我们不建议使用 Tab 创建空格）。

**思考与验证**

① 既然 range( ) 函数实现遍历一个序列，能否利用 range( ) 函数来创建一个列表?

② 循环体内代码改变循环迭代变量的值能否改变下次循环迭代变量的值?

答案请在代码清单 8-9 里找。

**代码清单 8-9 验证计数迭代值的变化**

```
for i in range(3):          #代码运行结果
    print(i)                0
    i += 2                  2
    print(i)                我是分隔符，我最没用
    print('我是分隔符，我最没用')  1
                            3
                            我是分隔符，我最没用
                            2
                            4
                            我是分隔符，我最没用
```

---

**Task: 如何获取数字 10000 的所有因数**

提示: 查询因数的概念（能整除 10000 的数即称为 10000 的因数）; 既然能整除 10000，那么这个数一定比 10000 小，也就是说要在 1~10000 间找因数，即需要遍历 1~10000 之间的整数，这是不是就是很熟悉的应用场景?

你的代码

---

## 8.3 Python 循环的分析与设计

对初学者来说，尤其是低学龄段学员，Python 循环学习、应用的重点不在对循环语法的认知与应用上，重点在如何通过分析任务，找到任务执行的周期规律，从而根据任务执行的周期性规律找到逻辑的周期性规律并据此设计循环，对于 for 循环，还需要通过任务分析确定循环次数。什么时候该用什么循环，如何用，这一点对于初学者来说并不容易，必须通过大量的循环分析设计练习、大量的代码阅读来逐渐培养逻辑直觉，培养程序语言的语感。

### 观察、找规律、设计循环

例程 1：

找出图 8-4 中的规律，并利用每次走过的距离（每条边数字数），设计循环，用伪代码实现数字螺旋图。

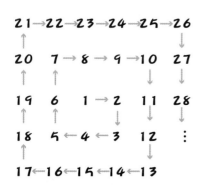

你的实现代码

**图 8-4　数字螺旋图**

例程 2：

用 ● 表示实圆，用 ○ 表示空心圆，现有若干实心圆与空心圆按一定规律排列如下：

● ○ ● ● ○ ● ● ● ○ ● ● ● ● ○ ● ● ● ● ● ○ ● ● ● ● ● ● ○ ● ● ● ● ● ● ● ○ ……

分析它们的排列规律并找出第 2000 个图形是实心圆还是空心圆？

你的实现代码

打印出 1800 个这样排列的图形应该如何实现？用伪代码描述这一任务。

## 8.4　不满足条件循环就罢工——条件循环

在 Python 中，对有些循环是可以知道它的确切循环次数的，这种情况通常用 for 循环，但是很多时候需要设计并使用满足特定条件的循环，Python 中条件循环用 while 实现，while 的中文含义是当……时。

```
while  condition1:
    代码 1
    代码 2
代码 3
代码 4
……
```

还是前面跑步的例子，现在不要求你跑多少圈了，要求你只要有力气就一直跑下去，如何循环？这时候必须用到条件循环，如：如果你还有力气，就一直跑。

在认识 while 循环的规则前，需要先熟悉循环体的概念，上一章学习了代码缩进与代码块的概念，循环体也可以称为循环代码块，也是开始于 for 语句或 while 条件判断语句下第一行代码（第一行尾是冒号，冒号下一行必须缩进），依据代码对齐的情况执行循环体内代码直至缩进结束。

当 condition1 条件为 True 时，自上而下按对齐执行循环体内的代码 1、代码 2，当 condition1 条件为 False 时，循环结束，程序继续执行循环体外的代码 3 和代码 4。

只要 condition1 为 True，循环体内代码 1、代码 2 就会一直运行下去，直到 condition1 为 False。

用流程图描述上述过程见图 8-5。

### while 循环语法结构

通常 while 循环语法结构必须包含以下几部分：while 条件判断变量初始化，while 条件判断变量关系运算或逻辑运算，条件判断变量自增加或自减语句

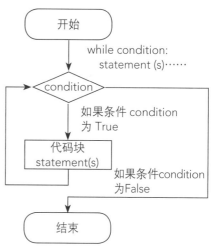

**图 8-5　条件循环标准逻辑流程**

（循环每迭代一次变量运算一次，它一般在循环体代码块语句最后一行），自增加或自减后的变量值继续在 while 条件判断中进行关系或逻辑运算。具体例程如下：

**代码清单 8-10 初识条件循环**

```
i = 0
while i < 10:  # 10 以内的循环
    if i % 2 != 0:  # 判断 i 是不是奇数
        print(i)  # 输出结果
    i = i+1  # i 自加
```

---

**Task: 条件循环程序设计**

设计程序，提示输入数字，输入 1，则程序一直运行；输入其他数字，程序退出并提示程序结束。

**代码清单 8-11 进一步理解条件循环**

```
num='1'
while num=='1':
    num = input('输入 1 继续程序，输入其他停止程序')
print('输入了其他数字，程序结束')
```

输入 1 继续程序，输入其他停止程序 1
输入 1 继续程序，输入其他停止程序 1
输入 1 继续程序，输入其他停止程序 1
输入 1 继续程序，输入其他停止程序 1
输入 1 继续程序，输入其他停止程序 2
输入了其他数字，程序结束

通过本例程你可以很容易理解 while 循环的规则：

第一次循环，执行代码 num = '1'，所以 while num = = '1'运算结果为 True，程序执行 num = input('输入 1 继续程序，输入其他停止程序')；然后第二次循环，循环再对新的 num 值校验，当结果为 True 时循环继续执行 num = input('输入 1 继续程序，输入其他停止程序')；进入第三次循环……；直到结果为 False 时执行 print('输入了其他数字，程序结束')。

**Task: 根据题目要求写代码**

编写程序，让用户输入考试成绩。当成绩 <60 分的时候，提示用户没有通过考试，重新考试输入新的成绩，直到通过，通过后输出考生的最终考试成绩。

**提示：**

① 成绩变量（score）；

② 成绩输入通过 input( ) 函数实现；

③ 成绩（score）数据类型为 float;

④ 找出需要循环的部分：成绩小于 60 分时，提示没有通过考试重新输入成绩；成绩大于或等于 60 分时，打印"成绩通过恭喜了"。

你的代码

**Task: 根据题目要求补全代码**

持续生成 1~10 的随机整数，将它们相加，直到它们的和超过 50。将最后的和输出，这里已经给出了一部分代码，将剩下的代码补齐。

```
import random

_____

_____

_____

_____

print('sum is %d now'%sum)
print('sum >50 now,program is over')
```

提示：

① 根据题目要求我们要定义变量 sum 存储和；

② 变量 sum 的值需要初始化；

③ 当 sum 的值小于 50，程序一直循环；

④ sum 的值如何借助循环持续与随机数相加。

## Python 循环与条件判断

随机产生一个 1~10 以内的随机整数，同时输入一个数字，如果两个数字不相等，当输入的数字比产生的随机数小时，程序提示"数据小了，再来一次吧"。再次输入一个数字，如果输入的数字比产生的随机数大，提示"不对，大了"，如果输入的数字与产生的随机数相等，将提示"恭喜猜对了"。

任务分析：

① 产生 1~10 的随机数；

② 输入一个数；

③ 如果不相等……否则……

④ 当不相等时……

> 你的代码

## 8.5 循环里面还有循环

循环嵌套，顾名思义，如果把一个循环放在另一个循环体内，那么就可以形成循环嵌套。它的现实理解可以用这样一个实例来认识：

平头哥承担着周一到周五, 每天为社区 1~5 号小区, 每个小区 1~5 号楼送报纸的任务, 每天早上每一个小区从 1 号楼送到 5 号楼, 这个实例是一个标准的循环嵌套的例子。这个嵌套外层循环是什么? 内层循环是什么?

循环嵌套既可以是 for 循环嵌套 while 循环, 也可以是 while 循环嵌套 for 循环, 即各种类型的循环都可以作为外层循环, 各种类型的循环也都可以作为内层循环。嵌套循环的层数称为循环的"深度"。

循环嵌套在生活中处处皆是: 比如平头哥每天需要为 1~5 号小区中的 1~5 号楼送报纸, 而每天跑 1~5 号小区爬 1~5 号楼这一过程就是典型的循环嵌套。

## for 循环嵌套

```
for i in 对象 ( 列表等 ) :
    ……
    for j in 对象 ( 列表等 ) :
        ……
    ……
```

## while 循环嵌套

```
while 条件表达式 :
    ……
    while 条件表达式 :
        ……
```

## for 循环嵌套 while 循环

```
for i in 对象 ( 列表等 ) :
    ……
    while 条件表达式 :
        ……
```

## while 循环嵌套 for 循环

```
while 条件表达式 :
    ……
    for i in 对象 ( 列表等 ) :
        ……
```

## 循环嵌套的逻辑

当程序遇到循环嵌套时, 如果外层循环的循环条件为 True 或 for 循环计数迭代未结束, 则执行外层循环的循环体, 当执行到内层循环代码处, 判断内层循环条件为 True 或 for 循环计数迭代未结束时, 执行内层循环体的代码, 直到内层循环条件判断为 False 或 for 循环计数迭代结束 (即内层循环结束), 继续外层循环的下一次迭代或条件判断, 当外层循环条件判断为 False 或 for 循环计数迭代结束时, 整个循环结束或继续执行最外层循环体以外的代码。while 循环嵌套、for 循环嵌套的结构图如图 8-6 和图 8-7所示。

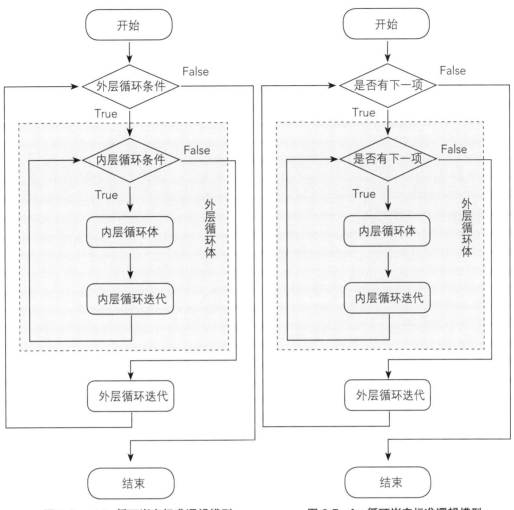

图 8-6　while 循环嵌套标准逻辑模型　　　　图 8-7　for 循环嵌套标准逻辑模型

## for 循环嵌套

利用 for 循环嵌套，可以得到各层循环的计数迭代的排列。下面用一个例程进一步了解 for 循环嵌套。

**代码清单 8-12 for 循环嵌套**

```python
for i in range(1,3):  #i=1,2
    for j in range(1,3):  #j=1,2
        for k in range(1,3):  #k=1,2
            print('*'*k)
```

现在思考，上述代码总共循环了多少次？

现在用决策树来解释上述代码的循环次数（图 8-8）。

思考下，如何用排列组合思想得到循环次数？

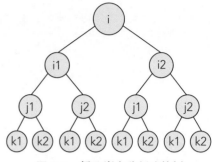

图 8-8　循环嵌套分析决策树

## 可变循环

上述例程中，range( ) 函数中的参数是常量，而在开发过程中，往往需要由用户来决定 range( ) 函数的参数或由程序的另一部分来决定，这时候称为可变循环。下面看个例程：

**代码清单 8-13 可变循环**

```python
import random
m=random.randint(1,10)
n=int(input('How many stars per line?'))
for i in range(1,m+1):
    for j in range(1,n+1):
        print('*'*j)
```

## 循环嵌套的理解

代码阅读 1:

```python
for i in range(3):
    for j in range(3):
        print(i**j,end=")
```

写下上述代码的运行结果：

_____

提示：外层每完成一次迭代，内层循环完成一个周期。

end＝''强制打印不换行

```
i=0:        i**j
  j=0     1
  j=1     0
  j=2     0
i=1:
  j=0     1
  j=1     1
  j=2     1
i=2:
  j=0     1
```

```
j=1      2
j=2      4
```

代码阅读 2：

```python
temp=0
for i in range(2):
    temp=i
for j in range(2):
    print(temp+j)
```

代码阅读 3：

```python
temp=0
for i in range(2):
    temp=i
    for j in range(2):
        print(temp+j)
```

## 读代码，悟逻辑

设计一段代码，校验学生语文、数学、英语、物理、化学作业是否做完，如果用户输入"是"则校验下一节课，如果"否"则继续提示输入作业完成情况。

**代码清单 8-14 初识标志变量**

```python
done = 'No'
for subject in ['Chinese', 'Math', 'English', 'Physics',
'Chemistry']:
#确保无论通过 input()输入的是 yes 还是 YES，最后值都一样
    while done.title() != 'Yes':
        done = input('Have you done your %s homework?' %
        subject)  #homework，作业
    #重新赋值，保证 while 循环里改变了 done 的值后 while 循环还能执行
    下去
    done = 'No'
print('Congratulations!Now you can watch cartoon for 30 minutes!')
```

这里引入了一个概念或者说编程的技巧——标志变量（flag），通过标志变量值的变化控制循环的执行，这是一个实用的小技巧。

## 九九乘法表与循环嵌套

九九乘法表输出效果：

```
1*1=1
1*2=2 2*2=4
1*3=3 2*3=6   3*3=9
1*4=4 2*4=8   3*4=12 4*4=16
1*5=5 2*5=10 3*5=15 4*5=20 5*5=25
1*6=6 2*6=12 3*6=18 4*6=24 5*6=30 6*6=36
1*7=7 2*7=14 3*7=21 4*7=28 5*7=35 6*7=42 7*7=49
1*8=8 2*8=16 3*8=24 4*8=32 5*8=40 6*8=48 7*8=56 8*8=64
1*9=9 2*9=18 3*9=27 4*9=36 5*9=45 6*9=54 7*9=63 8*9=72 9*9=81
```

**第一步：项目分析（乘法表分析）**

乘法表的结构为按行按列排列，Python 打印的时候是按每行每列依次打印出来的。现在设定行为 i，列为 j，通过分析乘法表的结构发现：

```
i=1
  j=1
i=2
  j=1,2
i=3
  j=1,2,3
i=4
  j=1,2,3,4
i=5
  j=1,2,3,4,5
i=6
  j=1,2,3,4,5,6
i=7
  j=1,2,3,4,5,6,7
i=8
  j=1,2,3,4,5,6,7,8
i=9
  j=1,2,3,4,5,6,7,8,9
```

通过乘法表的结构分析可以发现每行的被乘数与对应列数 j 相等，乘数与行数 i 相等，那么乘法表的逻辑结构如下：

乘法表中每一个等式的输出打印格式为 j*i =j*i的值

根据循环嵌套的逻辑，结合上述乘法表的逻辑结构分析，这是典型的 for 循环嵌套结构，请思考该如何设计这个循环嵌套结构？外层循环是 i 迭代还是 j 迭代？外层 range( ) 函数的参数是什么？内层 range( ) 函数的参数是什么？

**第二步：循环逻辑分析**

通过项目分析很明显判断出内层循环迭代变量为 j（每次循环迭代 1~i），外层循环迭代变量为 i（1~9），由此循环嵌套的代码如下：

```
for i in range(1,10):
    for j in range(1,i+1):
```

**第三步：输出格式分析**

循环嵌套结构有了，现在思考：如何能打印出乘法表的格式？这里用格式化输出：

print("%d*%d=%d"%(j, i, j*i))

```
for i in range(1,10):
    for j in range(1,i+1):
        print('%d*%d=%d'%(j,i,j*i))
```

#代码测试：

1*1=1

1*2=2

2*2=4

1*3=3

2*3=6

3*3=9

1*4=4

......

6*9=54

7*9=63

8*9=72

9*9=81

什么原因？前面章节中提到过 Python 中 print( ) 函数打印的时候是默认换行的，如何实现不换行？在 Print( ) 函数里加入 end = ''，验证是否能解决问题：

```
for i in range(1,10):
    for j in range(1,i+1):
        print('%d*%d=%d'%(j,i,j*i),end='')
```

#验证代码运行：

1*1=1  1*2=2  2*2=4  1*3=3  2*3=6  3*3=9  1*4=4  2*4=8……7*9=63  8*9=72
9*9=81

可以发现还是不行。通过分析乘法表的结构，我们发现当 "j＝＝i" 的时候自动换行，如何实现打印换行？当 "i＝＝j" 的时候直接打印空值就行了：

```
for i in range(1,10):
    for j in range(1,i+1):
```

```
        print('%d*%d=%d'%(j,i,j*i),end='')
        if j==i:
            print()
```

1*1=1

1*2=22*2=4

1*3=32*3=63*3=9

1*4=42*4=83*4=124*4=16

1*5=52*5=103*5=154*5=205*5=25

……

1*8=82*8=163*8=244*8=325*8=406*8=487*8=568*8=64

1*9=92*9=183*9=274*9=365*9=456*9=547*9=638*9=729*9=81

观察上述输出结果发现由于有的结果是两位，有的是一位，输出并没有对齐，如何对齐？让所有乘积都占两个或以上位置，即左对齐占位两个或以上，是不是就可以对齐了？这就需要用到前面学过的格式化输出。

**代码清单 8-15 输出乘法表**

```
for i in range(1,10):
    for j in range(1,i+1):
        print('%d*%d=%-3d'%(j,i,j*i),end='')
        if j==i:
            print('')
```

1*1=1

1*2=2   2*2=4

1*3=3   2*3=6   3*3=9

1*4=4   2*4=8   3*4=12  4*4=16

1*5=5   2*5=10  3*5=15  4*5=20  5*5=25

1*6=6   2*6=12  3*6=18  4*6=24  5*6=30  6*6=36

1*7=7   2*7=14  3*7=21  4*7=28  5*7=35  6*7=42  7*7=49

1*8=8   2*8=16  3*8=24  4*8=32  5*8=40  6*8=48  7*8=56  8*8=64

1*9=9   2*9=18  3*9=27  4*9=36  5*9=45  6*9=54  7*9=63  8*9=72  9*9=81

**总结：**

回顾整个过程，在拿到一个任务时，你需要注意以下几点：

第一，学会观察任务并分析任务；

第二，从观察结果，分析提炼数学逻辑及任务流程；

第三，根据逻辑设计算法及代码；

第四，代码优化；

最后，对整个项目进行总结与回顾，梳理用到的工具、语法等，寻找是否有更好的解决方法。

---

**Task: 读代码悟逻辑**

写出下述代码的运算结果。

```
for i in range(5):
    if i<3:
        print("hello")
        for j in range(3):
            print("my name is :")
    else:
        print("不玩了")
```

左侧项目总共输出多少行结果? ___
写下所有运行结果:

_____

_____

_____

_____

_____

---

## 8.6　打断循环的执行

通过本章前面内容，你已学到当 for 循环迭代结束或者 while 循环条件为 False 时，循环结束。实际开发程序中需要通过其他形式来控制循环，循环控制有两种方法，分别是 break 和 continue 语句。还是前面平头哥送报的循环（5 个小区每个小区 1~5 号楼），它被通知从今日起每个小区 3 号及以上的楼不用送了，表示送报这一任务内层循环（即楼号）到 1 号、2 号楼之后就结束，这时候需要用 break 来直接结束循环。

### 用 break 控制循环

**代码清单 8-16 初识 for 循环 break**

```
for i in range(1,6):  #i 代表小区号
    for j in range(1,6):  #j 代表楼号
        if j==3:
            break
        print(i, end="")
print("这是循环外的一条语句")

#代码执行结果
1 1 2 2 3 3 4 4 5 5
这是循环外的一条语句
```

**你好，Python**

break 语句的含义是结束当层循环，不再执行本层循环以后的代码。通常的应用场景是：当满足一定条件时，结束循环。比如上面例子，当 j 是 3 的时候，break 就结束循环，输出"这是循环外的一条语句"，具体 break 语句的逻辑结构如图 8-9 和图 8-10 所示。

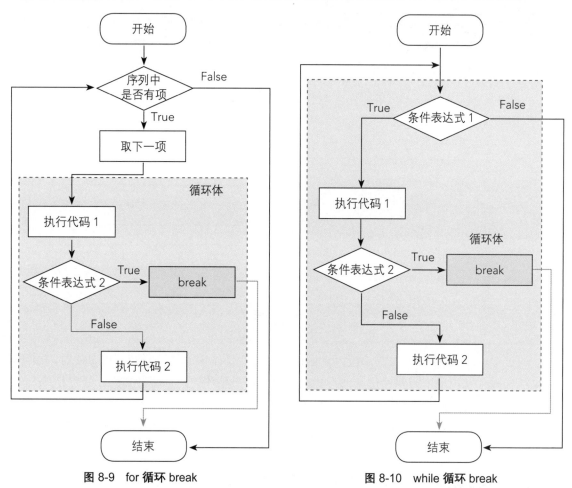

图 8-9　for 循环 break　　　　图 8-10　while 循环 break

编写程序，询问用户有没有做完作业，若没有做完反复询问，直到用户输入"yes"为止。当用户输入"sleep"时，结束循环，让用户睡觉。

分析：当用户输入"sleep"时结束循环，这里我们需要用 break 结束循环。

**代码清单 8-17 深入理解 break**

```
homework=input('Have you done your homework?')
while homework!='Yes':
    homework=input('Have you done your homework?')
    if homework=='Sleep':
        print('You can sleep now')
        break
```

Python 中字符串是区分大小写的,而在使用 input() 函数时,很难确定用户输入的"homework"的大小写格式,这时候可以统一用字符串 title() 函数将用户输入的变量"homework"转换成标题格式再跟"Yes"、"No"或"Sleep"比较,代码优化如下:

```
homework=input('Have you done your homework?')
while homework.title()!='Yes':
    homework=input('Have you done your homework?')
    if  homework.title()='Sleep':
        print('You can sleep now')
        break
```

---

**Task: 读代码写结果**

写出下面代码的运行结果。

```
for i in range(3):
    print("-------%d------" %i)
    for j in range(5):
        if j > 3:
            break
        print(j)
```

代码运行结果

---

## break 循环练习

怎么从两个数字列表中找出相同的数字并输出?

```
list1=[1,21,54,78,123,154,168]
list2=[1,88,75,45,54,158,167,154]
```

你的代码

## continue 循环控制

continue 语句的含义是跳过本次循环迭代,进行本层循环的下一次循环,比如下面这个例程,当 i 是 2 的时候,跳过此次循环迭代,进入 i 是 3 的循环。根据输出结果可以看到,2没有输出。

还是送报的例子,现在平头哥被通知以后每个小区 2 号楼不用送了,也就是每次送报需要跳过 2 号楼从 3 号楼继续送报,这时候可以用 continue 实现。

**代码清单 8-18 初识 continue 循环控制**

```
for i in range(1,6):
    for  j  in range(1,6):
        if j==2:
            continue
        print(j)
```

```
#代码执行结果
0
1
3
4
```

通俗来说，for 循环中的 continue 循环控制是提前结束本次循环，转到下一次循环迭代，具体规则可以用流程图来描述（图 8-11，图 8-12）。

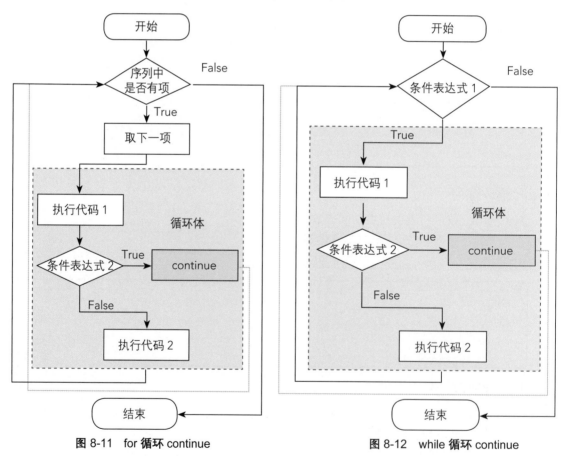

图 8-11　for **循环** continue　　　　图 8-12　while **循环** continue

## continue 例程

周一到周日，如果某日是工作日，则输出"×× is working day."。

**代码清单 8-19 continue 深化理解**

```
for day in ["Sunday", "Monday", "Tuesday", "Wednesday",
"Thursday", "Friday", "Saturday"]:
    if day == "Sunday" or day == "Saturday":
        continue
    print("%s is working day." %day)
```

---

Task: **读代码写结果**

读如下代码并写出代码运行结果。

```
var=0
while var>= 0:
    var=var+1
    if var==3:
        continue
    if var>6:
        break
    print('当前变量值 :',var)
print("程序结束")
```

写下代码运行结果:

_____

_____

_____

_____

_____

---

Task: **逢 7 拍腿**

同学们排成一圈，按 1~100 依次领取序号，如果序号是 7 的倍数或者含有 7，拍腿。输出没拍腿的同学的序号，用代码实现此程序。

你的代码

提示:

① 1~100 的序号，本质是遍历 1~100 自然数，需要用到循环，用什么循环?

② Python 如何判断一个数是否是 7 的倍数?

③ 1~100 自然数中含有 7 的含义是什么? 在 Python 中如何表示?

④ "输出没拍腿的同学的序号"含义是什么? 如何实现?

## 8.7　无限循环

当一个循环可以不停地执行下去，也就是循环没有终止条件时，称这个循环是死循环或者无限循环。

生活中无限循环的例子很多，地球上的水有三个形态：水蒸气（冷凝）→液态水（冷冻）→冰（融化）→液态水（蒸发）→水蒸气（冷凝）→液态水（冷冻）……，数亿年以来，水就在这三个形态中不停歇地循环，永远不会结束，像这样永远不会停止的循环就是死循环，见图 8-13。

你可以通过设置，使条件表达式永远不为 False 来实现无限循环，如下例程：

**代码清单 8-20 初识无限循环**

```
while True:  # 表达式永远为 True
    num=int(input("请输入一个数字 :"))
    print("您输入的数字是: ", num)
print("Good bye!")
```

图 8-13　水的三个形态无限循环

请输入一个数字 :6
您输入的数字是：　6
请输入一个数字 :7
您输入的数字是：　7
请输入一个数字 :

**死循环与循环控制**

上述代码 print ("Good bye!")并没有被执行，程序一直在 while True 循环体内运行，这时候要终止程序除了强行终止外，还可以通过 break 来实现：

```
while True:  # 表达式永远为 True
    num=int(input("请输入一个数字 :"))
    print("您输入的数字是: ", num)
    if num==8:
        break
print("Good bye!")
```

请输入一个数字 :8
您输入的数字是: 8
Good bye!
是不是循环没有一直执行下去？

Python 无限循环有很多便捷的作用，很多时候需要循环一直运行，直到某特定条件触发才结束，while True 往往与条件判断以及 break 或 continue 结合使用，通过下面的例程可以很清晰地理解 while True 以及与 break 的组合使用。

**代码清单 8-21 无限循环与循环控制**

```
dict1={'xiaoming':1,'xiaodong':2}
while True:   #若用户名错误能够继续提示输入用户名
    name=input('请输入您的用户名: ')
    if name in dict1:
        while True:   #密码输入错误能够一直提示输入密码
            password=int(input('请输入您的密码: '))
            if dict1[name]==password:
                print('进入系统')
                break   #密码校验通过后不再提示输入密码
        break   #用户名校验通过后不再提示输入用户名
```

**Task: 编写一个程序，输入 n 和 m，输出 n 以内所有 m 的倍数**

提示:

① 循环提示"菜单选择": 1，输出 n 以内所有 m 的倍数；其他，退出。程序结束，根据选择进行相应操作。

② 选择 1 时，继续执行后续代码，选择其他，整个程序结束。

③ 选择 1 时执行输入 n 与 m 语句。

④ 对输入的数据 n 与 m 进行数值格式检验（是否是数字，以及 m 是否为 0）。

⑤ n 与 m 不是数值或 m = 0 时，循环跳出，从输入选择菜单选项重新开始。

⑥ n 与 m 都是数值且 m 与 n 不等于 0 时，执行后续代码输出最终运算结果，并返回输入菜单功能选项代码处。

> 你的代码

## 8.8 坐过山车的小海龟

"好想在过山车里这样一直转下去啊!"小海龟嘟嘟囔囔。
"你画图的时候多转几圈不就行了吗!"平头哥说道。
回顾前面章节，你是如何画出图 8-14 中的螺旋图的? 在空白处写下你所熟悉的绘制图形的代码。

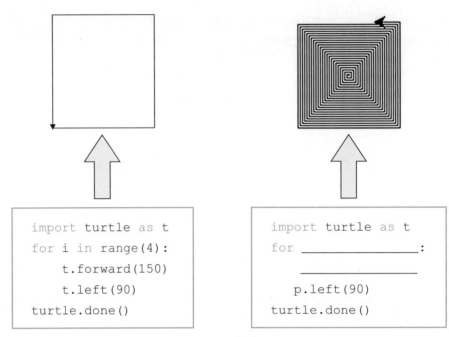

图 8-14　螺旋图

思考：如何画出 300 条边的图形？

## 观察与分析

已知海龟的默认初始朝向是正右方，即海龟第一次 forward( ) 为向右移动，结合图8-15 分析第一次循环画笔是红色，绘制出 300 条边，显然 for 循环为：for i in range(1，301)。

```
import turtle as t
for i in range(1,301):
    if i%4==1:
        t.pencolor('red')
    _____
        _____
    _____
        _____
    _____
        t.forward(i)
        t.left(90)
t.done()
```

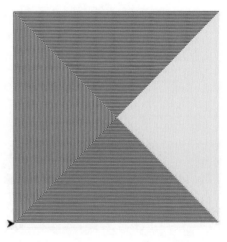

图 8-15　小海龟的调色板

当 i = 1,5,9,13,17,21,25…时颜色为红色，即 i%4 = 1 时颜色为红色；

当 i = 2,6,10,14,18,22,26…时颜色为黄色，即 i%4 = 2 时颜色为黄色；

当 i = 3,7,11,15,19,23,27…时颜色为蓝色，即 i%4 = 3 时颜色为蓝色；

当 i = 4,8,12,16,20,24,28…时颜色为绿色，即 i%4 = 0 时颜色为绿色。

## 划重点

◆ for 循环与 while 条件循环的标准逻辑流程

◆ 根据任务判断选择 for 循环还是 while 循环

◆ 读懂循环嵌套代码，通过分析任务设计嵌套循环

◆ break 及 continue 的代码逻辑与应用

◆ 死循环 while True 的利用

## 拓展与提高

### 标志变量与循环的结合使用

编写程序，让用户输入一个单词，找到该单词中第一个 w 所在的下标位置。如果没有则显示"该单词中没有出现 w"。

分析：

① 用户输入一个单词，用 input( )；

② 找到单词中的"w"需要从第一个字符开始遍历、比较，这时候需要用到 for 循环；

③ 遍历字符串，用到 for 循环，range( ) 函数的参数是字符串长度；

④ 字符比较需要用到字符串元素访问；

⑤ 因为只需找出第一个，那么当找到第一个匹配"w"时结束循环，停止查找，这时候需要用到循环控制；

⑥ 如果遍历没有找到"w"，代码如何设计？

实现本程序，很容易想到可以用下面代码实现：

```python
word=input('请输入一个单词')
for i in range(len(word)):
    if word[i]=='w':
        print('第一个 w 的下标位置是%d'%i)
        break
print('单词中没有出现 w')
#运行结果
请输入一个单词 word
第一个 w 的下标位置是 0
单词中没有出现 w
```

## 代码优化

**在一种编程语言中，即使有再多的好程序被诋毁指责，也要比被说成完美无缺好——好得多。**

—— Bjarne Stroustrup, 出自《The Design and Evolution of C＋＋》

上述代码有没有问题？显然有问题，当找到"w"时，仍然打印了"单词中没有出现w"，程序在找到第一个"w"后，虽然因为 break 关键字没有继续查找，但循环结束后却执行了 print('单词中没有出现w')语句，如何解决？

既然多打印了"单词中没有出现 w"，能否加入条件，使只有遍历结束找不到"w"时才打印"单词中没有出现 w"？

这里用到标志变量，定义一个名为 found 的变量，设定 found 初始值为 False，代码执行后若找到"w"，修改标志变量 found 值为 True，利用标志变量 found 值是否是 False 或者说是否被改变来决定是否打印"单词中没有出现 w"。

上述例程用标志变量可以修改为以下代码：

**代码清单 8-22 标志变量应用**

```python
word=input("请输入一个单词")
found=False
for i in range(len(word)):
    if word[i]=='w':
        found=True
        print('第一个 w 的下标位置是%d'%i)
        break
if found==False:
    print("单词中没有出现 w")
```

# 你掌握了没有

## 循环嵌套之循环次数

外层循环的循环次数为 n 次，内层循环的循环次数为 m 次，那么内层循环的循环体实际上需要执行 _____ 次。

**程序阅读 1**
```python
n=10
sum=0
counter=1
while counter<=n:
```

**程序阅读 2**
```python
i=5
while i>0:
    for j in range(i+1):
        if j==3:
            i-=2
```

```
    sum=sum+counter
    counter+=1
print(sum)
```
代码执行结果：_____

```
        break
    print(i,end='')
    i-=1
```
写出上述例程的运行结果：
_____

## 代码填充

在下面代码适当的地方添加 break，完成程序。

程序实现的功能是随机生成一个 1~10 之间的数字作为密码。提示用户猜密码，密码成功就显示密码正确；如果密码错误就重新输入，共有 5 次机会，5 次机会都用完就显示账户锁定。

```
import random
pwd=random.randint(1,10)
for i in range(5):
    guess_right=False
    try_pwd=input('请输入您的密码')
    if str(pwd)==try_pwd:
        print("密码正确")
        guess_right=True
    else:
        print('密码错误')
if guess_right==False:
    print('5 次机会用完。账户锁定')
```

## 学编程，多动手

输出 100 以内的所有素数。（利用搜索引擎查询什么是素数）

你的代码

# 9

数学、传统文化
与代码

本章主要是综合利用前面的知识点解决一些经典的问题，这些问题包括斐波那契数列、水仙花数以及回文联。

### ●●● 优雅的代码从认识英语单词开始

学习本章内容前你需要先认识表 9-1 中的单词。

表 9-1　英语单词

| 英文单词 | 中文含义 | Python 中用法 |
| --- | --- | --- |
| units_digit | 个位数 | 例程变量 |
| tens_digit | 十位数 | 例程变量 |
| hundreds_digit | 百位数 | 例程变量 |

### ●●● 知识、技能目标

知识学习目标

◆ 认知斐波那契数列、水仙花数以及回文联的概念

技能掌握目标

◆ 掌握斐波那契数列、水仙花数以及回文联的数学逻辑
◆ 掌握根据数学逻辑确定代码逻辑的技巧
◆ 掌握流程图的设计方法
◆ 掌握设计代码、优化代码的方法

## 9.1　一只兔子的代码奇遇——斐波那契数列

　　假设有一对小兔子，它们用一个月时间长大变成大兔子，然后再过一个月，生下一对小兔子，生下的一对小兔子也用一个月时间长大，再过一个月后又生下一对小兔子，并且假设之后每对大兔子每个月都要生一对小兔子，那么一年后有多少对兔子？如图 9-1 中的"兔子数列"。

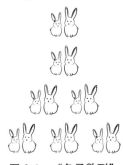

图 9-1　"兔子数列"

## 数学逻辑

斐波那契数列（Fibonacci sequence）又称黄金分割数列，因数学家莱昂纳多·斐波那契（Leonardoda Fibonacci）以兔子繁殖为例子而引入，故又称为"兔子数列"，指的是这样一个数列：1、1、2、3、5、8、13、21、34……在数学上，斐波那契数列以如下递推的方法定义：F(1) = 1，F(2) = 1，F(n) = F(n-1) + F(n-2)（n≥3，n∈N*），即从第三项开始，每一项都等于前两项之和。

## 斐波那契数列代码实现

编写程序，提示用户输入一个正整数 n，输出斐波那契数列的第 n 项。

定义三个变量，变量 num1 存放序列中第一个数，num2 存放第二个数，变量 sum 存放第三项序列，即 sum = num1 + num2。

## 代码逻辑

```
f(n)=f(n-1)+f(n-2)


num1=1
num2=1


sum=num1+num2
num1=num2
num2=sum
print()
```

第一个数，n = 1，num1 = 1，print(num1)；

第二个数 1，第一次循环，n = 2，sum = num1 + num2 = 2，num1 = num2 = 1，num2 = sum = 2，print(num1)；

第三个数 2，n = 3，sum = num1 + num2 = 1 + 2 = 3，num1 = num2 = 2，num2 = sum = 3，print(num1)；

第四个数 3，sum = num1 + num2 = 2 + 3 = 5，num1 = num2 = 3，num2 = sum = 5，print(num1)。

开始任务之前先画出任务所需流程图（图9-2）。

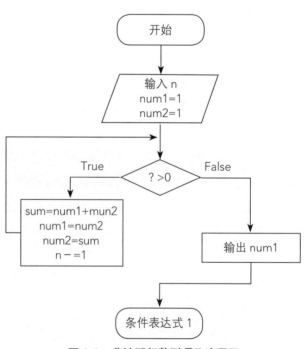

图 9-2 斐波那契数列项目流程图

思考：for 循环中 range( ) 的参数是什么？换个问法，第 n 项序列需要循环多少次？如果一时找不到答案，既然是输出第 n 项，那就先假定 range(n)。

## 代码设计

### 代码清单 9-1 初步设计

```
#将输入的数字转化为 int
n=int(input('请输入数字 n，得到斐波那契数列的第 n 项: '))
num1=1
num2=1
for i in range(n):
    sum=num1＋num2  #变量保存两数之和
    num1=num2
    num2=sum   #数值更新
print(num1)
```

## 代码调试与优化

好了，代码完成了，现在需要验证代码的逻辑是否正确并优化，如何验证？方法有很多，其中最直接的就是把 n 的值代入到代码里看程序运行结果是否符合预期。

n = 1，num1 = 1，即第一项为 1；

n = 2，num1 = 2，即第二项为 2。

显然这与斐波那契数列的第二项值是 1 并不一致，2 是数列的第三项，也就是说 range( ) 参数为 n 时，循环两次 num1 的值是数列第三项，或者进一步说第二项的值只需要循环一次，所以 range( ) 函数参数应该为 n-1，正确的代码如下：

### 代码清单 9-2 斐波那契数列代码优化

```
#将输入的数字转化为 int
n=int(input('请输入数字 n，得到斐波那契数列的第 n 项'))
num1=1
num2=1
for i in range(n-1):
    sum=num1＋num2  #变量保存两数之和
    num1=num2
    num2=sum   #数值更新
```

以斐波那契数列数值为半径画四分之一圆并连接，你会得到惊喜！斐波那契螺旋图（图 9-3）在广告设计中被用来作为工具使用，以它为基准设计出来的图形更美观、更协调。很多耳熟能详的标志都是基于斐波那契数列设计的，比如苹果公司的系列标志，你可以自行搜索了解这方面的内容。

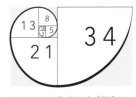

图 9-3　斐波那契螺旋图

## 9.2 "自恋的数字"——水仙花数

### 什么是水仙花数

水仙花数（narcissistic number）也被称为超完全数字不变数（pluperfect digital invariant, PPDI）、自恋数、自幂数或阿姆斯特朗数（Armstrong number）。水仙花数是指一个三位数 n，它的每个位上的数字的 3 次幂之和等于它本身。

### 枚举与归纳的妙用——你必须掌握

a\*\*3+b\*\*3+c\*\*3=n

已知一个三位数 n，求出每一个位数上的数字。

（1）数学逻辑

用枚举归纳的方式找到"数位换算"的规则。

**235**

个位数：5： 235%10

十位数：3： (235//10)%10

百位数：2： 235//100

**1165**

个位数：5： 1165%10

十位数：6： （1165//10）%10

百位数：1： （1165//100）%10

千位数：1： 1165//1000

**23561**

个位数：1： 23651%10

十位数：6： （23561//10）%10

百位数：5： （23561//100）%10

千位数：3： （23561//1000）%10

万位数：2： 23561//10000

观察上面的举例，你能够找到什么样的规律？

一个三位正整数 n，可归纳数位换算的规则如下：

① 个位数：n%10；

② 十位数：（n//10）%10；

③ 百位数：（n//100）。

思考：如果是四位数呢？数位换算是怎样的？

（2）代码逻辑

找出所有三位数中的水仙花数。

① 需要遍历 100~1000 中所有的三位数：

```
for num in range(100,1000):
```

② 三位正整数个位、十位、百位上的表示：

个位数定义：`units_digit`；

十位数定义：`tens_digit`；

百位数定义：`hundreds_digit`。

③ 数学逻辑：

```
if num= units_digit**3+ tens_digit**3+ hundreds_digit**3:
    print("d%是水仙花数"%num)
```

> 规律总结：
> ① 如何提取一个三位数的个、十、百位上的数？
> ② 一个三位数 n 是水仙花数的逻辑是什么？

（3）代码设计

**代码清单 9-3 水仙花数代码实现**

```
for num in range(100,1000):
    units_digit=num%10
    tens_digit=(num//10)%10
    hundreds_digit=num//100
    if num= units_digit**3+ tens_digit**3+ hundreds_
    digit**3:
        print('%d是水仙花数'%num)
```

## 代码与对联的融合

"柳摇风舞风摇柳，梅咏雪飘雪咏梅。"

奇妙的汉字组合描绘出了有趣的意境，这是一副对联，类似这样的对联称为回文联，它是我国对联中的一种，用回文形式写成的对联，无论顺读还是倒读，它的意思不变，趣味十足。

（1）逻辑识别

回文联的本质是正着读和逆着读完全一致，或者说从两端第一个和最后一个开始同时遍历对称位置字符，每次的值相等。

（2）代码逻辑

定义待检验字符串 str1；

字符串长度 j = len(str1);

遍历字符串，for 循环设计，range( ) 函数的参数是什么？这就需要对字符串中字符比较进行字符串访问，字符串比对的逻辑：

str1[0] = = str1[n-1]　　#1 次比较

str1[1] = = str1[n-2]　　#2 次比较

str1[2] = = str1[n-3]　　#3 次比较

……

str1[j//2-1] = = str1[j//2+1]　#j//2 次比较

str1[j//2+1] = = str1[j//2-1]　#j//2+1 次比较

……

str1[n-3] = = str1[2]　　#j//2+j//2-2 次比较

str1[n-2] = = str1[1]　　#j//2+j//2-1 次比较

str1[n-1] = = str1[0]　　#j//2+j//2 次比较

通过上述比较运算的过程，可以发现从第一个字符开始比较到最后一个字符总计比较 j//2 + j//2 次，而且待检验字符串每对对称位置字符重复比较了两次，也就是只需要比较 j//2 次，因而在设计 for 循环时，循环次数需要设定为 j//2。

在分析任务的时候如果你一时难以发现中间的逻辑，要试着将程序逻辑在纸上走一遍，这样直接有效。

（3）流程图（图9-4）

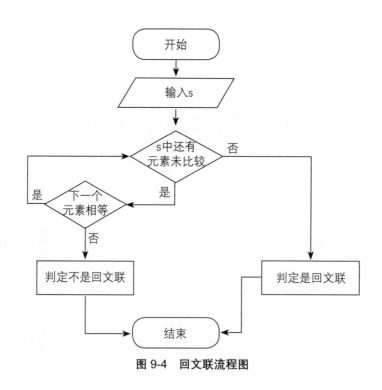

图 9-4　回文联流程图

（4）代码设计

**代码清单 9-4 回文联初步设计**

```
str1='斗鸡山上有山鸡斗'
for i in range(len(str1)//2):
    if str1[-(i+1)]==str1[i]:
        print('%s 是回文联'%str1)
    else:
        print('%s 不是回文联'%str1)
```

代码看似实现了回文联的判断，但是运行后发现 for 循环每进行一次迭代，如果 if 条件判断为 True 就打印一次：

斗鸡山上有山鸡斗是回文联

斗鸡山上有山鸡斗是回文联

斗鸡山上有山鸡斗是回文联

斗鸡山上有山鸡斗不是回文联

问题在哪里？

（5）代码优化

是不是很熟悉的问题？前面第 8 章拓展与提高部分也遇到了同样的问题。

上述代码看似没问题，但是逻辑上却有很大的漏洞：for 循环每一次迭代只要当前字符比较判断值为 True 就打印一次是回文联，而当每次比较判断值为 False 时都会输出一次不是回文联。

分析得知，比较判断的规则是所有比较都相等才确定是回文联，而只要有一个不相等就可以确定不是回文联。

现在需要最后比较完都相等才打印"是回文联"，如何实现？ "最后比较完再打印"其实是 for 循环迭代到最后一次循环即 i = len(str1)//2 - 1 时再打印"是回文联"，而且还要实现找到第一个不同就提示不是回文联，而不是有几个不同就提示几次不是回文联，这时候需要使用 break。代码如下：

**代码清单 9-5 回文联代码优化**

```
str1="斗鸡山上山鸡斗"
for i in range(len(str1)//2):
    if str1[-(i+1)]==str1[i]:
        if i == len(str1)//2-1:
            print('%s 是回文联'%str1)
    else:
        print('%s 不是回文联'%str1)
        break
```

前面对任务的实现都是基于优先正向检验的原则, 优先检验对称位置上的值相等来判断是回文联, 而实际上也可以先验证不是回文联, 即需要先找到字符串对称位置是否不相等。

**代码清单 9-6 逆向思维设计回文联代码**

```
str1="斗鸡山上有山鸡斗"
for i in range(len(str1)//2):
    if str1[-(i+1)]!=str1[i]:
        print('不是回文联')
        break
    else:
        if i==len(str1)//2-1:
            print('是回文联')
```

思考: break 是否可以不写? 如果不写会如何影响代码运行结果?

## 划重点

◆ 任务分析的方法与习惯
◆ 逻辑分析与提炼
◆ 代码模式识别
◆ 代码设计与代码优化

## 拓展与提高

### 巧合还是魔法——斐波那契数列在自然界中的存在

斐波那契数列在自然科学的其他分支中有许多应用。例如树木的生长, 新生的枝条, 往往需要一段"休息"时间, 供自身生长, 而后才能萌发新枝。所以, 一株树苗在一段间隔 (例如一年) 以后长出一条新枝; 第二年新枝"休息", 老枝依旧萌发; 此后, 老枝与"休息"过一年的枝同时萌发, 当年生的新枝则次年"休息"。这样, 一株树木各个年份的枝丫数, 便构成斐波那契数列。这个规律, 就是生物学上著名的"鲁德维格定律"(图 9-5)。

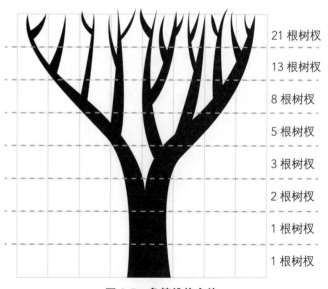

21 根树杈

13 根树杈

8 根树杈

5 根树杈

3 根树杈

2 根树杈

1 根树杈

1 根树杈

**图 9-5 鲁德维格定律**

另外，观察延龄草、野玫瑰、南美血根草、大波斯菊、金凤花、楼斗菜、百合花、蝴蝶花的花瓣，可以发现它们花瓣数目都具有斐波那契数：3、5、8、13、21……

其中百合花花瓣数目为 3，梅花 5 瓣，飞燕草 8 瓣，万寿菊 13 瓣，向日葵 21 或 34 瓣，雏菊有 34、55 和 89 三个数目的花瓣。

这些植物懂得斐波那契数列吗？当然不，它们只是按照自然规律进化成这样。这似乎是植物排列种子的"优化方式"，它能使所有种子具有差不多的大小却又疏密得当，不至于在圆心处挤了太多的种子而在圆周处却又稀稀拉拉。叶子的生长方式也是如此，对于许多植物来说，每片叶子从中轴附近生长出来，为了在生长的过程中一直都能最佳地利用空间（要考虑到叶子是一片一片逐渐地生长出来的，而不是一下子同时出现的）。向日葵的种子排列形成的斐波那契螺旋能达到 89 甚至 144 条（图 9-6）。

**图 9-6　向日葵的种子斐波那契螺旋排列**

### 水仙花数代码的优化

水仙花数有没有其他解决方案？前面的解决方案用了数位转换的方法将三位数的每一个位数上的数值提取出来，现在考虑下有无其他处理办法也能够提取各个位数上的数。

你的代码

提示：前面章节提到了提取某个元素的方法有字符串访问、列表元素访问以及字典访问。

尝试：用列表访问实现数位换算，完成水仙花数代码的设计。

这就是代码优化的魅力，对初学者来说，有时候最容易想到的解决方案不一定是最优的代码方案，这时候就需要切换自己的身份，将自己变成一个读程序的人，以第三视角看、读、反思自己的代码解决方案。

## 你掌握了没有

### Python 中如何实现数字的数位换算

请尽可能地写出所有的方法。

你的方法

### 推理斐波那契数列

$F(1)*F(1)+F(2)*F(2)+\cdots$
$+F(n)*F(n)=F(n+1)*F(n)$

你的推理

## 学编程，多动手

### 用 Python 实现冒泡排序

什么是冒泡排序？搜索时刻又到了，冒泡排序算法的原理如下：

① 比较相邻的元素，如果第一个比第二个大，就交换它们两个；

② 对下一对相邻元素做同样的工作；

③ 针对所有的元素重复以上的步骤，除了最后一个；

④ 持续每次对越来越少的元素重复上面的步骤，直到没有任何一对数字需要比较。

冒泡排序的核心规则是对整个数列通过一轮、二轮比较依次找出最大值、第二大值……直至最后一个数，每一轮比较都是除去前面已经排好序的数，在数列剩余的数里比较，见图 9-7。

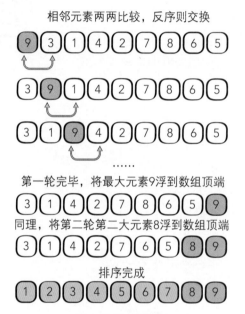

图 9-7 冒泡排序

例如：一组数字构成的列表 n = [6, 9, 3, 1, 2]，用冒泡排序法将其由小到大排列。

第一次，找到最大值：

```
list1=[6,9,3,1,2]
#只需要比较 len(list1)-1 次就能比较出最大值，因为不需要跟自身比
for i in range(len(list1)-1):
    if list1[i]> list1[i+1]:
        temp=list1[i]
        list1[i]=list1[i+1]
        #涉及数值位置互换运算代码，也可以这样写：list1[i], list1[i+1]
        =list1[i+1],list1[i]
        list1[i+1]=temp
```

```
print(list1[-1])
```

第二次，找到次大值，放在倒数第二的位置：

```
for i in range(len(list1)-1-1):    #第二最大值需要比较（n-1）-1 次
    if list1[i]>list1[i+1]:
        list1[i], list1[i+1]=list1[i+1], list1[i]
print(list1[-2])
```

第三次，找第三个最大数：

```
for i in range(len(list1)-2-1):   #第三次比较需要比较(n-2)-1 次
    if list1[i]>list1[i+1]:
        list1[i], list1[i+1]=list1[i+1], list1[i]
print(list1[-3])
```

第四次，找第四个最大数：

```
for i in range(len(list1)-3-1):
    if list1[i]>list1[i+1]:
        list1[i], list1[i+1]=list1[i+1], list1[i]
print(list1[-4])
```

## 冒泡排序完整代码

```
list1=[6,9,3,1,2]
for j in range(len(list1)-1):   #有 n 个数字，最后一个不需要循环，只需
要循环 n-1 次
    for i in range(len(list1)- j -1):   #减去已经排出来的最大数及自身
        if list1[i]>list1[i+1]:   #如果前一个数比后一个大
  list1[i], list1[i+1]=list1[i+1], list1[i]   #数据位置互换
print(list1)
```

# 10

借你的代码来用——
函数

## 内容概述

本章将学习函数的概念以及函数的定义与调用，函数参数以及参数传递，多参数的传递等几部分内容，最后需要了解函数变量的作用域。

## ●●● 优雅的代码从认识英语单词开始

学习本章内容前你需要先认识表 10-1 中的单词。

**表 10-1 英语单词**

| 英文单词 | 中文含义 | Python 中用法 |
|---|---|---|
| define | 定义 | 缩写 def，Python 关键字，定义函数、模块、类等时使用，后面加： |
| return | 返回 | Python 关键字，定义函数时返回值 |
| area | 面积 | 例程变量 |
| function | 函数 | |
| abs | 绝对值 | Python 函数 abs()，求绝对值 |
| power | 力量 | Python 函数 power()，幂函数 |
| gender | 性别 | 例程变量 |
| city | 城市 | 例程变量 |
| male | 男性 | 例程变量值 |
| female | 女性 | 例程变量值 |
| regist | 注册 | 例程自定义函数名称 |
| calculate | 计算 | 例程变量名称，calculate_tax 计算税收 |
| tax | 税收 | 例程变量名称，calculate_tax 计算税收 |
| total | 总计 | 例程变量名称，total_price，总价 |
| price | 价格 | 例程变量名称，total_price，总价，price_without_tax |
| without | 没有 | 例程变量名称 |
| rate | 比例，比率 | 例程变量名称，税率 |
| triangle | 三角形 | 例程变量名称 |
| angle | 角度 | turtle 例程变量，角度 |
| draw | 绘图，绘制 | turtle 例程变量 |
| shape | 形状 | turtle 例程变量 |
| square | 方形 | turtle 例程变量 |
| triangle | 三角形 | turtle 例程变量 |
| tracer | 追踪物 | turtle.tracer()，turtle 函数，隐藏绘制过程 |
| global | 全球的 | Python 全局变量声明关键字 |

## ●●● 知识、技能目标

### 知识学习目标

◆ 认知函数的概念

◆ 认知函数的参数及参数传递规则

◆ 认知函数中变量作用域的概念

◆ 认知全局变量的概念

◆ 认知函数定义、调用代码执行的规则

### 技能掌握目标

◆ 掌握函数定义的技巧

◆ 掌握多参数传递的技巧

◆ 掌握函数调用的技巧

## 10.1　函数概述

### 为什么要用函数

伴随着对 Python 的掌握，之后开发的项目会越来越复杂，代码量会越来越大，这会给代码调试等工作带来诸多不便，同时复杂的代码也很难让人看明白，如何解决这个问题？

如果你玩过乐高就会知道，乐高玩具不论多么复杂，都可以拆成一块一块小的积木。

同理，也可以将程序分成一块块较小的部分，然后将这些小块代码作为一个整体在程序的其他地方直接引用。

将程序分解成较小的部分并实现代码复用的方法有三种：一种是函数（function），就像积木可以在程序的其他地方反复使用；一种是模块（module），函数、变量等的集合，它可以实现在不同的程序里、项目里使用标准化的程序块；一种是面向对象（object），将程序各部分描述成单独的单元。

将一组代码封装起来作为一个整体来执行某一特定的功能，这一组代码称为函数，在程序里可以根据需要重复调用。

这里从求圆形的面积（s = pi*r*r）说起，计算三个不同半径的圆的面积：

```
    r1=3.6
    r2=2.61
    r3=1.062
s1=3.14*r1*r1
s2=3.14*r2*r2
s3=3.14*r3*r3
```

如果把 π 精确到 3.14159 则需要重新计算：

```
s1=3.14159*r1**2
s2=3.14159*r2**2
s3=3.14159*r3**2
```

现在试着将圆形面积函数定义的代码提取出来：

```
def area_of_circle(r):
    pi=3.14
    return pi*r*r
r1=3.6
r2=2.61
r3=1.062
s1=area_of_circle(r1)
s2=area_of_circle(r2)
s3=area_of_circle(r3)
```

上面就是函数定义，当要改 π 的精确度的时候，需要在函数里修改，这显然不符合代码复用的原则，如何解决这个问题？是否可以在使用函数的时候才给定 pi 的值？

**代码清单 10-1 圆形面积函数中更改 pi 值**

```
def area_of_circle(pi,r):
    return pi*r*r
r1=3.6
r2=2.61
r3=1.062
pi=3.14159
s1=area_of_circle(pi,r1)
s2=area_of_circle(pi,r2)
s3=area_of_circle(pi,r3)
```

## 函数的概念

"种瓜得瓜，种豆得豆。"种下豆子，你一定得不到瓜。

函数也是一样，这里可以把函数理解成一个工厂（图 10-1），放入"原材料"后，函数对这些原材料进行"加工"并输出想要的"产品"。例如一个求圆形面积的函数，输入半径，函数进行一定的运算并输出相应圆形的面积。再比如一个"榨汁机"的函数，输入"苹果"，函数进行一系列加工并输出"苹果汁"；输入"西瓜"，则函数最终输出"西瓜汁"，但是输入苹果你一定得不到西瓜汁。

"函数"的存在大大增加了我们生活的方便性，它帮使用者屏蔽掉了如何实现某组代码功能的技术细节，直接将这个功能拿过来用（图 10-2）。

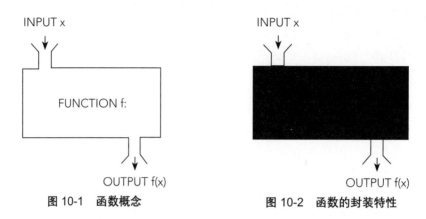

图 10-1　函数概念　　　　　　　　　　　　图 10-2　函数的封装特性

函数向你保证：只要你的输入是合法的，就可以得到唯一正确的答案。榨汁机也向你保证：只要你放入的是水果（而不是齿轮），就可以得到果汁。

前面列表、字典、字符串等章节学习了 len( ) 函数，通过它可以直接获得一个序列的长度。那如果没有 len( ) 函数，要想获取一个序列的长度，该如何实现呢？详细见代码清单 10-2。

**代码清单 10-2 for 循环统计列表长度**

```
m = 0
for i in ["平头哥", "小蟒蛇", "小海龟", "函数"]:
    m = m + 1
print(m)
```

4

而用 len( ) 函数，则只需一行代码：

```
len(["平头哥","小蟒蛇","小海龟","函数"])
```

4

获取一个序列长度是常用的功能，一个程序中就可能用到很多次，如果每次都写这样一段重复的代码，不但费时费力、容易出错，而且交给别人时也很麻烦。

Python 中函数的应用非常广泛，前面章节中已经接触过多个函数，比如 input( )、print( )、range( )、len( ) 函数等等，这些都是 Python 的内置函数，可以直接使用。

除了可以直接使用的内置函数外，Python 还支持自定义函数，即将一段需要重复使用的代码定义成函数，从而达到一次编写、多次使用的目的。

## 函数创建

下面的例程演示了如何将自己实现的 len( ) 函数封装成一个函数：

**代码清单 10-3 函数创建**

```
def my_len(list):  #定义 my_len()
    length=0
    for item in list:
        length=length＋1
    return length
#调用 my_len()函数
print(my_len(["平头哥", "小蟒蛇", "小海龟", "函数"]))
```

4

## 定义面积函数

**代码清单 10-4 定义圆形面积**

```
def area_of_circle(r):
    pi=3.14
    return pi*r*r
```

第一行 def，定义函数声明，def 是 define 的缩写。def 后面是函数名称，在函数名称后面有一个"( )"，括号后面是"："；

第三行 return 语句，结束函数定义并返回一个值给调用方。

```
r1=3
s=area_of_circle(r1)
print(s)
28.26
```

## 函数定义总结

① 函数代码块以 def 关键词开头，后接函数标识符名称和圆括号( )；

② 任何传入的参数或变量必须放在圆括号中间，参数可以根据需要有一个或多个或没有；

③ 函数内容以冒号起始，并且缩进；

④ return 结束函数定义，返回一个值给调用方。不带 return 的函数相当于返回 None，即什么都不返回。

## 函数调用规则

函数定义的目的就是为了方便在程序的其他部分使用，但是函数的调用是需要遵守特定的规则的，尤其是参数传递的时候，在学习函数调用规则前，你需要先了解函数调用的原理。

以一个函数定义及调用程序为例：

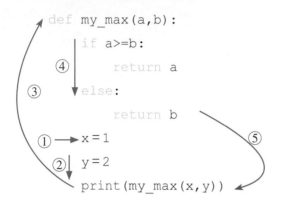

```
def my_max(a,b):
    if a>=b:
        return a
    else:
        return b
x = 1
y = 2
print(my_max(x,y))
```

函数定义代码块并不是主程序的一部分，所以主程序运行时，它会跳过函数定义部分，从 def 以外的第一行代码开始运行。

上述代码中，def 代码块外三行是主程序，代码从这里开始运行，正是主程序让程序开始运行定义的函数中的代码。主程序调用函数时就像是函数在帮助主程序完成它的任务：主程序代码运行到函数调用处，向上找到函数定义的代码块，运行函数体里的代码，将结果返回给主程序（也可以什么都不做）。如上面的例程函数调用代码执行步骤如下：

① 主程序从第一行 "x = 1" 开始运行；

② 主程序运行直到调用函数的语句 "print(my_max(x, y))"；

③ 找到函数的定义语句 def，将调用者的参数 x = 1，y = 2 传递给函数，按照参数顺序 x 传递给 a，y 传递给 b；

④ 执行函数体中的语句；

⑤ 函数体中的代码执行完毕，将值返回给调用函数的语句，继续执行主程序中剩余语句。

## 10.2  参数

在描述函数调用代码执行步骤时，已经提到了参数的概念。在调用函数时，大多数情况下，主程序调用函数代码与被调用函数之间有数据传递需要，这就是有参数的函数（图 10-3）。参数的作用是传递主程序数据给函数使用，函数利用接收的数据按照函数内部的要求进行具体的操作处理。

图 10-3  参数传递

## 参数合法性

参数是有合法性要求的，可以通过下面例程（代码清单10-5）进行了解：

**代码清单10-5 参数的合法性**

```
>>>a=-6
>>>c=abs(a)
>>>print(c)
>>>6
```

再看一个例子：

```
>>>a = '参数是有合法性要求的'
>>>c=abs(1,2)
>>>d=abs(a)
>>>print(c)
>>>print(d)
```

TypeError: abs() takes exactly one argument (2 given)abs #只能有一个参数却给了两个

TypeError: bad operand type for abs(): 'str'  #错误的操作对象数据类型 abs

## 函数的形参与实参

在学习函数知识过程中，会经常遇到形式参数（形参）和实际参数（实参）的概念。在定义函数时，函数名括号中的参数称为形参；在调用一个函数时，函数名后面括号中的参数称为实参。

实参和形参的区别，就如同剧本选主角，剧本中的角色相当于形参，而演角色的演员就相当于实参。

调用函数时，参数必须按照其在括号里的前后顺序以及数量传递到函数中，即实参的数量及位置和形参的数量及位置必须一致，下面通过代码验证参数传递的原则。

**代码清单10-6 参数传递要求**

```
def my_max(a, b):
    if a>=b:
        return a
    else:
        return b
x=1
y=2
print(my_max(y))
```

TypeError: my_max() missing 1 required positional argument:'b'

上面的错误提示含义是 my_max( ) 参数缺少参数 "b"，即函数体并没有接收到与参数 b 对应的实参。而当参数位置错误时，程序并不总是抛出异常，所以在调用函数时一定要明确参数的位置，否则容易产生错误，还不容易发现，具体代码如下：

**代码清单 10-7 参数位置颠倒**

```
>>>def power(x,n):
>>>    return x**n
>>>print(power(2,3))
>>>8
>>>print(power(3,2))
>>>9
```

power(2, 3)和 power(3, 2)，参数的位置是颠倒的，但是并不能触发错误提示，程序仍然能够运行，但是结果却未必是正确的。

## 默认参数

在定义函数时，可以为某个形参设定默认值。当调用函数时，如果没有刻意定义实参的值，则程序将认定实参使用对应位置形参的缺省值。

**代码清单 10-8 默认参数实例**

```
def power(x, n=2):
    return x**n
power(5)
print(power(5))
```

25

虽然函数定义中设置了默认参数，但是当调用函数时如果实参值与形参默认值不相等，则参数默认值将被覆盖掉。

```
def power(x, n=2):
    return x**n
power(5,3)
print(power(5,3))
```

TIPS　如果定义了与默认形参位置对应的实参的值，那么参数传递后，形参的默认值会被覆盖掉。

Python 要求默认参数必须放置在不带默认值的参数后面，否则会报错（代码清单 10-9）。

**代码清单 10-9 默认参数位置错误**

```
def power(n=2, x):
    return x**n
power(5)
print(power(5))


def power( n=2,x):
SyntaxError: non-default argument follows default argument
```

---

**Task: 函数定义练习**

编写函数 regist( )，接收姓名、性别、年龄和所在城市，其中性别默认为男，输出：

my name is...

my gender is...

I'm...years old

I'm in...

你的代码

---

## 设置多个默认参数

对 regist( ) 函数进行改进，接收姓名、性别、年龄和城市，并打印相应内容。其中性别默认为 male，年龄默认为 6，城市默认为 Shanghai。

**代码清单 10-10 多默认参数函数定义**

```
def regist(name,gender='male',age=6,city='Shanghai'):
    print('my name is %s'%name)
    print('my gender is %s'%gender)
    print("I'm %d years old"%age)
    print("I'm in %s"%city)
```

一个小朋友名字叫 Tom，性别为 male，年龄 7 岁，居住地 Shanghai，该怎么打印？如果要调用函数该怎么调用？

| 调用一： | 调用二： | 调用三： |
| --- | --- | --- |
| regist('Tom',7) | regist('Tom','male',7) | regist('Tom',age=7) |
| | | |
| my name is Tom | my name is Tom | my name is Tom |
| my gender is 7 | my gender is male | my gender is male |
| I'm 6 years old | I'm 7 years old | I'm 7 years old |
| I'm in Shanghai | I'm in Shanghai | I'm in Shanghai |

前面说过了参数传递是有顺序的，因此第一段代码出现了"my gender is 7"这一错误结果。如果形参中有默认参数，而实参的值又与形参默认值相等，那么调用函数时此实参可以省略不写，反过来当实参的值与形参默认值不相等时，且此实参位置前若无省略参数，实参可以仅写其值，如"regist('Tom','male',7)"，但是如果实参位置前有省略参数，必须写成如"age = 7"的形式。即 regist('Tom'，age = 7)与 regist('Tom','male',7,'Shanghai')等同。

上述规则可以用伪代码描述：

当形参中有默认参数时：

    if 实参值与默认参数形参值相等：

      调用函数时省略实参

    else 实参值与形参值不相等：

      if 实参前无省略参数：

        正常写法即函数调用时直接写参数的值

        else 实参前有省略参数：

          函数调用时这样写实参：参数名称 = 值

可以看出，这样写是不是更容易理解掌握？在平时学习过程中类似这样结构的知识都可以用伪代码来描述，它与思维导图一样都会帮助你解构、梳理、重构知识点，有助于你高效掌握稍微复杂的知识。

---

**Task: 有默认参数的函数调用练习**

使用 regist( ) 函数，注册以下数据：

Jack，男，6 岁，上海

Marry，女，6 岁，上海

James，男，6 岁，广州

Mary，女，7 岁，青岛

你的代码

### 探索与验证

① 函数返回值 return 的规则如下。

关于函数定义的返回值，在函数体内部 return 语句后面的代码是否执行？现在通过下面的例程验证：

```
def my_func(x):
    return x**3
    print("程序执行完毕")


a=my_func(3)
print(a)
执行结果：_____
写下你的归纳：_____
```

```
def my_func(x):
    print("程序执行完毕")
    return x**3
a=my_func(3)
print(a)

执行结果：_____
```

> **TIPS** 在定义函数时，需要返回值的时候，return 语句必须在函数体最后。

② 如果多个 return 语句，如何返回？

下面再用一段代码来验证函数定义返回值的规则：

```
def my_func(x):
    returnx**2
    returnx**3
a=my_func(3)
print(a)
代码运行结果：_____
归纳：_____
```

### 函数参数缺省

函数并不是一定要接收参数，也不一定要返回值给调用者。定义一个函数 my_function( )，输出"你好，我是一个函数"。

```
def my_function():
    print('你好，我是一个函数')
a=my_function()
print(a)
#你好，我是一个函数
    #None
```

## 变量的作用域

在函数创建及调用时，有些变量在函数体外，有些变量在函数体内部。函数内部的变量只在函数体内部使用，称为局部变量，当函数执行完，局部变量也就被销毁了。而对于主程序中的变量，可以在程序的任何部分使用，称为全局变量。

现在定义一个函数，输入税前价格和税率，返回物品的税后价格。

**代码清单 10-11 变量作用域**

```python
def calculate_tax(price,rate):
    total_price= price*(1 + rate)
    return total_price
price_without_tax=float(input('input the price without tax'))
total=calculate_tax(price_without_tax,0.06)
print(total)
```

上述代码中 total 以及 total_price 指同一数据，那么是否可以打印 total_price 呢？

```python
def calculate_tax(price,rate):
    total_price= price*(1 + rate)
    return total_price
price_without_tax=float(input('input the price without tax'))
total=calculate_tax(price_without_tax,0.06)
print(total_price)
```

```
NameError: name 'total_price' is not defined
```

上述错误提示出"total_price"并没有被定义过。主程序并不认识函数体内定义的变量"total_price"，也就是说函数体外不能调用函数体内的局部变量，变量是有作用范围的。

## 函数定义实践

编写一个函数，判断三个数是否能构成一个三角形，如果能组成三角形的话组成哪一种（等边三角形、等腰三角形、直角三角形）？

**任务分析**

三个数能够构成三角形的条件是什么？

分析一：任意两边之和大于第三边并且两边之差绝对值小于第三边；

分析二：已知三条边的排序如 a<b<c，则 a + b>c 时构成三角形。

等边三角形的数学特征是什么？三条边相等。

等腰三角形的数学特征是什么？两条边相等。

直角三角形的数学特征是什么？直角边的平方和等于斜边的平方。

图 10-4 中的三角形由左至右分别是普通三角形、等边三角形、等腰三角形、直角三角形。

图 10-4　三角形种类

## 逻辑分析

任意两边之和大于第三边并且两边之差绝对值小于第三边，即：

a＋b>c and b＋c>a and a＋c>b　及|a-b|<c,|b-c|<a,|a-c|<b

等边三角形：a＝b＝c

等腰三角形：a＝b 或 a＝c 或 b＝c

第一个逻辑过于复杂，这里采用第二种优化的方案，先排序再验证。

## 代码设计

### 代码清单 10-12 三角形构成判断

```
a=int(input("input a"))
b=int(input("input b"))
c=int(input("input c"))   #输入三条边的数值
def is_triangle(a,b,c):   #定义判断能否组成三角形的条件函数
    return a＋b>c
def is_isosceles(a,b,c):   #定义判断等腰三角形条件函数
    return a==b or b==c
def is_right(a,b,c):   #定义判断直角三角形条件函数
    return a*a＋b*b==c*c
def is_equilateral(a,b,c):   #定义等边三角形条件函数
    return a==c
list1=[a,b,c]   #用三条边构建列表以方便对三条边排序
list1.sort()   #对三条边排序
min0＝list1[0]   #短边
mid0＝list1[1]   #中边
max0＝list1[2]   #长边
```

```
if not is_triangle(min0,mid0,max0): #如果 min0＋mid0<max0，则无
法构成三角形
    print("Cannot combine to a triangle.")
else: #满足条件 min0＋mid0>max0
    if is_isosceles(min0,mid0,max0): #如果 min0=mid0 或
    mid0=max0 或 min0=max0，构成等边三角形
        if is_equilateral(min0,mid0,max0):
            print("Can combine to a equilateral triangle.")
        else: # min0<max0
            print("Can combine to a isosceles triangle.")
        if is_right(min0,mid0,max0):
            print("Can combine to a right triangle")
        else:
            print("能构成普通三角形")
```

## 10.5 随机代码的乐趣

随机颜色

随机图形

随机位置

随机大小

......

还有什么不能随机的？

你永远不知道你的程序下一次执行结果是什么，这种随机性以及不确定性恰恰是随机代码的魅力。接下来用一个程序来体验随机代码带来的意外与惊喜。

任务提示：利用 turtle 随机生成图像（圆形、方形、三角形）。

任务分析：

① 定义形状绘制函数：画笔偏转角度（通过边数控制），图形绘制循环（以边数为循环计数），画笔 forward 参数（长度随机）。

② 定义画笔函数：提起画笔，随机移动函数（坐标随机），放下画笔继续绘制，画笔颜色 rgb 随机。

③ 定义方形、圆形、三角形绘制函数，调用形状绘制函数。

④ 随机函数：形状选择随机，长度随机。

**绘制单个图形函数 draw_shape**

回顾一下前面利用海龟绘制图形的时候需要为海龟提供哪些信息，是不是有需要绘制图

形的边数（sides）也就是循环的次数、每条边海龟走过的距离（length）、海龟的偏转角度（angle）这三个信息？

显然，angle = 360/sides，因而绘制单个图形的代码如下：

```
import turtle as t
def draw_shape(sides,length):
    angle=360.0/sides
    for i in range(sides):
        t.forward(length)
        t.right(angle)
```

三角形、方形、圆形的边数（sides）分别为 3、4、360，对应的图形代码分别如下，这里将绘制三角形函数定义为 draw_triangle( )，方形定义为 draw_square( )，圆形定义为 draw_circle( )：

```
draw_triangle: draw_shape(3,length)    #绘制三角形
draw_square: draw_shape(4,length)    #绘制方形
draw_circle: draw_shape(360,length)    #绘制圆形
```

注：在 turtle 中 circle 通常被当作是一个 360 条边的多边形处理。

## 画笔随机

画笔随机：位置随机（位置随机就需要抬起画笔，再移动画笔），颜色随机。

位置随机：t. goto(x, y)，想想前面学习过利用 goto( ) 函数绘制图形但又不想海龟留下"痕迹"是用一个什么样的代码组合实现的呢？

```
t.penup()
t.goto(x,y)
t.pendown()
```

## 思考与验证

既然要实现位置随机，就需要坐标（x，y）随机，回顾一下是用什么函数实现随机的？

颜色随机该如何实现？需要注意什么？

长度 length 随机如何实现？

#画笔

```
import random as r
t.penup()
x=r.randrange(-200,200)
y=r.randrange(-200,200)
t.goto(x,y)
t.pendown()
```

```
t.colormode(255)
pen_color=(r.randrange(0,255),r.randrange(0,255),r.
randrange(0,255))
t.pencolor(pen_color)
```

**随机位置绘制随机形状图形**

移动 turtle 至任意随机位置，再随机选择所要绘制的图形。随机移动到任意位置很容易实现，但是在随机位置上重复地随机绘制图形如何实现？3 条边，4 条边，360 条边，重复地随机选一个，"重复地随机绘制"显然需要用到代码循环。这里需要设定一个迭代序列，当迭代值满足条件时绘制边数为 3，满足另一条件时，绘制边数为 4，最后是 360 条边。

```
j=r.randrange(1,4)
t.penup()
x=r.randrange(-200,200)
y=r.randrange(-200,200)
length=r.randrange(75)
t.goto(x,y)
t.pendown()
t.colormode(255)
pen_color=(r.randrange(0,255),r.randrange(0,255),r.
randrange(0,255))
t.pencolor(pen_color)
j=r.randrange(1,4)
if j=1:
    draw_triangle(3,length)
if j=2:
    draw_square(4,length)
if j=3:
    draw_circle(length)
```

**读代码，写注释**

前面的代码整理如下，认真阅读下面的代码，并为每一行代码写出注释，绘制结果如图 10-5 所示。

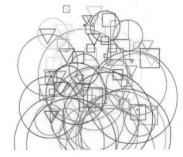

**图 10-5　随机图形**

```
import turtle
import random
def draw_shape(sides,length):  #定义形状绘制函数_____
    angle=360.0/sides  #绘制图形画笔偏转角度_____
    for i in range(sides):  #_____
        turtle.forward(length)  #_____
        turtle.right(angle)  #_____
def draw_Pen(x,y):  #定义画笔函数
    turtle.penup()  #_____
    turtle.goto(x,y)  #_____
    turtle.pendown()  #_____
    turtle.width(2)  #_____
    turtle.speed(100)  #_____
    turtle.colormode(255)  #_____
    turtle.pencolor((random.randrange(0,255),random.
randrange(0,255),random.randrange(0,255)))  #_____
def draw_square(length):  #_____
    draw_shape(4,length)
def draw_triangle(length):  #_____
    draw_shape(3,length)
def draw_circle(length):  #_____
    draw_shape(360,length)
def drawRandom():  #随机位置绘制随机图形函数
    x=random.randrange(-200,200)  #_____
    y=random.randrange(-200,200)  #_____
    length=random.randrange(75)  #_____
    j=random.randrange(1,4)  #_____
    draw_Pen(x,y)  #_____
    if j==1:  #_____
        draw_square(length)
    elif j==2:  #_____
        draw_triangle(length)
    elif j==3:  #_____
        length=length%4  #为了使画完的圆看起来不那么大才使用
        length%4
        length!=0
        draw_circle(length)
for i in range(150):
    turtle.tracer(False)  #_____
```

```
    drawRandom()  #_____
turtle.done()
```

## 代码优化与完善

无一分可增不叫完美, 无一分可减才是。

——Antoine de Saint-Exupery

优美的代码不在于多么复杂, 而在于是否以最简洁的代码实现项目需求。上面的代码中用了条件判断去告诉程序该画哪一个图形, 但是如果需要画更多的图形呢? 用这种办法解决是不是每增加一个形状就得增加一种判断? 有没有更省事的解决办法?

前面不止一次提到过, 尽管当前代码解决了任务, 却不一定是最简洁的代码, 上面的代码是否有可以优化的地方呢? 既然是要随机位置绘制随机边数的形状, 那么是否可以直接随机选择使用绘制边数值, 达到绘制随机形状的目的, 而不是通过随机的中间变量来决定绘制哪个形状的图形?

前面学习了 random 模块中的 randchoice( ) 函数, 它返回的是序列参数中随机的元素值。是否可以定义一个列表存放图形的边数, 利用 randchoice( ) 函数及循环随机选取要绘制的图形呢? 可以这样实现:

```python
import turtle,random
turtle.tracer(False)
for j in range(150):
    sides=[3,4,360]  #记载绘制图形的边数
    n=random.choice(sides)  #随机定义要绘制的图形边数
    length=random.randrange(1,75)  #图形尺寸随机
    angle=360/n  #画笔偏转角度
    turtle.penup()  #每次绘制图形需要抬起画笔
    x=random.randrange(-250,250)  #画笔即图形位置 x 坐标随机
    y=random.randrange(-250,250)  #画笔即图形位置 y 坐标随机
    turtle.width(2)
    pen=turtle.goto(x,y)  #每次绘制画笔跳到随机位置
    turtle.pendown()
    #采用0~255或者0~1颜色模式，需先定义颜色模式
    turtle.colormode(255)
    turtle.pencolor((random.randrange(0,255),random.randrange(0,255),\
    random.randrange(0,255)))
    for i in range(0,n):
        if n==360:
```

```
            turtle.fd(length%4)
        else:
            turtle.fd(length)
    turtle.lt(angle)
turtle.done()
```

注：如果想让画笔画得快一些，可以在画笔代码中加入 turtle. speed( )；
如果想直接显示结果，不显示绘制过程，在主程序开始加入：

```
turtle.tracer(False)
```

## 划重点

◆ 函数的定义意识及技巧
◆ 函数调用的原理及运行步骤
◆ 函数变量的作用域
◆ 参数的传递规则

## ★ 拓展与提高

### 局部变量与全局变量的深入理解

函数体内部是否可以调用全局变量？函数体内部是否可以改变全局变量的值？下面用代码验证：

**代码清单 10-13 函数体内部引用全局变量**

```
def calculate_tax(price,rate):
    totalprice=price*(1+rate)
    print('price without tax is %d'%price_without_tax)  #函数
    体内部引用全局变量
    return totalprice
price_without_tax=float(input('input the price without
tax: '))
total=calculate_tax(price_without_tax,0.06)
print(total)
```

```
please input the price without tax: 10
price without tax is 10
10.600000000000001
```

上述代码表明函数体内部可以引用全局变量，再看以下代码：

**代码清单 10-14 函数体内部改变全局变量**

```
def calculate_tax(price,rate):
    totalprice=price*(1+rate)
    print('price without price is %d'%price_without_tax)
    price_without_tax=20.0   #函数体内定义与全局变量重名的变量
    return totalprice
price_without_tax=float(input('input the price without tax'))
total=calculate_tax(price_without_tax,0.06)
print(total)
```

```
Traceback (most recent call last):
  File "C:/XXX/XXX/PycharmProjects/XXX/sl.py", line 7, in <module>
    total=calculate_tax(price_without_tax,0.06)
  File "C:/XXX/XXX/PycharmProjects/XXX/XXX.py", line 3, in
  calculate_tax
    print('price without price is %d'%price_without_tax)
  UnboundLocalError: local variable 'price_without_tax'
referenced before assignment
```

上述异常含义是"局部变量没有被定义"。可明明 price_without_tax 是全局变量，而且前面说了函数体内部可以引用（引用而不是改变）全局变量，为什么？原来虽然在函数体内可以引用全局变量，但是如果在函数体内修改全局变量的值，就可以理解为函数体内引用的"全局变量"此时变成了局部变量（这样说其实并不准确，严格来说看似是修改全局变量值 price_without_tax = 20.0，实质上是重新定义了一个局部变量，仅仅只是与全局变量重名而已），函数体内定义局部变量 price_without_tax 前，对它的调用就成了变量定义前调用，自然出现这样的错误了。

## 完善代码

**代码清单 10-15 局部变量与全局变量深化理解**

```
def calculate_tax(price,rate):
    price_without_tax=20   #函数体内定义的变量，虽然重名，但这里是局部
    变量
    print('price without tax is %d'%price_without_tax)   #函数
    体内调用变量，这里还是局部变量
    price_without_tax=30.0   #函数体内改变局部变量值
    print(price_without_tax)   #函数体内调用变量，虽然重名，但这里是
    局部变量
```

```
        totalprice= price*(1+rate)    #这里用的是全局变量传递的值
        return totalprice   #传递给主程序


    #函数体外定义全局变量
    price_without_tax=float(input('please input the price without
    tax:'))  #调用函数，传递全局变量
    total=calculate_tax(price_without_tax,0.06)
    print(total)
    print(price_without_tax)   #函数体内的 price_without_tax 并没有传
    递出来


    #运行结果
    please input the price without tax:10
    price without tax is 20
    30.0
    10.600000000000001
    10.0
```

## global 强制声明全局变量

为了解决问题，如果确定要在函数体内修改全局变量，必须加上 global 关键字强制声明它是全局变量。

### 代码清单 10-16 全局变量声明

```
    def calculate_tax(price,rate):
        global price_without_tax   #全局变量强制声明
        price_without_tax
        print(price_without_tax)   #传递的是全局变量的值
        price_without_tax=20   #这里还是全局变量
        print('change to %d'% price_without_tax)   #这里也是全局变量
        totalprice=price*(1+rate)
        return totalprice
    price_without_tax=float(input('input the price without tax:'))
    total=calculate_tax(price_without_tax,0.06)   #想想这里是用哪个值
    计算的
    print(total)
    #global 后，price_without_tax 的值传递出来
    print('我是全局变量猜猜我的值:%s'%price_without_tax)
```

写下上述代码的运行结果：_____

_____

_____

_____

> **TIPS** 在编写程序的时候，如果想在函数体内对全局变量重新赋值，就需要告诉 Python
> 这个变量的作用域是全局变量。用 global 语句就可以完成这个任务，也就是说没有用
> global 语句的情况下，函数体内是不能修改全局变量的。

## 总结

之所以前面把局部变量跟全局变量命名一样，并不是有什么特殊的代码习惯，仅仅是为了让大家更深入地了解局部变量与全局变量的特性规则及深刻理解变量作用域的概念，但是在实际开发中这种做法是不可取的。只要牢牢记住，不管局部变量与全局变量是否重名，局部变量在函数体内被调用后在函数体外就会被销毁，除非用 global 在函数体内强制声明全局变量。基于此，就很好理解上面不同的例子了。

## 你掌握了没有

### 代码阅读

以下代码的执行顺序是什么？会得到怎样的运行结果？尝试给每一段代码按照先后顺序标上序号。

```python
def power(x,y):
    print('function power is running')
    print('function power is returning')
    return x**y
def triple (a,b,c):
    print('function triple is running')
    result=power(a,3)+b+c
    print('function triple is returning')
    return result
print('main function is running')
x=triple(1,2,3)
print(x)
print('main function is over')
```

## 学编程，多动手

体重指数（BMI）= 体重（kg）÷ 身高$^2$（m）

BMI <18.5: 低于正常体重

18.5 ≤BMI <25：正常体重

25 ≤BMI <30: 超重

请定义函数 BMI_calculator，输入身高和体重，输出对应的 BMI 数值并告诉用户是低于正常体重、正常体重还是超重。给你的爸爸妈妈测量一下，看看他们是否需要减肥。

你的代码

11

平头哥的代码
百宝箱——模块

## 内容概述

本章将介绍模块的概念以及自定义模块，还将介绍模块的导入以及常用的内置模块。

### ●●● 优雅的代码从认识英语单词开始

学习本章内容前你需要先认识表 11-1 中的单词。

表 11-1　英语单词

| 英文单词 | 中文含义 | Python 中用法 |
| --- | --- | --- |
| import | 导入 | Python 模块导入关键字 |
| calendar | 日历 | Python 内置模块，日历模块 |
| uniform | 复数 | random.uniform( )，生成一个指定范围内的随机浮点数 |
| randint | 随机整数 | random 模块函数，生成范围内的随机整数 |
| canvas | 画布 | turtle 画布 |
| screensize | 屏幕尺寸 | turtle 函数，设置屏幕的大小 |
| setup | 安装，安置 | turtle 函数，设置屏幕的位置 |
| year | 年 | 例程参数 |
| month | 月 | Python 函数 |
| day | 天 | 例程参数 |
| monthcalendar | 月历 | Python 函数，返回某个月的日历 |
| width | 宽度 | turtle. screensize( ) 函数参数 |
| height | 高度 | turtle. screensize( ) 函数参数 |

### ●●● 知识、技能目标

知识学习目标

- ◆ 了解模块的概念
- ◆ 了解常用内置模块的功能

技能掌握目标

- ◆ 掌握模块自定义技巧
- ◆ 掌握模块的导入方法

## 11.1 模块概念

上一章学习了函数，它可以让你在程序需要的地方随时调用写好的一段代码，而模块可以理解为能在不同的程序、不同的项目中复用的一段代码，这段代码可以是多个函数、变量等，可以是一段完整的程序，也可以是实现特定功能的一部分程序。每个模块都是一个单独的文件，可以把一个大的程序分解为若干个模块，也可以反过来，从一个小的模块开始，增加其他代码来建立一个更大的程序。一旦创建模块，这个模块就能在很多程序中使用，这样就可以在需要相同的功能时，直接导入模块，而不需要重新将代码写一遍。

前面把函数比作积木，这里模块可以理解为积木盒，见图11-1。

图 11-1　积木盒子与积木

## 11.2 模块创建及使用

前一章节中提到的斐波那契数列程序，现在将其定义为模块。

**代码清单 11-1 定义模块**

```
fib(n):
    num1=1
    num2=1
    for i in range(n-1):
        sum=num1+num2
        num1=num2
        num2=sum
    return num1
```

程序保存为 fibo.py（图 11-2）。

| | | | | | |
|---|---|---|---|---|---|
| 📁 .idea | | ⊘ | 2019/08/09 9:59 | 文件夹 | |
| 📁 __pycache__ | | ⊘ | 2019/10/21 14:13 | 文件夹 | |
| 🖼 fibo.py | | ⊘ | 2019/10/21 14:13 | JetBrains PyCharm ... | 1 KB |

图 11-2　定义保存模块

### 自定义模块的存储位置

如果是你自己写的一个模块，你需要将其作为一个模块使用，你可以将后缀名为.py 的文件存储在与 Python 内置模块路径相同的位置，如果你想使用当前程序（要打包成模块的程序）所在路径 "d:/python/moduel" 作为模块位置，也可以这样操作：

import sys

sys. path. append("d:/python/moduel")

d:/python/moduel 是模块所在目录，意思就是告诉解释器除了从默认的目录中寻找模块之外，还可以从目录 d:/python/moduel 中寻找模块。

当然也可以这样更省事地操作：找到 Python 安装路径里的 site-packages，如"d:\pythonfile\Lib\site-packages"，然后在里面新建一个后缀名为.pth 的文件，例如 newmoduel.pth，然后用记事本打开文件并在里面添加自己定义的模块的路径，随便添加，是不是很方便？

## 模块的扩展

前面提到过模块的便利之处在于其可扩展性和开放性，也可以根据需要在自定义的模块里，追加放入或存入函数、变量、方法等等，下面通过两个例子体验模块的扩展实践。

（1）扩展——增加其他函数

这里将前面章节中接触到的回文联代码项目也存放到 fibo. py 文件中。

**代码清单 11-2 模块内部扩展**

```
def fib(n):
    num1=1
    num2=1
    for i in range(n-1):
        sum=num1＋num2
        num1=num2
        num2=sum
    return num1
def is_reversed(s):
    for i in range(len(s)//2):
        if s[i]!=s[-i-1]:
            return False
    return True
```

将模块定义代码重新保存，如图 11-3 所示。

| | | | |
|---|---|---|---|
| .idea | 2021/3/2 10:43 | 文件夹 | |
| __pycache__ | 2021/3/2 10:43 | 文件夹 | |
| fibo.py | 2021/3/2 10:45 | JetBrains PyChar... | 1 KB |

**图 11-3 扩展后模块保存**

（2）模块中定义变量

**代码清单 11-3 模块中定义变量**

```
def fib(n):
    num1=1
    num2=1
    for i in range(n-1):
        sum=num1+num2
        num1=num2
        num2=sum
    return num1
def is_reversed(s):
    for i in range(len(s)//2):
        if s[i]!=s[-i-1]:
            return False
    return True
a=1
```

保存模块见图 11-4。

| .idea | 2021/3/3 13:34 | 文件夹 |
| __pycache | 2021/3/3 13:33 | 文件夹 |
| PC fibo.py | 2021/3/3 13:33 | JetBrains PyChar... |

**图 11-4　定义后模块保存**

试试下面代码，看看会得到什么。

```
import fibo
print(fibo.a)
```

## 模块导入

调用模块使用关键字 import。

**代码清单 11-4 模块导入**

```
import fibo
print(fibo.fib(4))
```

**代码清单 11-5 模块的导入与使用**

```
import fibo
print(fibo.fib(4))
```

```
print(fibo.is_reversed("abccba"))
#另一种写法
from fibo import fib,is_reversed
print(fib(4))
print(is_reversed("abccba"))
```

## 命名空间（namespace）——那个谁的谁

在代码清单 11-5 中，两种模块不同的导入方式，为什么打印方式 print(fibo. is_reversed("abccba"))和 print(is_reversed("abccba"))却不一样？

第一种导入方式，这里稍微修改下：

```
import fibo
is_reversed("abccba")
```

```
File "C:/Users/lss/PycharmProjects/linss/sl.py", line 2, in
<module>
    is_reversed("abccba")
NameError: name ' is_reversed ' is not defined
```

问题出在哪里？很显然程序并不认识 is_reversed( )。这涉及程序开发的一个概念——命名空间（namespace）。打个比方，学校五年级三班有个叫"Jean"的同学，三年级二班也有一个叫"Jean"的同学，当你在这两个班里喊"Jean"同学去老师办公室，是不是只需要喊"hi, Jean, 老师叫你去办公室"就可以了？现在你要在学校广播上喊"Jean"去办公室，如果在学校广播里喊"hi, Jean, 老师叫你去办公室"的话，哪个"Jean"去办公室？这时候你需要这样喊："五年级三班的 Jean 同学请到办公室。"这样才不会造成混淆。

五年级三班只有一个"Jean"，在喊的时候所有人都知道你叫的是谁，换句话说在五年级三班这个空间里只有一个"Jean"，五年级三班就是你的命名空间。在使用广播的时候，整个学校就是你的命名空间，为避免在学校命名空间内重名的可能，你需要喊出"五年级三班的 Jean"来，这样才不会混淆。

对于模块的导入，也需要注意这一点，如：

```
import fibo
is_reversed("abccba")
```

导入后，系统并不知道 is_reversed( ) 是哪个，所以会报错，这时需要这样导入：

```
import fibo
fibo.is_reversed("abccba")
```

这样系统就明白了是 fibo 模块里的 is_reversed( )，或者如同"五年级三班的 Jean"一样，直接指定"from fibo import is_reversed( )"，即从 fibo 里导入 is_reversed( )，就避免了程序不知道 is_reversed( ) 是什么的问题。

## 如何使用模块

（1）*导入模块的所有函数、变量

```
from fibo import *
print(fib(4))
print(is_reversed("abccba"))
print(a)
```

（2）as 给模块取别名

```
import fibo as abc
print(abc.fib(3))
print(abc.is_reversed("abccba"))
```

（3）as 的其他用法

```
from fibo import is_reversed as ir
print(ir("abbba"))
```

## ★ 11.3　内置模块

本节你将接触到 Python 的几个内置模块。

### calendar 模块

calendar 是与日历相关的模块。该模块文件还对外提供了很多方法，例如 calendar、month、prcal、prmonth 之类的方法，本节主要对 calendar 模块的方法进行介绍。

在 Python shell 中键入如下代码可以得到 calendar 模块的所有方法（其他模块同理）：

```
>>>import calendar
>>>dir(calendar)
['Calendar', 'EPOCH', 'FRIDAY', 'February', 'HTMLCalendar',
```

```
'IllegalMonthError', 'IllegalWeekdayError', 'January',
'LocaleHTMLCalendar', 'LocaleTextCalendar', 'MONDAY',
'SATURDAY', 'SUNDAY', 'THURSDAY', 'TUESDAY', 'TextCalendar',
'WEDNESDAY', '_EPOCH_ORD', '__all__', '__builtins__', '__
cached__', '__doc__', '__file__', '__loader__', '__name__', '__
package__', '__spec__', '_colwidth', '_locale', '_localized_
day', '_localized_month', '_spacing', 'c', 'calendar',
'datetime', 'day_abbr', 'day_name', 'different_locale',
'error', 'firstweekday', 'format', 'formatstring', 'isleap',
'leapdays', 'main', 'mdays', 'month', 'month_abbr', 'month_
name', 'monthcalendar', 'monthlen', 'monthrange', 'nextmonth',
'prcal', 'prevmonth', 'prmonth', 'prweek', 'repeat',
'setfirstweekday', 'sys', 'timegm', 'week', 'weekday',
'weekheader']
```

## math 模块

math 模块中定义了一些数学函数。由于这个模块属于编译系统自带的，因此它可以被无条件调用。该模块还提供了与用标准 C 定义的数学函数的接口。

以下函数是该模块所提供的，除非明确指出，否则所有返回值都是浮点数。

```
import math
dir(math)
print(dir(math))
['__doc__', '__loader__', '__name__', '__package__', '__
spec__', 'acos', 'acosh', 'asin', 'asinh', 'atan', 'atan2',
'atanh', 'ceil', 'copysign', 'cos', 'cosh', 'degrees', 'e',
'erf', 'erfc', 'exp', 'expm1', 'fabs', 'factorial', 'floor',
'fmod', 'frexp', 'fsum', 'gamma', 'gcd', 'hypot', 'inf',
'isclose', 'isfinite', 'isinf', 'isnan', 'ldexp', 'lgamma',
'log', 'log10', 'log1p', 'log2', 'modf', 'nan', 'pi', 'pow',
'radians', 'remainder', 'sin', 'sinh', 'sqrt', 'tan', 'tanh',
'tau', 'trunc']
```

## 11.4 random 模块

### random 模块中最常用的几个函数

（1）random.uniform( )

random. uniform( ) 函数用于生成一个指定范围内的随机浮点数，两个参数中一个是上限，一个是下限。如果 a<b，则生成的随机数 n: a <= n <= b；如果 a >b，则 b <= n <= a。

```
print(random.uniform(10,20))
print(random.uniform(20,10))
#结果（不同机器上的结果不一样）
18.7356606526
12.5798298022
```

（2）random.randint( )

random. randint( ) 函数用于生成一个指定范围内的整数。其中参数 a 是下限，参数 b 是上限，生成的随机数 n: a <= n <= b。

```
print(random.randint(12,20))    #生成的随机数 n:12<=n<=20
print(random.randint(20,20))    #结果永远是 20
print(random.randint(20,10))    #该语句是错误的，下限必须小于上限
```

（3）random.randrange( )

random. randrange( ) 函数从指定范围内，按指定基数递增的集合中获取一个随机数。如：random. randrange(10, 100, 2)，结果相当于从[10, 12, 14, 16, …, 96, 98]序列中获取一个随机数。random. randrange(10, 100, 2)在结果上与 random. choice(range(10, 100, 2))等效。

（4）random.shuffle( )

random. shuffle( ) 函数用于将一个列表中的元素打乱。如：

```
p=["Python","is","powerful","simple","andsoon..."]
random.shuffle(p)
print(p)
#结果（结果随机，跟系统时间有关）
['powerful','simple','is','Python','andsoon...']
```

（5）random.sample(list,count)

"list"是从哪里取，"count"是取出几个。

```
list=[1,2,3,4,5,6,7,8,9,10]
#从 list 中随机获取5个元素，作为一个片段返回
slice=random.sample(list,5)
print(slice)
print(list)    #原有序列并没有改变
```

## 11.5 海龟画图函数总结

### 画布

画布（canvas）就是在 turtle 中绘图的区域，操作时可以设置它的大小和初始位置。

（1）设置画布大小（图 11-5）

`turtle.screensize(canvwidth=None, canvheight=None, bg=None)`

参数分别为画布的宽（单位像素）、高、背景颜色。

如：turtle. screensize(800, 600,"green")

（2）设置画布位置

`turtle.setup(width=800,height=800, startx=100,starty=100)`

### 画笔

在画布上，默认坐标原点为画布的中心，原点上有一只面朝 x 轴正方向的小乌龟。这里描述小乌龟时使用了两个词语：坐标原点（位置），面朝 x 轴正方向（方向）。在 turtle 绘图中，就是使用位置方向描述小乌龟（画笔）的状态。

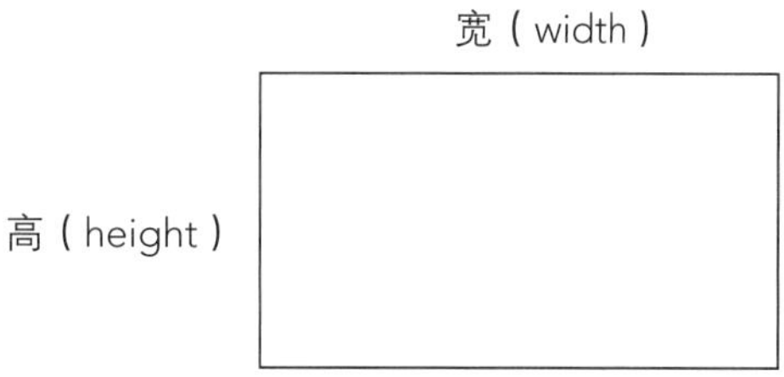

在操作时，可以设置画笔的属性、颜色、画线的宽度等。

① turtle. pensize( )：设置画笔的宽度。

② turtle. pencolor( )：没有参数传入，返回当前画笔颜色，传入参数设置画笔颜色，可以是字符串如"green""red"，也可以是 RGB 3 元组。

③ turtle. speed(speed)：设置画笔移动速度，画笔绘制的速度范围为[0, 10]的整数。

宽（width）

高（height）

**图 11-5　画布的宽和高**

### turtle 模块函数总结与应用

前面章节先后学了 turtle 基本规则与进阶规则，这里将总结 turtle 的函数及用法，如表 11-2 所示。

**表 11-2　turtle 模块函数总结**

| 命令 | 说明 |
| --- | --- |
| turtle.forward(distance) | 向当前画笔方向移动 distance 像素长度 |
| turtle.backward(distance) | 向当前画笔相反方向移动 distance 像素长度 |
| turtle.right(degree) | 顺时针移动 degree 度 |
| turtle.left(degree) | 逆时针移动 degree 度 |

续表

| 命令 | 说明 |
| --- | --- |
| turtle.pendown( ) | 放下画笔，移动时绘制图形，画笔默认为放下状态 |
| turtle.goto(x,y) | 将画笔移动到坐标为（x,y）的位置 |
| turtle.penup( ) | 提起笔移动，不绘制图形，用于另起一个地方绘制 |
| turtle.circle( ) | 画圆，半径为正（负），表示圆心在画笔的左边（右边） |
| setx( ) | 将当前 x 轴移动到指定位置 |
| sety( ) | 将当前 y 轴移动到指定位置 |
| setheading(angle) | 设置当前朝向为 angle 角度（与初始位置相对） |
| home( ) | 设置当前画笔位置为原点，朝向右 |
| dot(r) | 绘制一个指定直径和颜色的圆点 |
| turtle.color(color1, color2) | 同时设置 pencolor=color1, fillcolor=color2 |
| turtle.done( ) | 图形保持显示状态 |
| turtle.begin_fill( ) | 准备开始填充图形 |
| turtle.end_fill( ) | 填充完成 |

在前面章节中你已熟悉了一部分常用的 turtle 函数，下面用一个例程实现 turtle 函数的综合应用。尝试用 turtle 函数绘制出图 11-6 中的图形。

整个图形分为 4 个半圆，黑、白两个小圆：左大半圆黑色，半径 100；中上小半圆黑色，半径 50；中下小半圆白色，半径 50；右大半圆白色，半径 100；上小圆白色，半径 15；下小圆黑色，半径 15，这里不用坐标的概念，只通过海龟的移动改变其位置。

（1）知识准备

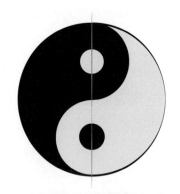

图 11-6　用 turtle 函数绘制图形示例

① 用 turtle 函数绘制圆形，默认当前光标朝逆时针（向左）方向旋转绘制，若需要顺时针方向旋转绘制圆形，则需要将半径设置为负值；

② 拼接类图形可以根据颜色的分布将图形绘制完成后一次填充；

③ 将画笔从一个位置移动到另一个位置，为保证移动过程不留痕迹需要用 penup( ) 方法抬起画笔，绘制前再放下画笔。

（2）第一子图（图 11-7）：根据图形的结构，显然需要从中上半圆开始绘制

```
import turtle as t
t.speed(2)
t.pensize(5)
#中上半圆
t.circle(50,180)
t.done()
```

（3）第二子图（图11-8）：左大半圆

图11-7　第一子图

```
import turtle as t
t.speed(2)
t.pensize(5)
#右上中半圆
t.circle(50,180)
#右上中半圆
t.circle(100,180)
t.done()
```

（4）第三子图（图11-9）：中下半圆

图11-8　第二子图

通过分析完整图形结构并结合第二子图海龟的朝向，在绘制第三个半圆时海龟朝向左，而且需要顺时针绘制圆形，而前面章节中提到过海龟绘制圆形时默认逆时针旋转，如果需要顺时针旋转，则将圆形半径设为负值。

```
import turtle as t
t.speed(2)
t.pensize(5)
#中上半圆
t.circle(50,180)
#左大圆
t.circle(100,180)
t.left(180)
t.circle(-50,180)
t.done()
```

（5）将图11-10中的图形填充为黑色

```
import turtle as t
t.speed(2)
t.pensize(5)
t.color('black', 'black')
t.begin_fill()
```

图11-9　第三子图

173

```
#中上半圆
t.circle(50,180)
#左大圆
t.circle(100,180)
t.left(180)
t.circle(-50,180)
t.end_fill()
t.done()
```

图 11-10　第三子图填充黑色

（6）第四子图（图 11-11）：中上小圆白色

如第三子图，海龟所处位置朝向朝右，绘制上小圆形（半径为 15，处于上中半圆中心，上中半圆半径 50），这时需要海龟逆时针旋转 90°，提起画笔前行 35（50 – 15），右转 90° 回到海龟初始状态，放下画笔，绘制半径为 15 的白色小圆。

```
#将画笔颜色填充颜色重置为白色
t.color('white', 'white')
t.begin_fill()
t.left(90)
t.penup()
t.fd(35)
t.right(90)
t.pendown()
t.circle(15)
t.end_fill()
```

图 11-11　第四子图

（7）第五子图（图 11-12）：下小圆

同样需要海龟在当前位置顺时针旋转 90°，画笔抬起，前进 100（为什么是 100？），左转画笔 90° 回到初始位置，放下画笔绘制半径为 15 的小圆，颜色为黑色。

```
#将画笔颜色填充颜色重置为黑色
t.color('black','black')
t.begin_fill()
t.right(90)
t.penup()
t.forward(100)
t.left(90)
t.pendown()
t.circle(15)
t.end_fill()
t.done()
```

图 11-12　第五子图

（8）第六子图（图11-13）：右大半圆

结合第五子图绘制后海龟位置以及需要绘制右半圆的特点，思考：接下来将如何移动海龟？如何旋转角度？移动多少距离？第六个子图的代码设计留给你。

你的代码

图 11-13　第六子图

```
t.end_fill()
#下小圆
#将画笔颜色填充颜色重置为黑色
t.color('black','black')
t.begin_fill()
t.right(90)
t.penup()
t.forward(100)
t.left(90)
t.pendown()
t.circle(15)
t.end_fill()
#右半圆
t.color('black','white')
t.right(90)
t.penup()
t.fd(35)
t.left(90)
t.pendown()
t.circle(100,180)
t.done()
```

## 划重点

- ◆ 模块创建
- ◆ 模块的导入
- ◆ 常用内置模块 random 的函数

## ★ 拓展与提高

### calendar 模块

calendar 含义就是日历，顾名思义 calendar 模块就是与日历有关的模块，模块文件对外提供了很多方法，例如 calendar、month、prcal、prmonth 之类的方法。

### calendar 模块提供的函数及方法

（1）返回一个多行字符串格式的某年年历

```
calendar.calendar(year)
```

（2）返回当前每周起始日期的设置

默认情况下，首次载入 calendar 模块时返回 0，即星期一。

```
calendar.firstweekday()
```

（3）判断是否是闰年

```
calendar.isleap(year)
```

（4）返回在 y1，y2（不含）两年之间的闰年总数

```
calendar.leapdays(y1,y2)
```

（5）返回某年某月日历

```
calendar.month(year,month)
```

（6）返回某年某月日历，按周输出一个二维列表

```
calendar.monthcalendar(year,month)
calendar.monthcalendar(2020,3)
[[0, 0, 0, 0, 0, 0, 1], [2, 3, 4, 5, 6, 7, 8], [9, 10, 11, 12,
13, 14, 15], [16, 17, 18, 19, 20, 21, 22], [23, 24, 25, 26, 27,
28, 29], [30, 31, 0, 0, 0, 0, 0]]  #表示 2020 年 3 月 1 日是星期日
```

（7）输出某月第一天的星期几的序号（注意不是星期几）以及这个月多少天

```
calendar.monthrange(year,month)
calendar.monthrange(2020,3)
(6,31)  #表示三月第一天周日，总共 31 天。因为星期几的序号默认是从 0 开始
```

的，即周一序号为 0，周日为 6

（8）设置每周的起始序号，默认 0（星期一）到 6（星期日）

```
calendar.setfirstweekday(weekday)
```

注：修改后若关闭 IDLE，关闭后恢复默认 0（星期一）到 6（星期日）。

（9）返回给定日期的日期码

```
calendar.weekday(year,month,day)
calendar.weekday(2020,3,1)
6  #序号 6，表示星期日
```

## 读代码写注释

猜猜下述代码能得到什么，在后面写下注释（自己键入如下代码验证一下）。

```
import calendar
year = int(input('输入年份': ))
month = int(input('输入月份': ))
day = int(input('输入日期': ))
print(calendar.calendar(year))   #_____
calendar.isleap(year)   #检验某一年是否是闰年
calendar.leapdays(1970, year)   #_____
print(calendar.weekday(year, month, day))   #_____
print(calendar.month(year, month))   #_____
print(calendar.monthrange(year, month))   #_____
```

## math 模块函数库解析

（1）math 库的数学常数

| 常数 | 数学表示 | 描述 |
| --- | --- | --- |
| math.pi | π 圆周率 | 值为 3.141 592 653 589 793 |

（2）math 库的数值表示函数

| 函数 | 描述 |
| --- | --- |
| math.fabs(x) | 返回 x 的绝对值 |
| math.fmod(x,y) | 返回 x 与 y 的模 |
| math.fsum([x,y,…]) | 浮点数精确求和（返回无损精度的和） |
| math.ceil(x) | 向上取整，返回不小于 x 的最小整数 |
| math.floor(x) | 向下取整，返回不大于 x 的最大整数 |
| math.factorial(x) | 返回 x 的阶乘，如果 x 是小数或者负数，返回 ValueError |
| math.gcd(a, b) | 返回 a 与 b 的最大公约数 |
| math.modf(x) | 返回 x 的小数和整数部分 |
| math.trunc(x) | 返回 x 的整数部分 |

（3）math 库的幂对数函数

| 函数 | 描述 |
| --- | --- |
| math.pow(x,y) | 返回 x 的 y 次幂 |
| math.sqrt(x) | 返回 x 的平方根 |

（4）math 库的三角运算函数

| 函数 | 描述 |
|------|------|
| `math.sin(x)` | 返回 x（弧度值）的正弦函数值 |
| `math.cos(x)` | 返回 x（弧度值）的余弦函数值 |
| `math.tan(x)` | 返回 x（弧度值）的正切函数值 |

## 你掌握了没有

如果在 fibo.py 模块的代码中，加一行主程序的输出代码，会对导入它的程序文件产生怎样的影响？

```python
def fib(n):
    num1=1
    num2=1
    for i in range(n-1):
        sum=num1+num2
        num1=num2
        num2=sum
    return num1
def is_reversed(s):
    for i in range(len(s)//2):
        if s[i]!=s[-i-1]:
            return False
    return True
print("你好! 我是 fibo 模块的主程序")
import fibo
print(fibo.fib(4))
```

输出结果是：_____

## 学编程，多动手

创建温度转换模块（摄氏温度/℃、华氏温度/℉、开氏温度/K），并输入一个温度，转换成其他两种格式。

提示：① $t/℃ = 5/9（t/℉ - 32）$;
② $T（K）= t（℃）+ 273.15$。

你的代码

# 12

## 糟糕的代码——异常与异常处理

内容概述

本章将介绍异常的概念、异常的类型以及异常的捕获与处理技巧。

### ●●● 优雅的代码从认识英语单词开始

学习本章内容前你需要先认识表 12-1 中的单词。

**表 12-1 英语单词**

| 英文单词 | 中文含义 | Python 中用法 |
|---|---|---|
| try | 尝试 | Python 异常处理关键字 |
| except | 除外例外 | Python 异常处理关键字，与 exception 配合使用 |
| error | 错误 | Python 异常名称 |
| division by zero | 异常类型 | ZeroDivisionError，Python 异常类型 |
| finally | 最终 | Python 异常处理，配合 try-except 语句使用，表示无论怎么样都要执行 |
| IndexError | 索引异常 | Python 异常类型，索引超出序列范围引发的异常 |
| ValueError | 值异常 | 传入的值错误引发的异常 |
| NameError | 名称异常 | 尝试调用一个没有被定义的变量发生的错误 |
| TypeError | 类型异常 | 数据类型不合适引发的异常 |
| SnytaxError | 语法异常 | Python 语法错误引发的异常 |
| raise | 提升 | 异常抛出机制 |

### ●●● 知识、技能目标

知识学习目标

◆ 了解异常的概念

◆ 了解异常的类型

◆ 了解异常 try 的工作原理

技能掌握目标

◆ 掌握异常的捕获处理机制

## 12.1 异常概念与类型

### 异常概念

错误并不可怕，可怕的是对错误一无所知。

程序涉及的错误有两个方向，一种为看得见的错误，这种错误导致程序无法正常运行，称为异常；除了属于异常的错误外，很多时候程序能顺利执行下去，但有时用户使用不当，导致程序运行的结果并不是预期的结果（这种情况往往是逻辑错误导致的），这种情况称为bug，这时需要对代码进行调试（下一章将介绍代码调试的技能）。

异常是一个事件，该事件在程序执行过程中发生，影响了程序的正常执行，换句话说在Python无法正常处理程序时就会发生一个异常，这时可以通过代码实现异常的捕捉处理。在介绍如何捕捉异常前，先来认识常见的程序异常有哪些。

### 异常类型

（1）ZeroDivisionError：0作除数异常

```
>>>1/0
Traceback (most recent call last):
  File "pyshell#26>", line 1, in <module>
    1/0
ZeroDivisionError: division by zero   #异常类型：0 作除数
```

（2）IndexError：索引超限异常

```
>>>list=[1,2,3,4,5]
>>>list[1]
2
>>>list[5]
Traceback (most recent call last):
  File "<pyshell#11>", line 1, in <module>
    list[5]
IndexError: list index out of range   #异常类型：索引异常，超过索引值
范围
```

（3）NameError：命名异常，实际多用于表示引用了未定义的变量而出现异常

```
>>>print(a)
Traceback (most recent call last):
  File "<pyshell#12>", line 1, in <module>
    print(a)
NameError: name 'a' is not defined   #名称异常，名字"a"没定义
```

（4）TypeError：数据类型异常

```
>>>1+'1'
Traceback (most recent call last):
  File "<pyshell#13>", line 1, in <module>
    1+'1'
TypeError: unsupported operand type(s) for +: 'int' and 'str'
```

#数据类型异常，不被支持的类型操作

（5）ValueError：值异常

```
>>>i=int(input('输入一个数值: '))
输入一个数值: a
Traceback (most recent call last):
  File "<pyshell#16>", line 1, in <module>
    i=int(input('输入一个数值: '))
ValueError: invalid literal for int() with base 10: 'a'   #值异常
```

（6）SyntaxError：语法错误异常

```
>>>'python
SyntaxError: EOL while scanning string literal   #语法错误异常
```

---

**Task: 判断下述代码的异常类型**

```
① str1='Python'
②
③ print(str1[3])
④
⑤ print(str1[6])
异常类型：_____
```

```
① for i in range(10)
②      print('当前数字
为: 'i)
异常类型：_____
```

```
① list1=['a', 'b', 'c']
②
③ print('列表是: '+list1)
④
⑤ del list1
⑥
⑦ print('列表元素是: '+
list1[1])
异常类型：_____
```

---

## ★ 12.2  异常捕获与处理

```
try:
    代码 1
    代码 2
    ......
```

```
except   异常类型：
    代码 3
    代码 4
  代码 5
  代码 6
```

## try-except 语句捕获处理异常

首先，执行 try 子句，如果没有异常发生，完成 try 内语句（如代码 1、代码 2）的执行，然后执行 try-except 代码块外部的语句（代码 5、代码 6）；如果在执行 try 子句时发生了异常，则跳过该子句中剩下的部分，在 except 子句中逐句比较异常。如果异常的类型和 except 关键字后面的异常匹配，则执行 except 子句（如代码 3、代码 4），然后继续执行 try-except 语句之外的代码（如代码 5、代码 6）。如果发生的异常和 except 子句中指定的异常不匹配，则将其传递到外部的 try 语句中；如果没有找到处理程序，则它是一个未处理异常，则程序将停止，在控制台中显示报错信息（之前的例子都是未处理的异常）。

> **TIPS** 异常捕获与处理并不仅仅是为了处理已经出现的异常，更多时候是为了预防异常的出现。比如在需要用户输入数据的时候，往往因为输入了非法数据出现异常，程序崩溃，这时候也需要用到 try - except 语句。

## 代码观察

思考：代码在运行过程中可能产生哪些异常？

**代码清单 12-1 读代码，猜异常**

```
a=int(input("请输入 a 的值"))
b=int(input("请输入 b 的值"))
c=a/b
print("a/b=%d"%c)
```

上面的代码有可能会产生什么异常？

尝试：

　　输入 a 的值为 "s"

　　输入 a 的值为 1，b 的值为 0

```
ValueError: invalid literal for int() with base 10: 's'
ZeroDivisionError: division by zero
```

由于用户的非法输入，程序在运行过程中可能会出现两种异常。为了避免程序崩溃，需要用代码捕获这两种异常并处理。

用 try-except 语句捕获异常，具体语法如下：

**代码清单 12-2 加入异常捕获的代码**

```
try:
    a=int(input("请输入 a 的值"))
    b=int(input("请输入 b 的值"))
    c=a/b
    print("a/b=%d"%c)
except ValueError:
    print("a、b 的值必须是数字! ")
except ZeroDivisionError:
    print("除数不能为 0! ")
print("这是 try 语句之外的一条语句")
```

```
#代码运行结果
请输入 a 的值 s
a、b 的值必须是数字!
这是 try 语句之外的一条语句
请输入 a 的值 1
请输入 b 的值 0
除数不能为 0!
这是 try 语句之外的一条语句
```

## 异常捕获与处理语法结构

try...except... else...finally...

| 已知异常: 捕获指定异常 | 未知异常: 捕获万能异常 | 捕获多个异常 |
| --- | --- | --- |
| 1. try: | try: | try: |
| 2.     \<可能出现异常的代码> | \<可能出现异常的代码> | \<可能出现异常的代码> |
| 3.except \<异常名> | except Exception | except( \<异常名 1> |
|   as 异常别名: | as 异常别名: | ,…,): |
| 4.     print('异常说明') | print('异常说明') | print('异常说明') |
| 5.else: | else: | |
| 6.    \<正确代码> | \<正确代码> | |
| 7.finally: | finally: | |

## 异常捕获逻辑

① try 中的代码出现异常，先执行 except 后的代码，后执行 finally 后的代码；

② try 中的代码没有异常，先执行 try、else 后的代码，后执行 finally 后的代码；

③ 无论 try 中的代码是否出现异常，最后都会执行 finally 后的代码。

```
1.try:                          try:
2.    print(int(123))              print(int('abc'))
3.except Exception as e:        except Exception as e:
4.    print(e)                     print(e)
5.else:                         else:
6.    print('else...')             print('else...')
7.finally:                      finally:
8.    print('=======')             print('=======')
```

代码运行结果：

_____

_____

_____

代码运行结果：

_____

_____

_____

## 实例中的异常处理

前面斐波那契数列的代码在运行过程中有没有可能产生异常？会产生什么异常？使用 try-except 语句处理它。

异常处理方式 1：

```python
try:
    n = int(input('请输入数字 n，得到斐波那契数列的第 n 项'))
    num1=1
    num2=1
    for i in range(n-1):
        sum = num1 + num2   #变量保存两数之和
        num1=num2
        num2 = sum   #数值更新
    print(num1)
except ValueError:
    print("请输入正整数！")
```

异常处理方式 2：

```python
try:
    n = int(input('请输入数字 n，得到斐波那契数列的第 n 项'))
    num1=1
    num2=1
    for i in range(n-1):
        sum = num1 + num2   #变量保存两数之和
        num1=num2
        num2 = sum   #数值更新
    print(num1)
except ValueError as e:
    print("请输入正整数！" + str(e))
```

异常处理方式 3：

else 语句的位置是有要求的，通过下面的代码验证。

```
try:
    n = int(input('请输入数字 n，得到斐波那契数列的第 n 项'))
except ValueError as e:
    print("请输入正整数！" + str(e))
else:
    num1=1
    num2=1
    for i in range(n-1):
        sum = num1 + num2    #变量保存两数之和
        num1=num2
        num2 = sum    #数值更新
    print(num1)
```

TIPS    else 子句，在使用时必须放在所有的 except 子句后面。

## ★ 12.3 异常抛出

有时候预料到程序某处可能会引发异常，但不一定想要处理掉它，这时可以将异常抛出给上级调用者（跟函数返回值的传递过程类似）。上级调用者可以在 except 子句中将它处理掉，也可以将它抛出给更上级的调用者。依此类推，如果都没处理掉，就会一直抛出到最上级的调用者（主程序）。如果主程序也没有处理该异常，则这就是一个未处理的异常，会引发程序崩溃，在控制台打印一系列的异常信息。

运行代码，观察控制台的报错信息。

```
def a():
    b()
def b():
    c()
def c():
    return 1 / 0
a()
```

```
Traceback (most recent call last):
    File "C:/Users/teng/PycharmProjects/practise/excep/test.py",
line 13, in <module>
        a()
```

```
    File "C:/Users/teng/PycharmProjects/practise/excep/test.py",
line 2, in a
      b()
    File "C:/Users/teng/PycharmProjects/practise/excep/test.py",
line 6, in b
      c()
    File "C:/Users/teng/PycharmProjects/practise/excep/test.py",
line 10, in c
      return 1 / 0
  ZeroDivisionError: division by zero
```

从最下面一行开始看，c 程序运行产生了一个异常，它自己没有处理掉，于是抛给了上层调用者——b，b 的代码中没有处理这个异常的 try-except 语句，于是将异常抛给了它的上级调用者——a，a 的代码中没有处理这个异常的 try-expcept 语句，语句将异常抛给了它的上级调用者——主程序，见图 12-1。

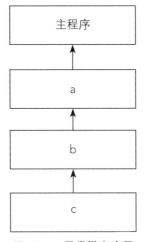

图 12-1　异常抛出流程

主程序的代码中也没有处理这个异常的 try-expcept 语句，所以这就是一个未处理异常，程序崩溃，在控制台显示错误信息。

```
def a():
    try:
        b()
    except ZeroDivisionError:
        print("在 a 中处理掉了ZeroDivisionError")
def b():
    try:
```

```
        c()
    except ValueError:
        pass
def c():
    return 1 / 0
a()
print("程序继续运行")
```

如果在传递的过程中有任何一层在 try-except 语句中捕获并处理掉了这个异常，就不会继续向上抛出，程序继续运行。在这个程序中，c 产生异常后自己没有处理，传递给 b，b 函数的 except 语句中只能捕获 ValueError，不能捕获 ZeroDivisionError，所以会继续抛给 a，a 的 except 语句中可以捕获并处理 ZeroDivisionError，所以会处理掉，程序继续运行。

在 except 语句中用 raise 手动抛出异常，如果你确定引发了异常但不打算处理它，则可以使用 raise 语句将异常抛给上级。

如果在前面斐波那契数列代码中输入 - 1，会怎样？

```
try:
    n = int(input('请输入数字 n，得到斐波那契数列的第 n 项'))
except ValueError as e:
    print("请输入正整数！" + str(e))
else:
    num1=1
    num2=1
    for i in range(n-1):
        sum=num1 + num2   #变量保存两数之和
        num1=num2
        num2=sum   #数值更新
    print(num1)
```

在上述代码中，如果用户输入 0 或者负数，程序运行并不会产生异常，循环会进行 0 次，最后返回数列的第一项。

这与实际情况是不符的，因为求斐波那契数列的第 n 项，输入负号或 0 没有意义。所以在这个问题中，应该检查用户的输入，如果输入了 0 或者负数，可以手动抛出 ValueError。

```
try:
    n = int(input('请输入数字 n，得到斐波那契数列的第 n 项'))
    if n<=0:   #当满足条件时抛出异常
        raise ValueError
except ValueError as e:   #捕获抛出的异常
    print("请输入正整数！" + str(e))
```

```
else:
    num1=1
    num2=1
    for i in range(n-1):
        sum=num1＋num2
        num1=num2
        num2=sum
    print(num1)
```

## 划重点

◆ 理解异常捕获处理语句在预防异常时的作用

◆ 异常的捕获与处理

◆ 异常的抛出

## 你掌握了没有

### 读代码

```
num1=10
num2=5
try:
    result=num1/num2
    print(result)
except (ZeroDivisionError,NameError) as err :
    print('有错误~~')
else:
    print('没有错误')
print('程序结束')
```

代码运行结果：

_____

_____

_____

### 改代码

```
list1=[1,2,3,4,5,6]
print(list1[6])
```

把上面小程序改写，当出现异常时提示出现异常，并打印出异常原因，但无论如何都要输出 50 个"-"作分隔符。

> 你的代码

## 学编程，多动手

编写一个函数并调用该函数：输入两个正整数（a>b），计算除法（a/b），捕获可能出现的异常，并且当余数不为零时，抛出"a 不能被 b 整除"的异常，无论如何都需要输出"这是一次练习"。

> 你的代码

# 13

看不见的"虫子"

> 内容概述

本章将学习寻找代码 bug 的方法。

### ●●● 优雅的代码从认识英语单词开始

学习本章内容前你需要先认识表 13-1 中的单词。

表 13-1　英语单词

| 英文单词 | 中文含义 | Python 中用法 |
| --- | --- | --- |
| bug | 虫子 | 代码中的逻辑错误 |
| Debug | 调试 | 找到代码中的逻辑错误 |
| step | 脚步，步骤 | Python 中是单步调式的意思 |

### ●●● 知识、技能目标

知识学习目标

- ◆ 利用代码调试的过程强化代码阅读技能
- ◆ 强化逻辑推理的技巧

技能掌握目标

- ◆ 掌握通过结果逆推逻辑错误的方法
- ◆ 掌握逐行打印变量值的方法
- ◆ 掌握利用 PyCharm 进行单步调试的技巧

## ★ 13.1　关于 bug

**实际上没人能一次就写出完美的代码，除了我，但是世界上只有一个我。**

—— 林纳斯·托瓦兹（Linux 之父）

1946 年，当格蕾丝·霍波退役后加入哈佛大学的计算机实验室，继续研究马克 Ⅱ 型和马克 Ⅲ 型计算机的工作，操作员在追踪马克 Ⅱ 型的错误时发现继电器中有一只飞蛾，遂有 bug 术语，这个 bug 被仔细移除，并被贴在日志本上，这带来的第一个 bug，就是今日所说的错误（error）或程序中的故障（glitch）。

前面章节学习了 Python 异常与异常捕获。对于异常，可以通过异常捕获或者当程序无法执行下去的时候，很容易发现错误。而在实际程序开发过程中，还有一种错误，称为逻辑错误，相比异常，逻辑错误多数时候并不能影响程序的顺利运行，但是代码执行结果并不是想要的，与异常相比逻辑错误更难被发现，Python 中通常类似于逻辑方面的错误称为 bug。

## ★ 13.2　Debug（代码调试）

**给予足够的重视，所有的 bug 都很容易发现。**

—— Eric S. Raymond（开源软件的倡导者），出自《The Cathedral and the Bazaar》

### 通过测试结果逆推错误

看下面的例程，有没有错误?

```
n=int(input('请输入数字 n，得到斐波那契数列的第 n 项:'))

num1=1

num2=1

for i in range(n-1):

    sum=num1+num2

    num1=num2

    num2=sum

print(num2)
```

代入数值 n = 1, 2,3, 4, 5 验证：

n = 1　num1 = 1，num2 = 1　第一项为 1

n = 2　num1 = 1，num2 = 2　第二项为 2，显然这跟斐波那契数列第二项为 1 的实际情况不相符

n = 3　num1 = 2，num2 = 3　第三项为 3，而真实情况为 2

n = 4　num1 = 3，num2 = 5　第四项为 5，而真实情况为 3

n = 5　num1 = 5，num2 = 8　第五项为 8，而真实情况为 5

……

根据上述推理过程，print(num2)很明显是错误的，正确的应该是 print(num1)。

### 复杂代码中的错误

```
n=int(input('请输入数字 n，得到斐波那契数列的第 n 项:'))
num1=1
num2=1
for i in range(n):
    sum=num1+num2
```

```
#运行结果
n = 5
num1 = 1
num2 = 1
i = 0
sum = 2
```

```
        num1=num2
        num2=sum
        print(num1)
```

num1 = 1
num2 = 2
i = 1
sum = 3
num1 = 2
num2 = 3
i = 2
sum = 5
num1 = 3
num2 = 5
i = 3
sum = 8
num1 = 5
num2 = 8
i = 4
sum = 13
num1 = 8
num2 = 13
8

#可以在每个重要节点加上 print( )

```
n=int(input('请输入数字 n, 得到斐波那契数列的第 n 项:'))
print('n=%d'%n)
num1=1
print('num1=%d'%num1)
num2=1
print('num2=%d'%num2)
for i in range(n):
    print('i=%d'%i)
    sum=num1 + num2
    print('sum=%d'%sum)
    num1=num2
    print('num1=%d'%num1)
    num2=sum
    print('num2=%d'%num2)
    print(num1)
```

代码执行结果整理如表 13-2 所示。

表 13-2    代码执行结果整理

| 数列项 | 第一项 | 第二项 | 第三项 | 第四项 | 第五项 |
|---|---|---|---|---|---|
| 斐波那契数列值 | 1 | 1 | 2 | 3 | 5 |
| 代码循环结果 | 1 | 2 | 3 | 5 | 8 |

通过表 13-2 发现, 上述代码中第二次循环的结果实际是斐波那契数列的第三项, 而第一项的值却没有了, 因此可以判断 "for i in range(n):" 中参数是 "n – 1" 而不是 "n"。

这种用 print( ) 标记的方式, 把可能有问题的变量打印出来看看, 简单直接有效, 用 print( ) 最大的坏处是将来还得删掉它, 想想程序里到处都是 print( ), 运行结果也会包含很多垃圾信息。于是有了第三种 Debug 方式——可以使用各类 IDLE 自带的调试工具, 优秀的 Python 工具有 PyCharm、Visual Studio Code、Pydev 等等。

## PyCharm 断点调试

断点调试是在开发过程中常用的功能, 能清楚看到代码运行的过程, 有利于代码问题跟踪, 对于初学者来说还有一个作用是快速熟悉代码。

PyCharm 设置断点，鼠标右键点击项目名称标签栏，选择"Debug"（图 13-1），鼠标左键点击窗口左侧"代码行数"列设置断点（图 13-2），在调试过程中可以实时查看变量值的变化（图 13-3）。

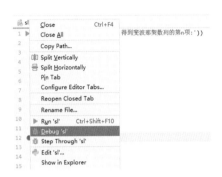

图 13-1　单步 Debug

图 13-2　设置单步调试断点

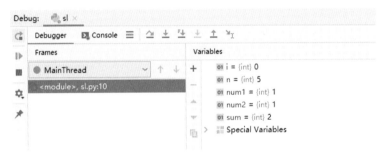

图 13-3　单步调试变量运行结果

## 单步调试快捷键

（1）F8：step over 单步

遇到断点后，程序停止运行，按 F8 单步运行。

（2）F7：step into 进入

配合 F8 使用。F8 单步调试时，如果某行调用其他模块的函数，则在此行按 F7，可以进入函数内部，如果是 F8 则不会进入函数内部，直接单步到下一行。

（3）Alt + Shift + F7：step into mycode

F8 和 F7 的综合。①没遇到函数，和 F8 一样；②遇到函数会自动进入函数内部，和 F8 单步调试时按 F7 类似。

（4）Shift + F8：跳出

调试过程中，按 F7 进入函数内后，再按 Shift + F8 跳出函数，会回到进入调用函数前的代码。

（5）F9：resume program

恢复程序，实际是执行到下个断点，当打多个断点时，按 F9 会执行到下一个断点。

## 断点调试例程

在主程序首行设置断点，分别以 step over(F8)和 step into(F7)的方式单步执行代码。猜猜这两种方式有什么不同？

```python
def power(x,y):
    print('function power is running')
    print('function power is returning')
    return x**y
def triple (a,b,c):
    print('function triple is running')
    result=power(a,3)+b+c
    print('function triple is returning')
    return result
print('main function is running')
x=triple(1,2,3)
print(x)
print('main function is over')
```

修改代码，利用工具单步调试：

```python
def power(x,y):
    print('function power is running')
    print('function power is returning')
    input('please input any value')
    return x**y
def triple (a,b,c):
    print('function triple is running')
    result=power(a,3)+b+c
    print('function triple is returning')
    return result
print('main function is running')
x=triple(1,2,3)
print(x)
print('main function is over')
```

按 F7（step into）会进入类库代码（图 13-4）。

**图 13-4　step into 查看类库代码**

## 划重点

◆ 单步调试的理解与应用

## ★拓展与提高

### 使用 pdb 进行调试

pdb 是 Python 自带的一个包，为 Python 程序提供了一种交互的源代码调试功能，主要特性包括设置断点、单步调试、进入函数调试、查看当前代码、查看栈片段、动态改变变量的值等。pdb 提供了一些常用的调试命令，详情见表 13-3。

表 13-3 pdb 常用的调试命令

| 命令 | 解释 |
| --- | --- |
| break 或 b | 设置断点 |
| continue 或 c | 继续执行程序 |
| list 或 l | 查看当前行的代码段 |
| step 或 s | 进入函数 |
| return 或 r | 执行代码直到从当前函数返回 |
| exit 或 q | 中止并退出 |
| next 或 n | 执行下一行 |
| pp | 打印变量的值 |
| help | 帮助 |

命令执行后会进入 pdb 调试模式。如果需要在代码中加入断点，只需要在需要加入断点的位置处加入 pdb. set_trace() 即可。当进入到 pdb 模式后，输入 c 就可以从当前断点直接跳转到下一个断点，如果后续没有断点，则会将剩余代码执行完。当然，如果需要单步执行代码，在控制台输入 s 指令，但是有时主函数会调用大量的其他函数，这时在命令行输入 n 就可以只在主函数中执行单步调试。

```
import pdb
str1='0'
i=int(str1)
pdb.set_trace()   #运行到这里会自动暂停
print(10 /i)
```

运行代码，程序会自动在 pdb. set_trace() 暂停并进入 pdb 调试环境，可以用命令 p 查看变量，或者用命令 c 继续运行。

## 学编程，多动手

### Task: 单步调试实践

单步执行以下程序，解释程序的作用。

```python
for num in range(1,11):
    if num%2==0:
        continue
    print(num)
```

14

不一样的编程——
图形界面编程

内容概述

本章重点介绍 easygui 的安装、easygui 的常用函数及代码实现。

●●● 优雅的代码从认识英语单词开始

学习本章内容前你需要先认识表 14-1 中的单词。

**表 14-1　英语单词**

| 英文单词 | 中文含义 | Python 中用法 |
| --- | --- | --- |
| easygui | — | Python 入门级图形界面编程模块 |
| button | 按钮 | 例程用词 |
| Continue | 继续 | ccbox 组件控件 |
| Cancel | 取消 | ccbox 组件控件 |
| message | 消息 | easygui 组件参数 |
| favorite | 最爱的 | 例程用词 |
| title | 标题，主题 | easygui 组件函数参数，窗口主题 |
| fields | 字段 | multenterbox 组件字段参数 |
| choices | 选项 | multchoicebox 组件参数 |
| weight | 体重 | 例程变量名称 |
| login | 登录 | ATM 机项目自定义函数 |
| balance | 平衡 | 项目中为余额 |
| withdraw | 撤回 | ATM 机项目自定义取款函数 |
| deposit | 存款 | ATM 机项目自定义存款函数 |
| amount | 数量 | 例程变量 |
| checkout | 退出 | ATM 机项目自定义退卡函数 |

●●● 知识、技能目标

知识学习目标

- ◆ 熟悉 easygui 的安装以及各函数的功能
- ◆ 熟悉各函数参数的实际作用

技能掌握目标

◆ 掌握 easygui 的导入技巧

◆ 掌握如何利用 easygui 实现各种组件的技巧及相应参数设定的技巧

## 14.1 easygui 的下载安装与导入

前面章节中提到的所有输入输出都是 IDLE 或者 PyCharm 中实现的单一文本代码样式，而实际程序开发中往往需要大量的图形界面，这一章将尝试建立一些简单的 GUI。GUI 是 Graphical User Interface（图形用户界面）的缩写，在 GUI [gu:i] 中，不只是键入文本或返回文本，用户还可以接触到窗口、按钮、文本框等图形，可以通过鼠标、键盘等与程序进行交互。有 GUI 的程序仍然需要输入、处理及输出，只是形式更具体生动。

### easygui 的下载安装

这里下载 0.96 版本的 easygui，如图 14-1 所示。

### easygui 的导入

在使用 easygui 前必须先导入，在模块章节介绍过模块导入的内容。

导入方式一：import easygui

导入模块后，当要实现某项功能时，需要访问对应的 easygui 函数，具体形式如下：

**图 14-1　easygui 的下载安装**

```
easygui.msgbox()
```

也可以用如下形式导入 easygui 模块：

导入方式二：from easygui import *

这种形式的导入，使得调用 easygui 函数更加容易，不必在函数名称前加上"easygui"代码：

```
msgbox()
```

再看另一种形式的导入：

导入方式三：import easygui as g

在调用函数时需要用如下形式：

```
g.msgbox()
```

## 14.2　easygui 函数

### Gui 输出

（1）msgbox 组件

消息弹窗，当程序仅仅需要提示用户某些信息的时候，使用 msghox 组件。

**代码清单 14-1 制作一个消息弹窗**

```
import easygui
easygui.msgbox('Hello World!')
```

msgbox 语法规则：

```
msgbox(msg='(Your message goes here)', title=' ', ok_button='OK')
```

根据图 14-2 中的图形，写出实现它的代码。

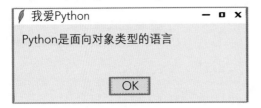

图 14-2　msgbox 例图

（2）ccbox 组件

需要用户作出"继续"还是"取消"选择的时候使用，ccbox 提供选择"continue"或者"cancel"的图形界面，返回"True"或者"False"。

ccbox 语法规则：

```
ccbox(msg='(Your message goes here)', title=' ')
```

根据图 14-3 中的图形，写出实现它的代码。

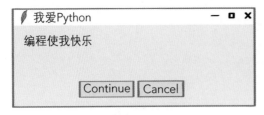

图 14-3　选择是否"继续"控件

（3）ynbox 组件

ynbox 提供"是"和"否"选项，并返回"True"或"False"。

ynbox 语法规则：

```
ynbox(msg='(Your message goes here)', title=' ')
```

## Gui 输入

（1）buttonbox 组件

显示一组你定义好的按钮。当用户点击任意一个按钮的时候，buttonbox( ) 返回按钮的文本内容。

buttonbox 语法规则：

```
buttonbox(msg='' title='', choices=('Button1', 'Button2', 'Button3'))
```

从葡萄、香蕉、西瓜、火龙果里选一样你最喜欢的水果（图 14-4）。提示是"选择您最爱的水果"。

图 14-4　点击按钮作出选择

按钮中显示图片：

**代码清单 14-2 控件中插入图片**

```
image="image_path/image_name"  #图片及路径
title=''
msg="input your message"
choices=("Yes","No","No opinion")
bt=buttonbox(msg, image=image, choices=choices)
```

（2）choicebox 组件

choicebox（用户选择列表）组件为用户提供了一种从选项列表中进行选择（单选）的方法，选择是按指定的顺序（元组或列表）进行的。

**代码清单 14-3 选项列表中选择**

```
msg="What is your favorite fruit?"
title="Fruit Survey"
choices=("Banana", "Apple", "Strawberry", "Orange")
choice=choicebox(msg, title, choices)
```

代码运行结果见图 14-5。

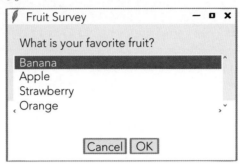

图 14-5　选项列表中选择

**代码清单 14-4 选项列表中多选**

```
from easygui import *
msg="What is your favorite fruit?"
title="Fruit Survey"
choices=("Banana", "Apple", "Strawberry", "Orange")
choice=multchoicebox(msg, title, choices)
```

代码运行结果见图 14-6。

（3）信息输入组件

① enterbox:为用户提供一个最简单的输入框，返回值为用户输入的字符串。

```
enterbox(msg='Enter something.',
title='',default='',image='')
```

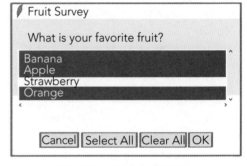

图 14-6　列表中多选控件

② integerbox:为用户提供一个最简单的输入框，返回值为用户输入的整数值。

```
integerbox(msg='Enter something.', title='')
```

③ multenterbox：是在单个屏幕上显示多个 enterbox 的简单方法，返回值为一个列表。

```
multenterbox(msg='', title='', fields=())
```

单信息输入:

**代码清单 14-5 输入你的信息（图形界面版）**

```
import easygui as g
str1=g.enterbox(msg='输入你的愿望',title='许个愿吧')    #许愿界面
g.msgbox(msg='我的愿望是: '+str1,title='许个愿吧')    #显示愿望界面
```

代码运行结果见图 14-7。

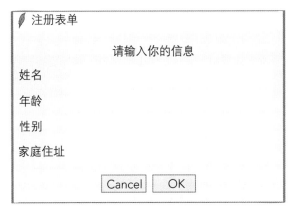

**图 14-7 图形界面版信息输入（单输入）**

多信息输入：

**代码清单 14-6 输入你的信息（多信息输入）**

```
import easygui as g
id_info=g.multenterbox(msg="请输入你的信息",title="注册表单",fields=
("姓名","年龄","性别","家庭住址"))
```

代码结果运行见图 14-8。

图 14-8

**图 14-8 多信息输入界面**

（4）multpasswordbox 组件

multpasswordbox(用户密码)组件为用户提供多个简单的输入框，最后一个输入框输入的内容用"*"代替，fields 是对话框的标题，可以传入列表或元组。

multpasswordbox 语法规则：

```
multpasswordbox(msg='Fill in values for the fields.', title='',
fields=())
```

---

**Task: 图形界面开发实例**

体重指数是体重除以身高的平方, 其公式为: 体重指数 (BMI) = 体重 / 身高$^2$ ( kg/m$^2$ ) 。

当 BMI <18.5 时为偏瘦;

当 18.5 ≤ BMI<25 时为正常;

当 25 ≤ BMI<30 时为偏胖。

编写程序, 让用户通过图形界面输入身高和体重信息, 以图形界面的形式输出相应的 BMI 指数和体型判断。

提示: 身高 height, 体重 weight, 信息输入图形界面用 multenterbox( ) 函数, 结果输出图形界面用 msgbox( ) 函数, 利用搜索引擎查询用 BMI 指数判断胖瘦的标准。

> 你的代码

---

## 14.3 ATM 实例

（1）任务分析

现在 ATM 机随处可见, 首先分析 ATM 机上常用的操作有哪些, 见图 14-9。

功能分解:

① 密码校验;

② 菜单选项:

存款操作: 输入数据合法校验, 余额增加, 校验余额;

取款操作: 输入数据合法校验, 校验余额, 余额减少;

查询余额。

（2）界面设计

输入密码界面, 功能选择界面, 取款界面, 存款界面, 查询余额界面, 退出界面。

**图 14-9　自动取款机业务分析**

（3）流程分析

密码校验流程：

① 接收用户名密码；

② 校验用户名密码；

③ 校验成功结束；

④ 校验不成功提示重新输入。

具体流程图见图 14-10。

程序流程：

① 账户校验；

② 主函数定义（参考 ATM 机功能框架）；

③ 主函数调用。

具体流程图见图 14-11。

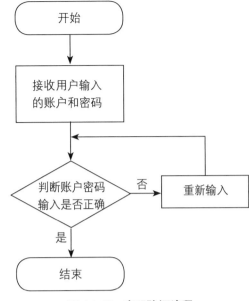

**图 14-10　密码验证流程**

存款流程：

① 输入存款的数目；

② 判断输入的数据是否合法；

③ 若数据合法，金额存入，数据写入，余额增加；

④ 余额增加，查询余额；

⑤ 返回主菜单功能选择界面；

⑥ 若数据不合法，提示重新输入，循环①~⑤。

具体流程图见图 14-12。

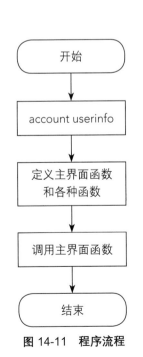

**图 14-11　程序流程**

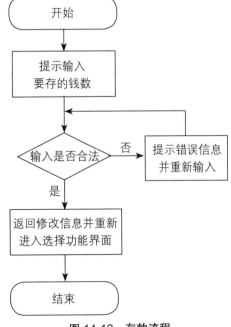

**图 14-12　存款流程**

取款流程：

① 输入取款的数目；

② 校验输入的数据是否合法；

③ 若数据合法，校验余额跟取款金额的比较结果，若余额不足则提示余额不足返回输入金额；

④ 若余额充足，余额扣减；

⑤ 回到功能主选菜单；

⑥ 若取款数据不合法，提示重新输入，再循环①~⑤。

具体流程图见图 14-13。

余额查询流程：

① 显示余额；

② 返回主功能选项。

具体流程图见图 14-14。

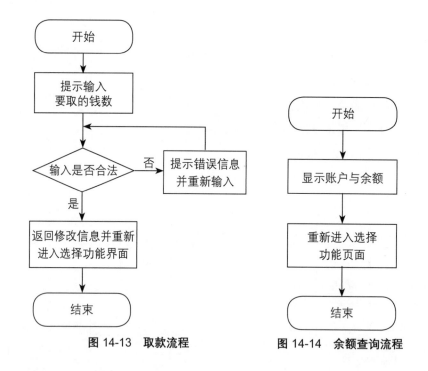

图 14-13　取款流程　　　　图 14-14　余额查询流程

（4）代码设计

卡号及密码校验部分，这里定义一个二维列表存放卡号与密码，同时定义一个界面组件输入用户的卡号及密码，校验用户密码组件获取一组列表，通过比较两组列表的值来判断用户名密码校验是否通过。另外还需要定义一个全局变量存放银行卡的余额初始值。

这里分别将密码验证、存款、取款、查询余额、ATM 功能菜单等功能定义为独立的函数。思考：密码验证、存取款、功能菜单函数定义分别需要返回（return）什么？

① 卡号及密码余额定义：

```
import easygui as e
card_Id_Pwd=[['62123679865','1234'],['630987634120','1234'],\
['631967634120','1234']]  #存储卡号及密码
balance=5000
def login():  #输入用户名和密码，如果正确返回 True，否则返回 False
    field_values=e.multpasswordbox(msg="请输入用户名和密码",
title="\登录", fields=("用户名","密码"))
#匹配卡号及密码
    if field_values in card_Id_Pwd:
        return True
    else:
        return False
```

② ATM 机操作选择 (用 easygui 哪个函数？)：

```
def choice_list():  #显示选择菜单，返回用户选择的操作。如果关闭则返回 None
    choice=e._____(msg="请选择您的操作",title="主选单",
    choices=("查询余额","存款","取款","退卡"))  #单项选择功能控件
    return choice
```

③ 取款功能（用 easygui 哪个函数？）：取款功能的界面设计用什么组件呢？因为用户数据输入时可能存在诸如空值、负值或者输入金额大于余额等问题，这时候程序需要提示用户数据不合法，并且重复提示输入取款金额。若数据合法，账户余额 balance 值扣减，取款后自动返回账户余额。校验数据合法性的时候需要注意数据类型的问题。

```
def withdrawl():
    global balance  #在函数内对全局变量进行操作
    amount=e.____(msg="请输入要取钱的金额",title="取款")  #信息输
    入框
    if amount=='':  #校验输入的数据是否合法
        return e.msgbox("输入的数据无效，请重新输入！")
    amount=int(amount)  #将通过组件输入的数据转换为整数型
    if amount<0 or amount>balance:
        return e.msgbox("输入的数据无效，请重新输入！")
    balance-=amount
    e.msgbox("取款成功")
    return True
```

④ 存款功能(用 easygui 哪个函数？)：具体逻辑与取款功能相同。

```
def deposit():
    global balance
    amount=e._____(msg="请输入要存款的金额",title="存款")
    if amount=='':
        return e.msgbox("输入的数据无效，请重新输入！")
    amount=int(amount)
    if amount<0:
        return e.msgbox("输入的数据无效，请重新输入！")
    balance+=amount
    e.msgbox("存款成功")
    return True
```

⑤ 查询余额(用 easygui 哪个函数？)：

```
def show_balance():
    e._____(msg="您当前的余额为:%d"%balance,title="查询余额")
```

⑥ 退卡：

```
def check_out():
    e.msgbox("退卡成功")
```

（5）主程序

```
while not login():
    e.msgbox("用户名或密码错误！请重新输入")
while True:
    choice=choice_list()
    if choice=="查询余额":
        show_balance()
    elif choice=="存款":
        deposit()
        show_balance()
    elif choice=="取款":
        withdrawl()
        show_balance()
    else:
```

```
        check_out()
        break
```

（6）代码整理优化

```
import easygui as e
card_Id_Pwd=[['62123679865','1234'],['630987634120','1234'],\
['631967634120','1234']]    #存储卡号及密码
balance=5000
def login():    #输入用户名和密码，如果正确返回 True，否则返回 False
    field_values=e.multpasswordbox(msg="请输入用户名和密码",
title="\登录", fields=("用户名","密码"))
#匹配卡号及密码
    if field_values in card_Id_Pwd:
        return True
    else:
        return False
def choice_list():    #显示选择菜单，返回用户选择的操作。如果关闭则返回 None
    choice=e.buttonbox(msg="请选择您的操作",title="主选单",choices
=("查询余额","存款","取款","退卡"))
    return choice
def withdrawl():
    global balance    #在函数内对全局变量进行操作
    amount=e.enterbox(msg="请输入要取钱的金额",title="取款")
    if amount=='':
        return e.msgbox("输入的数据无效，请重新输入！")
    amount=int(amount)
    if amount<0 or amount>balance:
        return e.msgbox("输入的数据无效，请重新输入！")
    else:
        balance-=amount
        return e.msgbox("取款成功")
def deposit():
    global balance
    amount=e.enterbox(msg="请输入要存款的金额",title="存款")
    if amount=='':
        return e.msgbox("输入的数据无效，请重新输入！")
```

```
    amount=int(amount)
    if amount<0:
        return e.msgbox("输入的数据无效，请重新输入！")
    else:
        balance+=amount   #存款后余额增加
        return e.msgbox("存款成功")
def show_balance():
    e.msgbox(msg="您当前的余额为:%d"%balance,title="查询余额")
def check_out():
    e.msgbox("退卡成功")
while not login():
    e.msgbox("输入的数据无效，请重新输入！")
while True:
    choice=choice_list()
    if choice=="查询余额":
        show_balance()
    elif choice=="存款":
        deposit()
        show_balance()   #存款后查询余额
    elif choice=="取款":
        withdrawl()
        show_balance()   #取款后查询余额
    else:
        check_out()
        break
```

## 划重点

◆ easygui 函数的介绍

　　多种 easygui 函数功能以及语法规则、参数的应用。

◆ easygui 函数的应用

　　easygui 图形界面编程思想与技巧。

## ★ 拓展与提高

### Python 其他界面开发工具

（1）Tkinter

　　Tkinter (也叫 Tk 接口)是 Tk 图形用户界面工具包标准的 Python 接口。Tk 是一个轻量级的跨平台图形用户界面(GUI)开发工具。Tk 和 Tkinter 可以运行在大多数的 Unix 平台、Windows 和 MacOs 系统。

Tkinter 由一定数量的模块组成。Tkinter 位于一个名为_tkinter（较早的版本名为 tkinter）的二进制模块中。Tkinter 包含了对 Tk 的低级接口模块，低级接口并不会被应用级程序员直接使用，通常是一个共享库（或 DLL），但是在一些情况下它也被 Python 解释器静态链接。

（2）PyQt

PyQt 是 Qt 库的 Python 版本。PyQt3 支持 Qt1 到 Qt3, PyQt4 支持 Qt4。它的首次发布是在 1998 年，但是当时它叫 PyKDE，因为开始的时候 SIP 和 PyQt 没有分开。PyQt 是用 SIP 写的。PyQt 提供 GPL 版和商业版。

（3）wxPython

wxPython 是 Python 语言的一套优秀的 GUI 图形库，允许 Python 程序员很方便地创建完整的、功能键全的 GUI 用户界面。 wxPython 是以优秀的跨平台 GUI 库 wxWidgets 的 Python 封装和 Python 模块的方式提供给用户的。

就如同 Python 和 wxWidgets 一样，wxPython 也是一款开源软件，并且具有非常优秀的跨平台能力，能够运行在 32 位 Windows、绝大多数的 Unix 或类 Unix 系统、Macintosh OS X 上。

（4）Kivy

这是一个非常有趣的项目，基于 OpenGL ES 2，支持 Android 和 iOS 平台的原生多点触摸，作为事件驱动的框架，Kivy 非常适合游戏开发，非常适合处理从 Widgets 到动画的任务。如果你想开发跨平台的图形应用，或者仅仅是需要一个强大的跨平台图形用户开发框架，Kivy 都是不错的选择。

（5）pygame

pygame 是跨平台 Python 模块，专为电子游戏设计，包含图像、声音。pygame 建立在 SDL 基础上，允许实时电子游戏研发而无需被低级语言（如机器语言和汇编语言）束缚。

## 你掌握了没有

提示用户输入用户名和密码，当用户名和密码未正确匹配时候，提示并要求重新输入，如果输入合法，提示"密码正确，请继续下一步！"

### 任务分析

① 定义用户名和密码，利用 multpasswordbox( ) 实现用户登录的程序；

② 如果用户名和密码正确，则显示"登录成功"图形界面；

③ 如用户名和密码不正确，则提示"用户名或密码错误，请重新输入"；

④ 如果输入了五次都没有登录成功，则显示"五次机会用完！账户锁定"。

## 补充代码

将下面的程序补齐：

```python
import easygui as e
account="Tom"
pwd="123"
def login():
    for i in range(5):

        _____

        if results[0]==account and results[1]==pwd:
            return True
        elif i<=3:

            _____

        else:
            return False
if login():
    e.msgbox("登录成功")
else:

    _____
```

## 学编程，多动手

小明去电子市场购买电子产品。商店里有 macbook air 笔记本、iphone11pro 手机、iPad 平板电脑、airpods 无线耳机四款产品，它们的单价分别为 8000、9000、3000、1200 元。请你帮公司写一个购物单程序，让用户选择购买的物品，并输入购买的数量，最终得到需要付款的金额。

### 任务分析

① 商品选择；

② 产品购买数量；

③ 结账选择；

④ 金额合计。

### 任务提示

① 如何保存商品的价格？

② 商品选择、购买数量、动作选择、结账提示图形界面分别用哪个 easygui 函数？

③ 如何实现价格累计？

## 图形界面显示

| | | |
|---|---|---|
| 商品选择 | `buttonbox()` | #请选择商品`"macbook air""iphone11pro"` |
| | | `"iPad""airpods"` |
| 输入购买数量 | `integerbox()` | #请输入购买数量 |
| 结账选择 | `buttonbox()` | #结账　继续购物 |
| 合计金额 | `msgbox()` | #总共需要付款 ×× 元 |

具体界面见图 14-15。

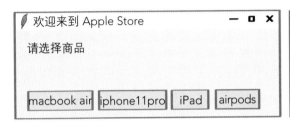

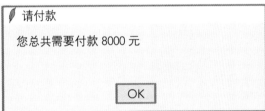

**图 14-15** "Apple Store"项目图

选择结账购物结束在程序中如何实现？请写出你的代码。

你的代码

215

# 15

小蟒蛇的文件柜——
Python 文件操作

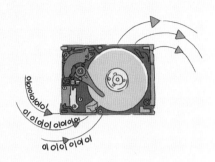

在玩游戏的时候你会经常需要进行"读取存档"或者"存储文档"操作，而存档一般都是记录在计算机某个路径的文件，存档操作就是对记录存档的文件进行操作。

前面学习了 input( )、print( ) 输入输出函数，input( ) 输入直接来自用户，输出也是直接发送到屏幕。但很多时候会需要其他来源的数据输入，比如程序运行时，或许会用到将数据存储到计算机的某个位置，或者从存储在计算机上的文件中获取数据输入而不是由用户输入数据。

同样对于程序的输出也是一样，大多数时候需要将程序的输出存储起来，比如程序中使用的变量都是临时的，程序结束，变量将不存在；再比如程序运行的结果，需要在其他程序中使用，这就需要将这些信息存储在可以永久保存的地方，而这些信息往往以文件的形式存储在电脑中，下次运行时或者其他程序调用程序运行结果时，直接读取存储这些信息或结果的文件。

本章将详细讲解文件的创建、打开、读写操作等内容。

## ●●● 优雅的代码从认识英语单词开始

学习本章内容前你需要先认识表 15-1 中的单词。

表 15-1　英语单词

| 英文单词 | 中文含义 | Python 中用法 |
|---|---|---|
| open | 打开 | Python 文件操作函数，打开文件，与 close( ) 配对使用 |
| close | 关闭 | Python 文件操作函数，关闭文件，与 open( ) 配对使用 |
| read | 读 | Python 文件操作函数，读取文件内容 |
| write | 写 | Python 文件操作函数，文件中写入内容 |
| readlines | 读取多行 | Python 文件操作函数，读取文件多行内容 |
| letter | 信件 | 项目例程用词 |
| poetry | 诗 | 样例文件名 |
| music | 音乐 | 样例文件名 |
| encoding | 编码 | 文件读写函数参数，文件编码格式 |

| 英文单词 | 中文含义 | Python 中用法 |
|---------|---------|---------------|
| person | 人 | 样例文件名 |
| image | 图片 | 样例文件名 |
| pickle | 腌菜 | Python 专有存取文件模块，这里是存储下来备用的意思 |

## ●●● 知识、技能目标

### 知识学习目标

◆ 认知文件作用、文件名和文件路径

### 技能掌握目标

◆ 掌握文件创建、打开、关闭操作

◆ 掌握文件读写操作

◆ 掌握 with 语句操作

## 15.1  文件概述

什么是文件？计算机中所有数据是如何存储的？前面提到过计算机中的数据是以二进制形式存在的，每个 0 或者 1 为一位，8 位 0 或 1 的组合称为字节。而文件实际上是有名字的字节集合，存储在计算机硬盘、外接硬件以及云上。

文件内容可以永久保存，即使电脑关机，文件里的内容依然存在。文件内几乎可以存储任何你能想到的任何类型的信息：图片、文本、视频、音频、程序等等。

通常一个文件应该具备一些特征信息，见图 15-1 和图 15-2。

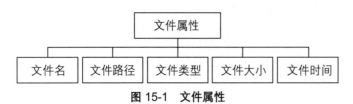

图 15-1　文件属性

图 15-2　电脑中文件属性图

### 文件名

在大多数操作系统中，文件名有一部分用来指示文件中包含什么类型的数据。文件名中通常至少有一点"."，点后面的部分指出文件的类型，这部分叫作扩展名，点前面是文件名称。

例如，letter. doc 中的扩展名是 doc，代表 Word 文档，文件名称是 letter。

常用文件后缀名如：.doc、.xls、.ppt、.mp4 等，Python 文件的后缀名为.py。

设想一下，对于 letter.doc 文件，如果把后缀名改为 letter. mp4 文件，会不会改变文件的格式？试验证明改了后缀名并不能改变文件的内容格式，因此文件后缀名是不能随意修改的，必须与其内容相匹配，大部分时候无需专门定义文件的后缀名，在用某种程序创建文件时系统会自动创建与此程序相匹配的后缀名。

## 文件的位置

当你在家里书柜或者图书馆里存取图书时，如果知道每本书的位置，就不需要一本一本挨个查找，同样在计算机中的文件也是有各自的位置的。

如图 15-3 所示，E:\music\old 这个存储位置描述了 my_song. mp3 文件在文件夹结构中的位置，那么如何通过这个地址找到 my_song. mp3 文件？

**图 15-3　文件存储路径**

① 打开 E 盘；

② 进入名为"music"的文件夹；

③ 在"music"文件夹中进入名为"old"的子文件夹；

④ 在"old"子文件夹中找到名为 my_song. mp3 的文件。

## Python 中文件路径表示

① 在 Python 中文件目录各级之间要用"/"，即上述文件在 Python 中的路径表示为"e:/music/old/my_song. mp3"；

② 用"e:\\music\\old\\my_song. mp3"表示也可以。

# Python 文件打开、关闭、读操作

## 打开文件

文件打开后，一般有几种操作：

第一，什么都不做，仅仅是阅读文件中的内容，这时候是打开文件只读；

第二，打开文件，创建一个新的文件或者替换文件中现有的内容，这时候是打开文件写；

第三，打开文件，在现有文件中增加内容，这时候是打开文件追加。

在 Python 中进行文件操作时，需要先建立一个文件对象（或者称为"变量"），可通

过文件打开操作（无论是文件读还是写操作都得先打开文件）创建：open(文件路径，打开方式)，如 f = open("poetry. txt","r")。

① f 是 open( ) 函数返回的文件对象，这个字母可以自己定义。

② "poetry. txt" 是要打开的文件，是一个字符串，由文件名和路径组成，如果文件在当前路径下，可以省略路径。

③ "r" 是以读的方式打开文件，还有 "w"（写）、"a"（追加）等，具体见表 15-2。

表 15-2　文件打开函数参数

| 参数 | 英文含义 | 中文含义 |
| --- | --- | --- |
| "r" | read 缩写 | 读 |
| "w" | write 缩写 | 写 |
| "a" | append 缩写 | 追加 |
| "rb" | read binary 缩写 | 二进制读 |
| "wb" | write binary 缩写 | 二进制写 |

① "w" 与 "a" 之间区别：以 "w" 形式打开，如果文件原先有内容，会覆盖原先内容；以 "a" 形式打开，如果文件原先有内容，会在原先内容后面增加新的内容。

② "r" 与 "rb" 之间区别："rb" 读取二进制文件，一般图片、音乐等都是二进制文件。

## 关闭文件

以读方式打开当前目录下的名为 poetry. txt 文件，输出文件名字，最后关闭文件。

**代码清单 15-1 文件打开与关闭**

```
f=open("poetry.txt","r")  #打开文件
print(f.name)  #输出文件名
f.close()  #关闭文件
```

## 文化打开与关闭总结

① 以 "r" 方式打开文件，只能进行读取文件操作；

② 以 "w" 或 "a" 方式打开文件，只能进行写文件操作；

③ 以 "r" 形式打开文件，如果文件不存在会报错；

④ 以 "w" 或 "a" 方式打开文件，如果文件不存在，会自动创建一个文件；

⑤ 以 open( ) 函数打开文件，程序结束后必须使用 close( ) 函数关闭文件。

用打开、关闭方法进行文件操作仅仅是开始，打开、关闭文件后还需要进行文件读操作、写操作以及追加操作，常用方法有 read( ) 方法，write( ) 方法，readline( ) 方法，redlines( ) 方法。将文件打开操作定义为一个对象（或变量），然后这个对象调用相应的文件操作方法。

## read( ) 方法

```
s=f.read()
```

① 通过 read( ) 方法可以将文件里的内容读取出来，得到一个字符串，保存到变量 s 中，通过 print(s)可以将文件里的内容输出到屏幕上。

② read( ) 方法里可以传一个整型参数，表示读取字符数，可以省略，省略表示读取全部。例如，read(10)表示只读取 10 个字符。

通过下面的例程验证 read( ) 方法的应用。

首先在 D 盘根目录下创建一个文件"poetry. txt"，文件中存入唐代诗人张若虚的《春江花月夜》的前四句。

**代码清单 15-2 文件读操作例程**

```
f=open("d:/poetry.txt","r")   #读的方式打开文件
s=f.read()   #读取全部内容
print(s)   #输出读取的内容
f.close()   #关闭文件


#输出结果：
春江花月夜
唐代：张若虚
春江潮水连海平，海上明月共潮生。
滟滟随波千万里，何处春江无月明！
江流宛转绕芳甸，月照花林皆似霰。
空里流霜不觉飞，汀上白沙看不见。
```

> **TIPS** 一定记得通过 f.close( ) 关闭文件

现将当前 D 盘根目录下名为 poetry.txt 的文件中的前 20 个字符输出到屏幕上。

输出结果：
春江花月夜
唐代：张若虚
春江潮水连海平

> 你的代码

## readline( ) 方法

读取一行，返回字符串类型，存到变量 s 中。

这里将当前目录下名为 poetry. txt 的文件中的第一行内容输出到屏幕上。

**代码清单 15-3 读取整行**

```
f = open("d:/poetry.txt","r")   #读的方式打开文件
s = f.readline()   #读取一行
print(s)   #输出
f.close()   #关闭文件
```

#输出结果:

春江花月夜

现将当前目录下 person 文件夹里名为 name.txt 的文件中第一行输出到屏幕上。

在 Python 中使用 "./"代表当前目录。如当前目录下 music 文件夹中 he.txt 表示成 "./music/he.txt"

你的代码

## readlines( ) 方法

```
s=f.readlines()
```

读取多行,返回一个列表,存到 s 中。

将 D 盘根目录下名为 poetry.txt 文件中的全部内容取出,输出到屏幕上。要求:只使用 readlines( ),不使用 read( )。

分析:readlines( ) 会将文件中全部内容取出,以列表形式返回,之后遍历列表输出到屏幕上。

**代码清单 15-4 读取多行**

```
f=open("d:/poetry.txt","r")   #读的方式打开文件
s=f.readlines()   #读取多行,返回列表
for i in s:   #遍历列表
    print(i)
f.close()   #关闭文件
```

#输出结果:

春江花月夜

唐代: 张若虚

春江潮水连海平,海上明月共潮生。

滟滟随波千万里,何处春江无月明!

江流宛转绕芳甸,月照花林皆似霰。

空里流霜不觉飞,汀上白沙看不见。

通过结果发现，每一行后面都有空行，问题出在哪里？接下来，把列表打印出来验证。

```
f=open("d:/poetry.txt","r")   #读的方式打开文件
s=f.readlines()   #读取多行，返回列表
print(s)   #打印列表
f.close()   #关闭文件
#输出结果：
```

['春江花月夜\n', '唐代：张若虚\n', '春江潮水连海平，海上明月共潮生。\n', '滟滟随波千万里，何处春江无月明！\n', '江流宛转绕芳甸，月照花林皆似霰。\n',  '空里流霜不觉飞，汀上白沙看不见。\n']

观察发现列表中每一项后面都有一个"\n"，"\n"代表换行，原因是 print( ) 默认输出会换行，原因找到了如何改进呢？在前面的章节中不止一次提到取消 print( ) 的默认换行，用 end = ""实现。请优化代码。

输出结果：

春江花月夜
唐代：张若虚
春江潮水连海平，海上明月共潮生。
滟滟随波千万里，何处春江无月明！
江流宛转绕芳甸，月照花林皆似霰。
空里流霜不觉飞，汀上白沙看不见。

> 你的代码

---

## Task: 用 readlines( ) 实现文件多行读取与输出

在当前目录创建 person 文件夹，文件夹下新建 name.txt 文件，输入几个人名。

打开当前目录下的 person 文件夹中 name.txt 文件，通过 readlines( ) 读取所有内容，输出到屏幕上。

> 你的代码

输出结果：

丁一

王五

张三

李四

## "rb"读取，返回文件二进制信息

用 read( ) 方法打开 images. png 文件，将其中的二进制内容输出。

**代码清单 15-5 以二进制形式读取文件**

```
f=open("d:/test/images.png","rb")
print(f.read())
f.close()
```

## Python 文件写操作

### write( )方法

write( ) 方法可以将括号内的字符串写入到文件里。

前面已经介绍过文件的写操作主要有两种方法：

写——表示创建新文件，或者覆盖现有的文件；

追加——表示将内容追加到现有的文件，保留原来的内容。

### 文件与操作总结

① 与文件读操作一样，文件写操作也必须先调用 open( ) 函数，只不过是以"w"的方式打开；

② 同样文件追加操作也一样，先调用 open( ) 函数，只不过是以"a"的方式打开；

③ 使用"a"追加模式，文件名必须是已经存在的文件，否则会报错，因为"追加"改变的一定是一个现有的文件；

④ "w"模式，如果文件已经存在，文件中的所有内容都会丢失，替换为现在写入的内容；

⑤ "w"模式，如果文件不存在，会自动创建文件，并将要写入的内容放入新文件中。

写操作代码样例(图 15-4、图 15-5)：

**代码清单 15-6 文件写操作**

```
f=open("test.txt","w")  #写的方式打开文件
f.write("hello")
f.close()  #关闭文件
```

图 15-4  写操作前无实例文件

图 15-5  写操作创建了实例文件

## write( ) 例程

向当前目录下名为 test. txt 文件追加"你好，很高兴认识你！"。

分析：追加应该使用"a"打开文件，使用 f. write( ) 写入文件，关闭文件。

**代码清单 15-7 写操作实例**

```
f=open("test.txt","a")   #追加的方式打开文件
f.write("你好，很高兴认识你! ")
f.close()   #关闭文件
```

## 关于编码

（1）二进制

ASCII 码：只能存英文和拉丁字符，一个字符占一个字节，8 位；

gb2312：只能存 6700 多个中文；

gbk1.0：存了 2 万多字符；

gb18030：存了 27000 多个中文。

（2）万国码（Unicode）

utf-32：是一个任意字符占 4 个字节的编码；

utf-16：占两个字节或两个以上；

utf-8（可变长编码）：一个英文用 ASCII 码来存，一个中文占 3 个字节。

Python2 中，默认编码是 ASCII 码； Python3 中，默认编码是 Unicode，文件编码是 utf-8。

encode 在编码的同时，会把数据转成 bytes（字节）类型，在解码的同时会把 bytes 转成字符串（b 即字节类型）。

---

**Task: 创建文件并读出全部内容**

在当前目录下创建一个名为 **python.txt** 的文件, 键盘输入"今天真高兴!", 写入文件, 然后从 **python.txt** 中读出全部内容, 输出到屏幕上。

> 你的代码

分析:

创建一个文件: 　　　　　用 open( ) "w" 模式;

将目标字符串写入文件: 用 write( ) 方法;

读出所用内容: 　　　　　用 read( ) 方法。

---

### "wb" 写入二进制

在程序开发的过程中, 有时候需要将图片等类型文件进行读操作, 这时候以"wb"方式打开文件, 并将读取的内容转换成二进制; 将图片写入文件的时候, 以"rb"方式打开文件, 并将二进制信息写入文件。

---

**Task: 实现图片读写**

创建新文件 images2.png, 将 images.png 的内容复制给它。

---

**代码清单 15-8 图片读写操作**

```
f=open("D:/test/images.png","rb")
b=bytes(f.read())  #将读取的内容转换成二进制
f.close()
f2=open("D:/test/images2.png","wb")
f2.write(b)
f2.close()
```

## 15.4　老师再也不担心我会忘记 close 了

为了避免打开文件后忘记关闭占用资源等问题, 这里可以用到关键字 with。

```
with open("./person/name.txt","r") as f:
```

**执行代码**

① 使用 with 语句无论报不报错，都会自动关闭文件，所以不必再写 f. close( )；

② with 作为关键字，后紧跟 open( ) 函数，f 是文件对象，这个字母可以自己定义；

③ 一定注意结尾有个冒号；

④ with 下一行有缩进。

---

**Task: with 语句练习**

使用 with 语句将当前目录下名为 poetry.txt 文件中的全部内容输出到屏幕上。

---

**代码清单 15-9 with 语句读写**

```
with open("poetry.txt","r") as f:  #读的方式打开文件
    s=f.read()   #读取内容
print(s)  #输出
```

## "腌菜" 与文件读写

本章前面章节讲解了如何用文件操作实现文本信息的存取。实际应用中，不仅仅要做到文本信息存取，还会遇到存取列表、字典，甚至是类信息的情况。这种情况下如何存取？将所有内容都转换成文本信息再存储在文件里？然后读取的时候再恢复？这样显然是低效率的，尤其是对于结构化的数据或者对象。

Python 提供了一个名为 pickle（腌菜）的模块，可以帮你很方便地实现结构化数据的存储以及读取，pickle 存储文件的规则是把序列对象存储到已经打开的文件中，读取的时候再复原返回结构化数据，见图 15-6。

**图 15-6 "腌菜" 与文件读写**

在机器学习中，常常需要把训练好的模型存储起来，这样在进行决策时可直接将模型读出，而不需要重新训练模型，这样就大大节约了时间。Python 提供的 pickle 模块就很好地解决了这个问题，它可以序列化对象并保存到磁盘中，并在需要的时候读取出来，任何对象都可以执行序列化操作。

使用 pickle 前需要先准备 "腌菜" 的工具——pickle 模块，导入 pickle 模块：

```
from pickle import *
```

**定义 "腌菜" 坛子**

工具有了，接下来需要 "腌菜坛子" 了，如同文本信息的存取一样，使用 pickle 同样也需要先创建并打开后缀名为 ".pkl" 的文件，这个文件就是 "腌菜坛子"，如果这个文件本

来没有怎么办？本章在介绍文件写操作时，是如何实现文件创建的？

```
file_pick=open("c:/Python/ file_pick_exam.pkl",'w')
```

## 定义一个被"腌菜"的对象

```
list1 = ["abc",250,[1,2,1], "平头哥", "turtle"]
```

## 放"腌菜"对象进坛子里

pickle 提供了一个函数 pickle. dump(obj, file)，可将序列化对象写入已打开的文件里。

函数的功能：将 obj 对象序列化并存入已经打开的 file 中。

参数：

obj: 想要序列化的 obj 对象。

file:文件名称。

```
dump(list1, flie_pick)
```

代码整理如下：

### 代码清单 15-10 用 pickle 写入数据

```
from pickle import *
file_pick=open("c:/Python/ file_pick_exam.pkl", 'w')
list1=["abc",250,[1,2,1], "平头哥", "turtle"]
dump(list1, flie_pick)
file_pick.close()
```

## 复原并取出"腌菜"（反序列）

现在存进去了，但是现在如何复原取出存入的数据呢？与真正的腌菜不同，实际腌完了黄瓜后，它不可能复原，但是 pickle 模块却可以，它提供了一个函数允许你将"腌菜"复原（反序列）并读取出来——pickle. load(file)。这里将代码清单 15-10 写入的数据再读取出来，观察结果是否还是跟 list1 一样。

### 代码清单 15-11 pickle load( ) 复原

```
from pickle import *
file_pick=open("c:/Python/ file_pick_exam.pkl", 'rb')
list2=load(file_pick)
file_pick.close()
print(list2)
file_pick. close()
```

除了列表外，pickle 可用于 Python 中其他所有的数据类型，下面验证 pickle 在字典中的应用。

**代码清单 15-12 pickle 在字典中应用**

```
import pickle
dict1={'name':'平头哥','gender':'male'}
dict2={'name':'小蟒蛇','gender':'female'}
dict3={'name':'小海龟','gender':'male'}
d1=pickle.dumps(dict1)   #序列化对象
print(d1)
dic1=pickle.loads(d1)   #反序列化对象
print(dic1)
with open('pic.pickle', 'wb') as file1:   #文件写操作创建文件
    pickle.dump(dict1, file1)   #序列信息写入到文件中
    pickle.dump(dict2, file1)
    pickle.dump(dict3, file1)
with open('pic.pickle', mode='rb') as file1:   #文件读操作
    ret1=pickle.load(file1)   #从文件中反序列化信息
    ret2=pickle.load(file1)
    ret3=pickle.load(file1)
print(ret1, ret2, ret3)
```

```
b'\x80\x03}q\x00(X\x04\x00\x00\x00nameq\x01X\t\x00\x00\x00\xe5\
xb9\xb3\xe5\xa4\xb4\xe5\x93\xa5q\x02X\x06\x00\x00\x00genderq\
x03X\x04\x00\x00\x00maleq\x04u.'
{'name': '平头哥', 'gender': 'male'}
{'name': '平头哥', 'gender': 'male'} {'name': '小蟒蛇', 'gender':
'female'} {'name': '小海龟', 'gender': 'male'}
```

## dump( ) 和 dumps( ) 的区别

dump( )是将对象序列化并保存到文件中；

dumps( )是将对象序列化，无文件操作时用。

## load( ) 和 loads( ) 的区别

load( )是将序列化字符串从文件读取并反序列化；

loads( )是将序列化字符串反序列化。

## 划重点

◆ 文件的打开与关闭

◆ 文件打开的模式

◆ 文件读操作
◆ 文件写操作
◆ with 语句与文件关闭

## ★ 拓展与提高

### 文件操作异常处理

```
f=open("./person/name.txt","r")    #读的方式打开文件
s=f.readline()   #读取第一行
print(s)   #输出
f.close()   #关闭文件
```

name. txt 文件不存在，代码会报 IOError，程序会停止，f. close( ) 语句不会被执行，也就是文件不会关闭，这会导致资源浪费，影响运行速度。这时可以用前面章节中的异常处理的知识来处理。

**代码清单 15-13 文件操作与异常**

```
try:
    f=open('d:/test/test1.txt','r')
    s=f.read()
    print(s)
except IOError:
    print("文件不存在")
finally:
    f.close()
```

## 你掌握了没有

（1）完成文件读写时应该对文件进行什么操作？
（2）如果用追加模式打开一个文件后在文件中写入内容会怎么样？
（3）如果用写模式打开一个文件后在文件中写入内容会怎么样？

## 学编程，多动手

### 用文件操作实现文件复制

Python 中还可以通过文件操作完成文件复制功能。具体任务是将你所知的任意一首唐诗写在 C 盘根目录文件 poem. txt 中，读取该文件中的全部内容；在 C 盘另一个 poem 文件夹中创建一个名为 poem. txt 的文件，将从第一个文件里读取的内容写入第二个文件中。

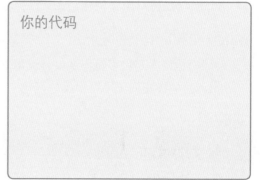

你的代码

# 16

新的挑战——
匹配与查找

> **内容概述**
>
> 　　要想学会利用代码实时掌握浩如烟海的互联网信息，需要先掌握正则，包括正则的概念、正则匹配规则、正则匹配符号、正则匹配操作等等，本章将对此进行详细介绍。正则表达式的主要作用是检索、替换符合匹配规则的文本。

## ●●● 优雅的代码从认识英语单词开始

学习本章内容前你需要先认识表 16-1 中的单词。

**表 16-1　英语单词**

| 英文单词 | 中文含义 | Python 中用法 |
| --- | --- | --- |
| regular expression | 正则表达式 | 正则模块，在代码中常简写为 regex、regexp 或 RE |
| match | 相配，配对 | 正则匹配函数，仅匹配第一个字符 |
| search | 查找，查询 | 正则匹配函数，在整个字符串中匹配，只返回第一个匹配到的结果 |
| findall | 找到所有 | 正则匹配函数，找到所有的匹配结果，返回一个列表 |
| pattern | 模式 | 正则匹配模式 |
| string | 字符串 | 待匹配字符串 |
| compile | 编译，编写 | 正则匹配函数，返回一个匹配模式 |
| group | 分组 | 正则方法，返回一个元组，包含所有匹配的子组 |

## ●●● 知识、技能目标

### 知识学习目标

◆ 认知正则的概念

◆ 认知正则符号的功能

### 技能掌握目标

◆ 掌握正则匹配的规则

◆ 掌握 match( ) 方法规则

◆ 掌握 search( ) 方法规则

◆ 掌握 findall( ) 方法规则

◆ 掌握常用正则符号应用规则

◆ 掌握根据任务要求写出匹配表达式的技巧

◆ 掌握灵活应用正则匹配方法、匹配符号的技巧

## ★ 16.1 　正则的概念与应用场景

1951 年，数学科学家 Stephen Kleene 发表了一篇题目是《神经网事件的表示法》的论文，利用被称为正则集合的数学符号来描述此模型，引入了正则表达式的概念。正则表达式被用来描述其称之为"正则集的代数"的一种表达式，因而采用了"正则表达式"这个术语。

后来，人们发现可以将这一工作成果应用于其他方面。Ken Thompson 就把这一成果应用于计算搜索算法的一些早期研究，Ken Thompson 是 Unix 的主要发明人，也就是"Unix 之父"。他将此符号系统引入编辑器 QED，然后是 Unix 上的编辑器 ed，最终引入 grep。Jeffrey Friedl 在其著作《Mastering Regular Expressions》(2nd edition)（中文版译作：《精通正则表达式》，已出到第三版）中对此作了进一步阐述讲解。

一个正则表达式（re）指定了一集与之匹配的字符串；模块内的函数可以让你按照既定的规则检查某个字符串跟给定的正则表达式是否匹配。

正则表达式是对字符串[包括普通字符（例如，a 到 z 之间的字母）和特殊字符（称为"元字符"）]操作的一种逻辑公式，就是用事先定义好的一些特定字符及这些特定字符的组合，组成一个"规则字符串"，这个"规则字符串"用来表达对字符串的一种过滤逻辑。正则表达式是一种文本模式，该模式描述在搜索文本时要匹配的一个或多个字符串。

正则表达式的特点是：

① 灵活性、逻辑性和功能性非常强；

② 可以迅速地用极简单的方式实现对字符串的复杂控制；

③ 对于刚接触的人来说，比较晦涩难懂。

正则表达式由一些普通字符和一些元字符（metacharacters）组成。普通字符包括大小写字母和数字，而元字符则具有特殊的含义，下面会给予解释。

最简单正则表达式看上去就是一个普通的查找串。例如，正则表达式"testing"中没有包含任何元字符，它可以匹配"testing"和"testing123"等字符串，但是不能匹配"Testing"。

要想真正用好正则表达式，正确理解元字符是最重要的事情。

## ★ 16.2 　正则语法规则

正则匹配常用的方法主要包括 match( )方法、search( )方法、findall( )方法，每个方法都有不同的匹配规则，下面一一作详细的解释。

## match( )方法

match( )方法尝试匹配字符串 string 的起始位置字符，re.match(pattern, string)，pattern 为模式字符串，string 为待匹配字符串。

① 如果起始位置没有匹配成功，返回 None；

② 如果起始位置匹配成功，返回一个对象，通过 group( )方法获取匹配的内容。

### 代码清单 16-1 match( )匹配
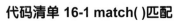

```python
import re
res=re.match(r'\d', '阅读数为 2 点赞数为 10')    #匹配起始位置是否是整数
print(res)
```

```
#运行结果：
C:\Users\lss\PycharmProjects\untitled6\venv\Scripts\Python.exe
C:/Users/lss/AppData/Local/Programs/Python/Python37/Lib/a.py
None
Process finished with exit code 0
```

### Task: 读代码写结果

```python
import re
res=re.match(r'\d','36 阅读数为2点赞数为10')
print(res)
#请写下运行结果：
C:\Users\lss\PycharmProjects\untitled6\venv\Scripts\
Python.exe
C:/Users/lss/AppData/Local/Programs/Python/
Python37/Lib/a.py
<re.Match object; span=(__, __), match=_____>
Process finished with exit code 0
```

## findall( )方法

findall( )方法会扫描整个字符串，获取待匹配字符串中所有匹配到模式字符串的内容；

re. findall(pattern, string)，输出结果为列表类型。

**代码清单 16-2 findall( )方法**

```
import re
res=re.findall(r'\d\d', '''阅读数为
2 点赞数为 10''')
print(res)
```

#运行结果：

```
C:\Users\lss\PycharmProjects\untitled6\venv\Scripts\Python.exe
C:/Users/lss/AppData/Local/Programs/Python/Python37/Lib/a.py
['10']
Process finished with exit code 0
```

Task: **读代码写结果**

```
import re
a=re.findall(r'\d', '转发数为 2 ,评论数为 10')
print(a)
```
代码运行结果是：

_____

## search( )方法

search( )方法会扫描整个字符串，只返回第一个匹配
成功的内容的 SRE 对象；re. search(pattern, string)。

**代码清单 16-3 search( )方法**

```
import re
a=re.search(r'\d', '''阅读数为 2 点赞
数为 10''')
print(a)
```

#运行结果：

```
C:\Users\lss\PycharmProjects\untitled6\venv\Scripts\Python.exe
C:/Users/lss/AppData/Local/Programs/Python/Python37/Lib/a.py
<re.Match object; span=(4, 5), match='2'>
Process finished with exit code 0
```

## ★ 16.3 正则符号

### 常用正则符号

正则符号有很多，这里仅仅列举了常用的十几种正则匹配字符（表 16-2）。

**表 16-2　常用正则匹配字符**

| 元字符 | 描述 |
|---|---|
| ^ | 匹配字符串行首 |
| $ | 匹配字符串行尾 |
| * | 匹配前面的子表达式任意次。例如，"do*"能匹配"d"，也能匹配"do"以及"doo"。* 等价于 {0, } |
| + | 匹配前面的子表达式一次或多次（≥ 1 次）。例如，"do +"能匹配"do"以及"doo"，但不能匹配"d"。+ 等价于 {1, } |
| ? | 匹配前面的子表达式零次或一次。例如，"do(es)?"可以匹配"do"或"does"。? 等价于 {0,1} |
| {n} | n 是一个非负整数。匹配确定的 n 次。例如，"o{2}"不能匹配"Job"中的"o"，但是能匹配"wood"中的两个 o |
| {n, } | n 是一个非负整数。至少匹配 n 次。例如，"o{2, }"不能匹配"Job"中的"o"，但能匹配"woooood"中的所有 o。"o{1, }"等价于"o +"。"o{0, }"则等价于"o*" |
| {n,m} | m 和 n 均为非负整数，其中 n ≤ m，最少匹配 n 次且最多匹配 m 次。例如，"o{1,3}"将匹配"wooooood"中的前三个 o 为一组，后三个 o 为一组。"o{0,1}"等价于"o?"。请注意在逗号和两个数之间不能有空格 |
| ? | 当该字符紧跟在任何一个其他限制符（*、+、?、{n}、{n, }、{n,m}）后面时，匹配模式是非贪婪的。非贪婪模式尽可能少地匹配所搜索的字符串，而默认的贪婪模式则尽可能多地匹配所搜索的字符串。例如，对于字符串"oooo"，"o +"将尽可能多地匹配"o"，得到结果 ["oooo"]，而"o + ?"将尽可能少地匹配"o"，得到结果 ['o', 'o', 'o', 'o'] |
| . | 匹配除"\n"和"\r"之外的任何单个字符。要匹配包括"\n"和"\r"在内的任何字符，请使用像"[\s\S]"的模式 |
| [a-z] | 字符范围，匹配指定范围内的任意字符。例如，"[a-z]"可以匹配"a"到"z"范围内的任意小写字母字符。<br>注意：只有连字符在字符组内部，并且出现在两个字符之间时，才能表示字符的范围；如果出字符组的开头，则只能表示连字符本身 |
| [^a-z] | 负值字符范围，匹配任何不在指定范围内的任意字符。例如，"[^a-z]"可以匹配任何不在"a"到"z"范围内的任意字符 |
| \d | 匹配一个数字字符。等价于 [0-9] |

| 元字符 | 描述 |
|---|---|
| \D | 匹配一个非数字字符。等价于 [^0-9] |
| \n | 匹配一个换行符。等价于 "\x0a" 和 "\cJ" |
| \<<br>\> | 匹配词的开始（\<）和结束（\>）。例如正则表达式 \<love\> 能够匹配字符串"I love Python。"中的"love"，但是不能匹配字符串"lovely"中的"love" |

（1）^：匹配字符串的开始

**代码清单 16-4 匹配字符串行首**

```python
import re
a=re.search(r'^me','Learning makes me happy')    #学习让我快乐
print(a)
```

#运行结果：

C:\Users\lss\PycharmProjects\untitled6\venv\Scripts\Python.exe

C:/Users/lss/AppData/Local/Programs/Python/Python37/Lib/a.py

None

Process finished with exit code 0

**代码清单 16-5 不带匹配字符串行首符号"^"的匹配**

```python
import re
a=re.search(r'me','Learning makes me happy')
print(a)
```

#运行结果：

C:\Users\lss\PycharmProjects\untitled6\venv\Scripts\Python.exe

C:/Users/lss/AppData/Local/Programs/Python/Python37/Lib/a.py

<re.Match object; span=(15, 17), match='me'>

Process finished with exit code 0

（2）$:匹配字符串行尾

**代码清单 16-6 字符串行尾匹配**

```python
import re
a=re.search(r'$y','Learning makes me happy')
print(a)
```

#运行结果：

C:\Users\lss\PycharmProjects\untitled6\venv\Scripts\Python.exe

```
C:/Users/lss/AppData/Local/Programs/Python/Python37/Lib/a.py
<re.Match object; span=(22, 23), match='y'>
Process finished with exit code 0
```

（3）.:匹配除换行符以外的所有字符，换行符是"\n"

**代码清单 16-7 匹配除换行符以外的所有字符**

```
re.search(r'.','Learning makes me happy')
```

```
<re.Match object; span=(0, 1), match='L'>
```

```
re.search(r'.','\nLearning makes me happy')
```

```
<re.Match object; span=(1, 2), match='L'>
```

思考并写出运行结果：

```
re.findall(r'.','\nLearning makes me happy')
```

运行结果：

```
<re.Match object; span=( _,_ ), match=_____>
```

（4）\d:匹配数字，只能匹配 0~9

写出下面的匹配表达式：

匹配字符串"\npy7th9on"里的数字

_____

匹配字符串"现在是 2019 年"中的年份

_____

要匹配四个数字还是比较好写的，但是若要匹配一串电话号码呢，是不是要用 11 个/d 呢，用 11 个/d 也是可以的，但是这样写太麻烦了。所以有了匹配次数限定符号，用一对花括号，里面可以有两个或者一个参数，当只有一个参数没有逗号时，匹配前面的字符 n 次，当一个参数有逗号时，匹配前面的字符最少 n 次，当有两个参数时，表示匹配前面的字符最少 n 次，最多 m 次。

如匹配出"我的电话号码是 17800007788"：

**代码清单 16-8 多数字匹配**

```
re.search(r'\d\d\d\d\d\d\d\d\d\d\d','我的电话号码是
17800007788')
```

```
<re.Match object; span=(7, 18), match='17800007788'>
```

　　{n}：匹配前面的字符 n 次

　　{n，}：匹配前面的字符最少 n 次

{n，m}：匹配前面的字符最少 n 次，最多 m 次

**代码清单 16-9 多数字匹配优化**

```
re.search(r'\d{11}','我的电话号码是 17800007788')
```

```
<re.Match object; span=(7, 18), match='17800007788'>
```

如果要匹配一个 0~999 的数，应该怎么写？比如要匹配 25：

```
re.search(r'\d{1,3}','25')
```

（5）其他限定符

[ ]：匹配括号内多个字符中的任意一个字符；

[^]：表示匹配除了括号内的任意一个字符。

在方括号里列出模式字符集合，比如说要匹配 [135] 中的数字，我们就可以用 [135] 作为模式字符串，匹配"1"、"3"或者"5"。另外匹配所有的数字，可以用 [0-9]，效果跟"\d"是一样的。如果匹配所有数字跟字母，可以这么写：[0-9a-zA-Z] = \w，可用来匹配字符串里出现的字母和数字。

如下面例程：

**代码清单 16-10 [ ]匹配**

```
re.search(r'[135]','24835')
```

```
<re.Match object; span=(3, 4), match='3'>
```

匹配字符串"~!#x768?"里的第一个数字或者字母

---

## 思考与验证

写出下面代码的运行结果：

```
re.match(r' [0-9a-zA-Z] ','~!#x768?')
```

---

```
re.findall(r' [0-9a-zA-Z] ','~!#x768?')
<re.Match object; span=(_, _), match='_'>
re.findall(r' [aeiou] ','pneumonoultramicroscopicsilicovolcanoc
oniosis')
```

---

## 其他符号

（ ）：用于分组；

| ：用于二选一或者多选一，相当于 or。

```
re.search(r'(four|six)th','fourth')
```

```
<re.Match object; span=(0, 6), match='fourth'>
```

```
re.search(r'(four|six)th','sixth')
<re.Match object; span=(0, 5), match='sixth'>
```

### 分组匹配

当模式字符串（pattern）有括号（分组）时，匹配结果列表中的字符串只是匹配正则表达式字符串圆括号中的内容，而不是匹配整个正则表达式。

① 当正则表达式中含有多个圆括号时，返回列表中的元素由所有满足匹配的内容组成，但是每个元素都是由表达式中所有圆括号匹配的内容组成的元组。

```
>>>re.findall(r'a(b)(c)','abcabc')
[('b', 'c'), ('b', 'c')]
```

② 当正则表达式中只带有一个圆括号时，返回列表的元素由所有能成功匹配表达式中圆括号匹配的内容组成，并且该列表中的元素都是字符串。

```
>>>re.findall(r'a(b)c','abcabc')
['b', 'b']
```

## 划重点

◆ 正则匹配中 match( ) 方法、search( ) 方法、findall( ) 方法的区别
◆ 常用正则匹配符号
◆ 匹配算法设计

## 拓展与提高

### 正则函数

（1）compile( )

```
compile(pattern, flags=0)
```

compile( ) 返回的是一个匹配模式对象，它单独使用没有任何意义，需要和 findall( )、search( )、match( ) 搭配使用。

"flags" 参数为标志位，用于控制正则表达式的匹配方式：

① re. I(re. IGNORECASE): 忽略大小写；

② re. M(re. MULTILINE): 多行模式，改变 "^" 和 "$" 的行为；

③ re. S(re. DOTALL): 点任意匹配模式，改变 "." 的行为；

④ re. L(re. LOCALE): 使预定字符类 "\w \W \b \B \s \S" 取决于当前区域设定的字符属性；

⑤ re. U(re. UNICODE): 使预定字符类 "\w \W \b \B \s \S \d \D" 取决于 unicode 定义的字符属性。

**代码清单 16-11 自定义匹配规则**

```
import re
str2='Hello World.I love Python.Wonderful world in Python'
re2 = re.compile(r'wo\w', re.I)   #不区分大小写
print(type(re2))
a=re2.findall(str2)
print(type(a))
print(a)

<class 're.Pattern'>
<class 'list'>
['Wor', 'wor']
Process finished with exit code 0
```

（2）sub( )

re.sub(pattern,repl,string)

repl 是表示要替换的字符串。

**代码清单 16-12 替换字符串**

```
import re
pattern='meichengmeike'
repl = '美程美课'
re.sub(pattern,repl,'I am learning meichengmeike')
'I am learning 美程美课'
```

（3）finditer( )

re.finditer(pattern, string, flags=0)

和 findall ( ) 类似，在字符串中找到正则表达式所匹配的所有子串，并把它们作为一个迭代器返回。

**代码清单 16-13 查找子串并返回**

```
import re
re2=re.finditer(r'\d+', 'b4nf45g6g7wod257bvd')
for i in re2:
    print(i)

<re.Match object; span=(1, 2), match='4'>
<re.Match object; span=(4, 6), match='45'>
<re.Match object; span=(7, 8), match='6'>
<re.Match object; span=(9, 10), match='7'>
```

```
<re.Match object; span=(13, 16), match='257'>
```

```
>>>import re
>>>re2=re.finditer(r'\d+', 'b4nf45g6g7wod257bvd')
>>>for i in re2:
        print(i.group(),end='')
```

4 45 6 7 257

（4）group( )

正则匹配返回一个匹配的对象后，用 group( ) 方法，可以获取组的值。group( ) 的参数是正则表达式内的子组索引。

① 如模式字符串（pattern）有三个括号，正则表达式中的三组括号把匹配结果分成三组，即一个正则表达式括号对应一个匹配结果 group( )。

② group(1) 列出第一个括号匹配部分，group(2) 列出第二个括号匹配部分，group(3) 列出第三个括号匹配部分。

③ 如果 group( ) 有多个参数，返回的是元组，如 group(1，3)，返回 1 组和 3 组组成的元组。

④ 如果参数不在组索引范围内会引发错误。

⑤ groups( ) 返回一个元组，包含所有匹配的子组。

## 你掌握了没有

（1）常用的匹配方法都有哪些？它们的区别是怎样的？

（2）如何匹配一个数字？如何匹配 n（n>1）个数字？如何匹配 1−n（n>1）个数字。

# 17

## 万物皆对象——
## 面向对象基础

## 内容概述

　　前面章节提到了面向过程以及面向对象两种模式，Python 语言属于面向对象语言，本章将从概念层面讲解类与实例，类与实例之间的关系，类与实例的属性与方法的概念，以及类定义、类实例化的技巧。

## ●●● 优雅的代码从认识英语单词开始

学习本章内容前你需要先认识表 17-1 中的单词。

**表 17-1　英语单词**

| 英文单词 | 中文含义 | Python 中用法 |
| --- | --- | --- |
| class | 等级、类 | 类定义关键字 |
| object | 对象 | 例程用词 |
| Student | 学生 | 例程中定义的类名 |
| course | 课程 | 实例属性名 |
| grade | 年级 | 类属性名 |
| brand | 品牌 | 类属性值 |
| type | 型号 | 类属性值 |
| displacement | 排量 | 类属性值 |

## ●●● 知识、技能目标

### 知识学习目标

◆ 了解面向过程以及面向对象的概念
◆ 认知类与对象的概念
◆ 认知类与对象的区别与联系
◆ 认知属性与方法的概念
◆ 认知面向对象的其他概念

### 技能掌握目标

◆ 掌握类定义的方法
◆ 掌握类的实例化技巧

## 17.1 面向过程与面向对象

### 面向过程概念

面向过程编程，通常是把一项工作或任务分解成若干个步骤，基于这些步骤，根据不同步骤之间的顺序等关系进行逻辑分析、算法设计、代码设计。你可能会听过一个问题："把大象关冰箱里分几个步骤？"把冰箱打开，把大象塞进去，把冰箱门关上，三个步骤，这就是典型的面向过程的例子，这三个步骤无论任何两个顺序颠倒了都没法完成"把大象关冰箱里"这一任务，见图17-1。

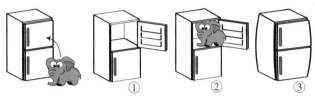

**图 17-1　面向过程——把大象关冰箱里**

### 面向对象概念

面向对象是在人们对事物认知的基础上，对事物进行解构、分析、归纳与抽象的方法。在面向对象程序设计中，对象包含两个含义，其中一个是特征，另外一个是动作，对象则是特征和动作的结合体。

面向对象模式不仅仅应用在软件开发及编程领域，它可以扩展到很多的领域，其中一个重要的领域是用面向对象

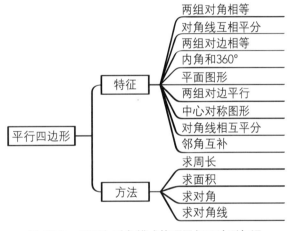

**图 17-2　用面向对象模式梳理平行四边形知识**

思维表示知识，这种方法把组成客观世界的实体抽象为数据和对数据的操作，并使用类把数据和对数据的操作封装成一个不可分割、互相依存的整体，面向对象表示的知识更易于理解与掌握。

面向对象设计的过程就是对项目解构、分析再整理的过程，最后是归纳并抽象，这一过程对掌握任何知识都会有极大的帮助。这里建议结合思维导图工具、面向对象模式梳理知识，比如在小学阶段学习的平行四边形的知识，可以用面向对象模式梳理，如图17-2所示。

### 优缺点

（1）面向过程

优点：性能比面向对象高，因为类调用时需要实例化，开销比较大，比较消耗资源。比如单片机、嵌入式开发、Linux/Unix 等一般采用面向过程开发，性能是最重要的因素。

缺点：不如面向对象易维护、易复用、易拓展与提高。

（2）面向对象

优点：易维护、易复用、易拓展与提高，有封装、继承、多态性的特性，大大提高了开

发效率，使系统更加灵活、更加易于维护。

缺点：性能比面向过程低。

## 17.2 Python 中的类、实例与对象

### 类与实例

面向对象模式中，具有相同特征的事物的聚合称为类，但是也允许类中的个体有自己的个性，这些有自己特性的个体称为类的实例对象。

### 对象

前面学习的变量、函数、模块、文件……都是对象，所有的 Python 对象都拥有三个特性：身份（ID）、类型和值。将这些具有相同数据（特征）和动作（方法）的对象抽象聚合到一起就是类。

类与实例对象的概念及关系看似抽象难以理解，这里用一个例子来描述两者之间的区别与联系。

比如设计服装，得首先有服装设计图，然后根据设计图制作服装，见图 17-3。其中，服装设计图相当于类（class），成品服装相当于实例（object）。

有了服装设计图（类）就可以知道服装尺寸、材料、颜色、版式、工艺等等，只有设计图（类）是没有意义的，只有制

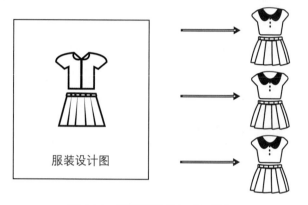

图 17-3　服装设计图与成品服装

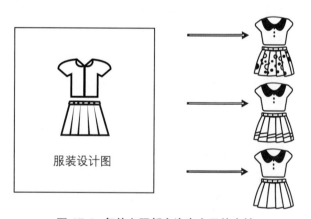

图 17-4　每件衣服都允许有自己的个性

作出了服装（Python 中为类的实例化过程）才有意义，当然有时候也会根据需要调整部分成品的属性，如颜色、面料等等，见图 17-4。

面向对象开发模式中，可以用属性及方法标识一个对象，如建立一个新入学学生（student）的类，学生的属性有学号、姓名、性别、爱好等，学生的方法有注册、建档、选课、排座位等，这就是对学生的操作。

（1）什么是属性

属性就是记录一个学生特征的变量，是标识学生需要的信息，它们是包含在对象中的变量。对于属性，可以打印，可以赋值，可以赋值给一个常规变量，可以赋值给其他对象的属性。

（2）什么是方法

方法就是对一个对象的操作，它们是一段或几段代码，可以调用这些代码来完成某项工作。没错，这就是函数，只不过它是对象里的函数，函数能做的，方法都能做到，比如传递参数，返回值。

（3）点记法

Python 中调用对象属性及方法，需要在对象与属性或方法中间加一个"."，称为点记法。

## 17.3 类定义及类实例化

本章前面在介绍类的概念时用了服装的例子：服装设计图是类，具体的某件衣服是实例，接着按照图纸来制作一件真正的衣服。同样，在 Python 中创建一个实例对象，也要分两个步骤：首先创建实例对象的蓝图，这个过程称为定义类；第二步建立真正的实例，称为类的实例化。实例化规则：实例名 = 类名（实例属性参数）。

**代码清单 17-1 类定义及类实例化**

```
class Student():
    pass
student1=Student()   #类实例化
```

## 17.4 属性基础

属性是刻画实例对象特征信息的变量，属性分为类属性以及实例属性等。

### 类属性

（1）定义在类的定义代码中

类变量定义在类声明关键字"class"后面，def 关键字前面，通过变量名被赋值。

**代码清单 17-2 类定义中定义类变量**

```
class Student():
    age=0   #类变量
    name='stu'  #类变量
        def __init__(self,age,name):
            self.name=name   #实例变量
            self.age=age   #实例变量
    pass
```

def 外通过类名称点运算变量名实现赋值：类名.变量名 = 变量值。

（2）定义在程序里

在类定义代码块外，通过类名称点运算变量名赋值，完成类属性的定义。

## 实例属性

（1）类定义代码里定义实例属性

def 里通过 self 点运算定义实例属性。

（2）主程序里定义实例属性

通过实例对象名称点运算变量名并赋值：实例名.变量名 = 变量值。

类属性和实例属性的区别在于：类变量或类属性所有实例对象共有，将它的值改变，其他对象调用类变量得到的就是改变后的值；而实例变量则属实例对象私有，某一个实例将其值改变，不影响其他对象的实例属性值。

## 17.5 实例属性基础

实例属性的定义可在实例化后定义，也可在定义类时定义。

### 类实例化后定义实例属性并赋值

**代码清单 17-3 创建一个简单的 Student 类**

```
class Student:
    pass
```

上述代码是一个学生类的定义，类定义代码中并没有定义实例属性，这时可以在实例化后再定义实例属性。

**代码清单 17-4 类实例化后定义实例属性**

```
student1 = Student()    #student1 没有任何属性，现在给他几个属性
student1.Course_name='Math'
student1.name='limei'
student1.id='001'
student1.gender='male'
```

这是为实例对象定义属性的一种方法。

### 实例初始化函数中定义实例属性

类定义时通常需要定义实例初始化函数——"__init__( )"，当类实例化时，自动调用实例初始化函数。函数"__init__( )"又名实例初始化方法。

**代码清单 17-5 __init__( ) 方法创建实例属性**

```
class Student:
```

```
grade='one'   #类属性
def __init__(self, name, score):
    self.name=name  #定义实例属性
    self.score=score  #定义实例属性
def print_score(self):  #定义实例方法
    print("%s's score is %d." % (self.name, self.score))
def print_grade(self):  #定义实例方法
    print("The grade is %s." %Student.grade)
```

① grade 是一个类属性，它的值将在这个类的所有实例之间共享，你可以在内部类或外部类使用 Student. grade 访问。

② __init__( ) 方法是类 Student 的实例初始化方法，当创建 Student 类的实例时就会调用该方法。

③ self 代表类的实例，self 在定义实例的方法时是必须有的，但是在调用时不一定要传入相应的参数。

## 借助实例函数调用实例属性

注：第一个参数为 self 的函数即是实例函数，准确地说是实例方法，在后面的章节中将会介绍。

```
student1. course_choice( )
```

**代码清单 17-6 借助调用实例方法调用实例属性**

```
class Student:
    def course_choice(self):
        self.grade='two'
        print(self.grade)
        if self.course_name=='Math':
            self.course_name='English'
            print(self.course_name)
student1=Student()  #类实例化
student1.course_name='Math'  #类实例化后定义实例属性
student1.name='limei'
student1.id='001'
student1.gender='male'
student1.course_choice()

#运行结果
two
English
```

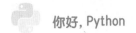

主程序调用 course_choice(self)函数（self 可省略），将课程由 Math 修改成 English，并且调用了 self. grade 属性。

## ★ 17.6　类与实例综合

**代码清单 17-7 类实例化综合代码**

```python
class Student:
    grade='one'   #类属性
    def __init__(self, name, score):  #Python 解释器自动将对象
    实参传给__init__( )方法形参
        self.name=name  #实例属性
        self.score=score  #实例属性
    def print_score(self):  #定义实例方法
        print("%s's score is %d." % (self.name, self.score))
    def print_grade(self):  #定义实例方法
        print("The grade is %s."%Student.grade)
student1=Student('Tom',100)  #类实例化
student1.grade=Student.grade  #调用类属性
student1.print_score()  #调用实例方法
student1.print_grade()  #调用实例方法
```

#代码执行结果

Tom's score is 100.

The grade is one.

在类定义代码块以外修改类属性 grade 的值，会如何影响代码的执行结果？

**代码清单 17-8 类变量的修改逻辑**

```python
class Student:
    grade='one'
    def __init__(self, name, score):
        self.name=name
        self.score=score
    def print_score(self):
        print("%s's score is %d." % (self.name, self.score))
    def print_grade(self):
        print("The grade is %s."%Student.grade)
student1=Student('Tom',100)
print("实例调用类属性, student1.grade 值%s"%student1.grade)
Student.grade="two"   #程序中修改类属性
```

```
print("Student.grade 由 one 修改为 two 后，实例调用类属性值为%s"%
student1.grade)
student1.grade="three"    #想想这是什么属性
#实例中定义了实例属性，优先绑定新定义的实例属性值
print("程序内定义，student1.grade 值为%s"%student1.grade)
#实例属性并没有改变类属性
print("student1.grade 由 two 修改为 three 后，类属性值为%s"%\
Student.grade)
student1.print_score()
student1.print_grade()
print("类调用实例属性%s"%Student.name)
```

```
#代码执行结果
实例调用类属性，student1.grade 值 one
Student.grade 由 one 修改后，实例属性值为 two
程序内定义 student1.grade 后值为 three
student1.grade 由 two 修改为 three 后，类属性值为 two
Tom's score is 100.
The grade is two.
AttributeError: type object 'Student' has no attribute 'name'
```

## 观察与归纳

根据上述代码回答以下问题：

① 类能否调用实例属性？＿＿＿＿＿＿＿＿＿＿＿＿＿＿＿＿＿

② 在类定义体外，类能改变类属性?＿＿＿＿＿＿＿＿＿＿＿

③ 实例对象能否调用类属性？＿＿＿＿＿＿＿＿＿＿＿＿＿＿

④ 实例对象能否修改类属性？＿＿＿＿＿＿＿＿＿＿＿＿＿＿

⑤ 当存在类属性与实例属性重名时，实例调用实例属性是否存在优先级？优先选择哪种属性？＿＿＿＿＿＿＿＿＿＿＿＿＿

具体详细的类属性与实例属性之间的关系会在下一章介绍。

## 17.7 Python 面向对象概念集合

Python 面向对象知识框架中主要涉及的概念如下：

① 类(class)：用来描述具有相同属性和方法的对象的集合，它定义了该集合中每个对象所共有的属性和方法。

② 实例化：创建一个类的实例，类的具体对象。

③ 实例对象：类实例化后的数据实例。

④ 类属性：类属性在所有实例中是公用的。

⑤ 实例属性：每个实例单独拥有的属性。

⑥ 方法：类中定义的函数。

⑦ 继承：即一个子类（son class）继承父类（base class）的属性和方法。在后面章节中会详细介绍。

⑧ 方法重写：如果从父类继承的方法不能满足子类的需求，可以对其进行改写（增加或重新定义），这个过程叫方法重写。

## 划重点

◆ 类的定义

◆ 类的实例化

◆ __init__()实例初始化函数（方法）

◆ 初步了解实例属性、类属性定义与调用

## ★ 拓展与提高

面向对象的三大特性：

（1）封装

封装最好理解了，封装是面向对象的特征之一，是对象和类概念的主要特性。封装，也就是把客观事物封装成抽象的类，并且类可以把自己的数据和方法只让可信的类或者对象操作，对不可信的进行信息隐藏。

（2）继承

面向对象编程（OOP）语言的一个主要功能就是继承。继承是指这样一种能力：它可以使用现有类的所有功能，并在无需重新编写原来的类的情况下对这些功能进行拓展与提高。

通过继承创建的新类称为"子类"或"派生类"。

被继承的类称为"基类"、"父类"或"超类"。

（3）多态

多态（polymorphisn）是允许你将父对象设置成和一个或多个它的子对象相等的技术，赋值之后，父对象就可以根据当前赋值给它的子对象的特性以不同的方式运作。

## 你掌握了没有

创建一个 Student 类，它具有名字（name）和年龄（age）两个属性，有 run() 和 jump() 两个函数，这两个函数的作用是分别打印"name is age years old. It is running."和"name is age years old. It is jumping."，对类进行实例化，调用 run() 和 jump() 函数。按照前面的提

示, 补全下面的代码。

```
class Student:
    def __init__(self,name,age):
        _____
        _____
    _____:
        print("%s is %d years old.It is running." %(self.name,self.
        age))
    def jump(self):
        print('%s is %d years old.It is jumping.'%(_____,_____))
stu=Student(_____,_____)
stu.run()
_____
#代码运行结果
Tom is 3 years old.It is running.
Tom is 3 years old.It is jumping.
```

## 学编程，多动手

定义一个汽车类 Car，具有品牌（brand）、型号（type）、排量（displacement）、颜色（colour）四个属性。

定义方法，输出你的车的品牌（brand）、型号（type）、排量（displacement）、颜色（colour）。

定义方法，输出"My car is stopped"。

你的代码

# 18

## 对象的特征——属性

　　本章将进一步认识类属性、实例属性、私有属性等概念，以及通过代码实例验证类属性、实例属性的调用关系。深入学习 \_\_init\_\_( ) 实例初始化构造函数的应用以及实例属性的参数传递特性。

## ●●● 优雅的代码从认识英语单词开始

学习本章内容前你需要先认识表 18-1 中的单词。

表 18-1　英语单词

| 英文单词 | 中文含义 | Python 中用法 |
| --- | --- | --- |
| init | 初始 | Python 实例初始化方法 |
| address | 地址 | 例程变量名称 |
| telephone | 电话 | 实例变量名称 |
| relationships | 关系 | 实例变量名称 |
| beginning | 开始 | 实例变量名称 |
| property | 所有物 | 装饰器，把方法变成属性 |
| movie | 电影 | 实例参数名称 |
| prize | 奖项 | 实例参数名称 |
| date | 日期 | 实例参数名称 |
| ticket | 门票 | 实例参数名称 |

## ●●● 知识、技能目标

### 知识学习目标

◆ 认知类属性、实例属性

◆ 认知私有属性、内置属性的概念

### 技能掌握目标

◆ 掌握类属性、实例属性以及私有属性的区别

◆ 掌握类属性、实例属性以及私有属性的调用规

◆ 掌握\_\_init\_\_( ) 方法实例属性参数传递规则

◆ 掌握定义类属性、实例属性、私有属性的技巧

◆ 掌握调用类属性、实例属性、私有属性的技巧

## 18.1　属性概念——Python 语言特点

回顾上一章在介绍类与实例对象的概念时是怎么描述属性概念的。

你知道 Python 语言的属性是什么吗?

① 简洁。Python 遵循"简单、优雅、明确"的设计哲学。

② 高级语言。Python 是一种高级语言,相对于 C 语言,牺牲了性能而提升了编程人员的效率。它使得程序员可以不用关注底层细节,而把精力全部放在编程上。

③ 面向对象。Python 既支持面向过程,也支持面向对象。

④ 可扩展。可以通过 C、C + + 语言为 Python 编写扩充模块。

⑤ 免费和开源。Python 是 FLOSS(自由/开放源码软件)之一,允许自由地发布软件的备份、阅读和修改其源代码、将其一部分自由地用于新的自由软件中。

⑥ 边编译边执行。Python 是解释型语言,可以边编译边执行。

⑦ 可移植。Python 能运行在不同的平台上。

⑧ 丰富的库。Python 拥有许多功能丰富的库。

⑨ 可嵌入性。Python 可以嵌入到 C、C + + 语言中,为其提供脚本功能。

那么简洁、高级、面向对象、可扩展……就是 Python 语言的属性。

现在要定义一个记录学生信息的类,描述一个学生的特征的信息主要包括哪几个方面? 见图 18-1。

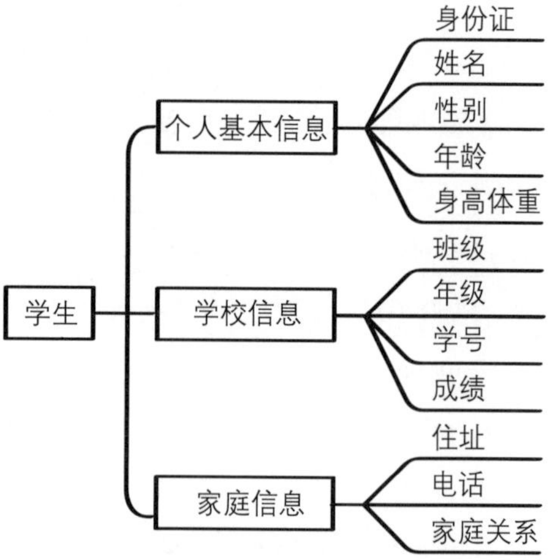

将学生定义为类:

图 18-1　描述一个学生的基本信息

**代码清单 18-1 定义学生的属性**

```python
class Student:
    def __init__(self,ID,name,gender,age,hAw,grade, \
        sc_class, sc_number,score,address,telephone,home_
relationships):
        self.ID=ID
        self.name=name
        self.gender=gender
        self.age=age
        self.hAw=hAw   #身高体重
        self.grade=grade
```

```
        self.sc_class=sc_class
        self.score=score
        self.address=address
        self.telephone=telephone
        self.home_relationships
        student1=Student("LiMei", "male",15,(163,56), "sixth",\
    "forth",100, "和平里 40 号", "83211092",{ "father": "LiDong", \
    "mother": "TaoJing", "grandpa": "LiJinLong"})
    print(student1.home_relationships)
    print(student1.hAw)
    print(student.score)
```

按照属性的作用范围，分为类属性、实例属性和私有属性。

## 18.2 类属性

上一章已经介绍过，接下来进行简单的回顾。

类定义代码块中在 class 声明与第一个 def 关键字之间定义的属性就是类属性。

```
class objectname:
```

类属性

```
def method(self):    #定义实例方法
```

**代码清单 18-2 定义类属性**

```
class Student():
    grade='two'  #每个实例都能访问，表示此类中所有实例都是二年级学生
    stu_count=0
    def __init__(self,name):  #实例初始化方法
        self.name=name  #实例属性
        print(Student.grade)
```

类属性访问方式一

类名.类属性

在 Python 中，可以在定义实例方法、定义类方法或者在定义实例属性的代码中调用类属性，还可以在类定义代码块外以"类名.类属性"方式访问类属性。

**代码清单 18-3 初始化实例方法中调用类属性**

```
class Student:
```

```
    grade = '二'  #每个实例都能访问, 表示此类中所有实例都是二年级学生
    stu_count=0
    def __init__(self,name):  #实例初始化方法
        self.name=name  #实例属性
        Student.stu_count+=1  #初始化实例方法中调用类属性, 每进行
        一次实例化变量值+1
stu1=Student("Tom")
stu2=Student("Jarry")
stu3=Student("Carry")
stu4=Student("Jack")
print(Student.grade)
print("年级总共有%d 个学生"%Student.stu_count)
```

思考: 程序执行完毕后, stu_count 变量的值是_____。

当你定义了一个类属性后, 这个属性虽然归类所有, 但类的所有实例本身都可以访问。

## 类属性访问方式二

实例名.类属性 (不推荐)

### 代码清单 18-4 实例对象调用类属性

```
class Student:
    grade = '二'  #每个实例都能访问, 表示此类中所有实例都是二年级学生
    stu_count=0
    def __init__(self,name):  #实例初始化方法
        self.name=name  #实例属性
stu1=Student("Tom")
stu2=Student("Jarry")
print(stu1.grade)
print(stu2.grade)
```

实例调用某属性时会首先在实例对象中查找此属性的定义, 若实例对象内部并无此属性, 会继续向上 (类中) 搜索该属性 (图 18-2)。

## 类属性修改

类属性只能通过类来修改, 无法通过实例对象修改。

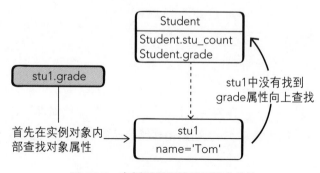

图 18-2　实例调用属性继承搜索特性

**代码清单 18-5 验证实例是否能修改类属性**

```python
class Student:
    grade = '二'    #每个实例都能访问，表示此类中所有实例都是二年级学生
    stu_count=0
    def __init__(self,name):   #实例初始化方法
        self.name=name    #实例属性
stu1=Student("Tom")
stu2=Student("Jarry")
print(stu1.grade)
stu1.grade = '四'
print(Student.grade)
Student.grade = '三'
print(stu1.grade)
print(Student.grade)
print(stu2.grade)

#代码运行结果
二  #实例对象内部找不到属性，向上找类属性
二  #通过实例无法修改类属性
四  #优先在实例对象内部查找属性
三  #类的外部可以用类修改类的值
三  #stu2.grade 调用的是类属性
```

TIPS　　如果在程序中使用"实例对象.类属性名=值"赋值语句，只会给实例添加一个重名的实例属性，不会影响到类属性的值，改变类属性值只能通过类实现。

## Task: 统计实例化数量

　　定义一个 Student 类，利用实例化统计学生人数。（注：给 Student 类增加一个类属性，并实现每创建一个实例，该属性自动增加。）

你的代码

## 18.3　实例属性

实例属性是指实例对象的属性，只作用于当前实例。

当用实例名=类名()创建实例对象（创建实例对象即类的实例化工作）的时候，会自动执行下面的操作：

① 创建对象，为对象在内存中分配空间。

② 调用__init__()方法初始化，传递实例对象参数，为实例的属性设置初始值。

③ 执行__init__()函数里所有的代码。

**代码清单 18-6 实例化会自动调用__init__()方法**

```python
class MyClass:
    grade="one"
    def __init__(self):
        print('My grade is %s.'%self.grade)
myclass=MyClass()
print (type(myclass))
```

```
#代码运行结果
My grade is one.
<__main__.MyClass object at 0x000001F9DEE95F28>
<class '__main__.MyClass'>
```

> **TIPS**　类的实例化过程是执行"def __init__(self):"下的所有代码。

### 在初始化方法内部定义属性

你可以在__init__()方法里直接定义实例属性的值。

**代码清单 18-7 实例初始化方法内部定义属性**

```python
class Dog():
    def __init__(self):
        print("This is init's beginning.")
        self.name='kaer'
my_dog=Dog()
print(my_dog.name)
```

```
#代码运行结果
This is init's beginning.
Kaer
```

## 使用参数设置属性的初始值

进行类的实例化时，若类实例化语句有参数，则需要将参数传递到初始化方法，实例初始化方法间的参数传递依然遵循等量、对等位置的原则，看下面的代码：

```
class Dog():
    def __init__(self,name):
        print('This is init's beginning.')
        self.name=name
my_dog=Dog("GG") #name=GG
print(my_dog.name)
```

思考并写下你认为的运行结果：_____

**代码清单 18-8 类实例化参数传递（例 1）**

```
class Dog:
    def __init__(self,name)  #两个参数
        print("This is init's beginning.")
        self.name='kaer'
my_dog=Dog()  #实例化过程默认隐藏 self 参数
print(my_dog.name)
```

```
Traceback (most recent call last):
  File "C:/Users/lss/AppData/Local/Programs/Python/Python37/33.
py", line 5, in <module>
    my_dog=Dog()
TypeError: __init__() missing 1 required positional argument:
'name'
```
上述代码__init__()需要传入一个参数。

**代码清单 18-9 类实例化参数传递（例 2）**

```
class Dog():
    def __init__(self):
        print('This is Init's beginning.')
        self.name='kaer'
my_dog=Dog("GG")
print(my_dog.name)
```

```
Traceback (most recent call last):
  File "C:/Users/lss/AppData/Local/Programs/Python/Python37/33.
```

```
py", line 5, in <module>
my_dog=Dog("GG")
TypeError: __init__() takes 1 positional argument but 2 were given
```

上述代码__init__()方法只有一个位置，但是实例对象给了两个参数(另外一个是self)。

TIPS　　__init__()方法如果有除 self 外的参数，在创建实例的时候，必须传入与 __init__()
方法匹配的参数，但 self 参数不用传，Python 解释器会自动传入。

## 观察代码并写结果

```
class  Dog:
    def __init__(self,name):
        print('This is init's beginning.')
        print(name)
        self.name='kaer'
my_dog=Dog("GG")
print(my_dog.name)
```

写出上面代码的运行结果：_____

为什么会有这样的结果？写出你的分析：_____

## 实例属性的调用规则

通过实例对象添加的属性属于实例属性，实例属性只能通过实例对象来访问和修改，类对象无法访问修改。仔细阅读代码清单 18-10，你会从中得到实例属性访问修改的规则。

**代码清单 18-10 实例属性修改的逻辑**

```
class Student:
    grade='two'  #每个实例都能访问，表示此类中所有实例都是二年级学生
    stu_count=0
    def __init__(self,name):  #实例初始化方法
        self.name=name  #实例属性
stu1=Student("Tom")  #类实例化
stu2=Student("Jarry")  #类实例化
print(stu1.name)
print(stu2.name)
stu1.name="Jack"  #实例更改实例属性值
print(stu1.name)
print(Student.name)  #类访问实例属性
```

```
#代码运行结果
Tom
Jarry
Jack
Traceback (most recent call last):
  File "C:/Users/lss/AppData/Local/Programs/Python/Python37/33.
py", line 18, in <module>
    print(Student.name)
AttributeError: type object 'Student` has no attribute 'name'
```

上面的异常表明"Student 类未绑定属性'name'",也就是说 Student 类并没有这个属性,进一步说就是 Student 不能访问"name"实例属性。当然也可以在类外用点记法实现"类名.实例属性名"的操作,但是类可以调用实例属性吗?通过代码清单 18-11 可以得到答案。

**代码清单 18-11 实例化中定义与实例属性重名的类属性**

```
class Student:
    grade='two'  #每个实例都能访问,表示此类中所有实例都是二年级学生
    stu_count=0
    def __init__(self,name):  #实例初始化方法
        self.name=name  #实例属性
stu1=Student("Tom")  #类实例化
stu2=Student("Jarry")  #类实例化
print(stu1.name)  #实例 stu1 的 name 属性值
print(stu2.name)  #实例 stu2 的 name 属性值
Student.name="Jack"  #增加类名.实例属性,本质是新定义类属性 name
print(stu1.name)
print(stu2.name)
print(Student.name)  #这是类属性,只是重名而已
```

```
#代码运行结果
Tom
Jarry
Tom #虽定义了 Student.name 是"Jack",但是 stu1 的值并没有变
Jarry #虽定义了 Student.name 是"Jack",但是 stu2 的值并没有变
Jack #Student.name 的值
```

为什么在这里 print(Student. name) 并没有出现异常?写出你的分析:＿＿＿＿＿＿＿＿＿

在编写程序的时候,应避免对实例属性和类属性使用相同的名字,因为相同名称的实例属性将屏蔽掉类属性,但是当你删除实例属性后,再使用相同的名称,访问到的将是类属性。

**代码清单 18-12 实例属性与类属性重名**

```
class Student:
    name='Tom'
stu1=Student()  #创建实例 stu1
print(stu1.name)  #打印 name 属性，因为实例并没有 name 属性，所以会继续查找 class 的 name 属性
    #Tom
print(Student.name)  #打印类的 name 属性
    #Tom
stu1.name='Michael'  #给实例绑定 name 属性
print(stu1.name)  #由于实例属性优先级比类属性高，因此，它会屏蔽掉类的 name 属性  Michael
print(Student.name)  #类属性并未消失，用 Student.name 仍然可以访问
    #Tom
del stu1.name  #删除实例的 name 属性
print(stu1.name)  #调用 stu1.name，实例的 name 属性没有找到，类的 name 属性就显示出来了
    #Tom
```

## Task: 读代码写结果

```
class test:
    name=111
a=test()
b=test()
a.name=222
print(b.name)
(                )  #运行结果
test.name=333
print(a.name,b.name,test.name)
(                )  #运行结果
```

## 18.4 私有属性

在程序开发时，对于对象某些属性，考虑到数据安全及隐私问题，就需要保护这些属性在类的外部不能被访问及修改，具有这种特征的属性称为私有属性，私有属性只能在类里面调用，不能在类外面调用，以两个下划线"__"开头。

**代码清单 18-13 私有属性定义**

```
class Student:
    def __init__(self,name,age,pwd):
        self.name=name
        self.__age=age
        self.__pwd=pwd
stu1=Student('Limei',12,'1234')
print(stu1.name)
print(stu1.__pwd)
```

```
Limei
Traceback (most recent call last):
  File "C:/Users/lss/PycharmProjects/linss/sl.py", line 8, in <module>
    print(stu1.__pwd)
AttributeError: 'Student' object has no attribute '__pwd'
```

## 访问私有属性和方法的方式一

在类内，普通方法可以访问私有属性和方法，通过在类外调用普通方法来访问私有属性。

**代码清单 18-14 用方法的形式访问私有属性**

```
class Student:
    def __init__(self,name,age,pwd):
        self.name=name
        self.__age=age    #私有属性
        self.__pwd=pwd    #私有属性
    def print_pwd(self):
        print(self.__pwd)  #self.__pwd 只能在类内部使用
    stu1=Student('Limei',12,'1234')
print(stu1.name)
stu1.print_pwd()
```

```
#代码运行结果
Limei
1234
```

## 访问私有属性和方法的方式二

**代码清单 18-15 通过实例名._类名__私有属性访问**

```
    def __init__(self,name,age,pwd):
        self.name=name
```

```
    self.__age=age   #私有属性
    self.__pwd=pwd   #私有属性
stu1=Student('Limei',12,'1234')
print(stu1.name)
print(stu1._Student__pwd)   #第一个下划线只有1个"_",第二个下划线为两
个下划线"_"
```

```
#代码运行结果
1234
```

## 划重点

- ◆ 类属性与实例属性的概念
- ◆ 类属性与实例属性的定义方法
- ◆ 类属性与实例属性的调用规则
- ◆ 类属性与实例属性的关系

## ★ 拓展与提高

### 只读属性

在 Python 中，默认情况下，创建的类属性或者实例是可以在类体外进行修改的，如果不想让类属性或者实例在类体外修改，可以将其设置为私有的，但设置为私有后，在类体外也不能获取它的值。如果想要创建一个可以读但不能修改的属性即创建一个只读属性，可以使用 @property 实现只读属性定义。示例代码如下：

**代码清单 18-16 只读属性定义**

```
class Student:
    def __init__(self,name,age,pwd):
        self.__name=name
        self.__age=age
        self.__pwd=pwd
    @property
    def name(self):
        return self.__name
    @property
    def age(self):
        return self.__age
```

```
stu1=Student('Limei',12,'1234')
print(stu1.name)
print(stu1.age)
stu1.name='Hanlei'
```

```
#代码运行结果
Limei
12
Traceback (most recent call last):
File "C:/Users/lss/PycharmProjects/linss/sl.py", line 17, in <module>
    stu1.name='Hanlei'
AttributeError: can't set attribute
```

可以看到在对 stu1 重新赋值时报错了，当使用了 @property 后，外部能访问私有属性，但不能对属性进行修改了。

使用 @property 后属性访问时不能对其进行修改，访问使用了 @property 的方法/函数不需要在后面加括号"( )"，或者说 @property 允许以属性的方式访问方法。

## 你掌握了没有

### 读代码写注释

```
class Student:
    count = 10  #count 是类属性
    def __init__(self, name):
        self.name = name  #name 是实例属性
print(Student.count)  # ___
#类不能访问实例属性，报错:AttributeError:type object 'Student' has
no attribute 'name'
print(Student.name)
s1 = Student("xiaoming")
print(s1.name)  # ___
print(s1.count)  # ___
s1.count = 50  #为实例添加一个属性
print(s1.count)  # ___
print(Student.count)  # ___
Student.count=33
print(s1.count)  # ___
print(Student.count)  # ___
```

```
s2=Student("xiaohua")   #新的实例化，注意类属性、实例属性的变化
print(s2.count)  #___
print(Student.count)  #___
```

如果更改类属性值后，再对类实例化，当实例调用类属性值时，不再是类属性的初始值，而是类属性更改后的值。

## 学编程，多动手

《熊出没·原始时代》电影上映以后，口碑极好，讲的是熊大、熊二、光头强意外穿越回石器时代，在原始部落与猛犸象、剑齿虎等一众奇特生物开启了眼界大开的奇幻之旅！

任务为定义 Movie 类。

Movie 的类属性如下：

movie = "熊出没·原始时代"

实例属性如下：

① 上映时间　　　date

② 票房量　　　　ticket

③ 奖项　　　　　prize

获取电影名、上映时间、票房量、奖项的格式为：

《熊出没·原始时代》上映时间：2019-02-05

《熊出没·原始时代》总票房量：31754 万

《熊出没·原始时代》荣获的奖项：动画电影银杯奖

你的代码

# 19

## 对象的行为——方法

内容概述

本章将学习实例方法的定义以及调用，类方法的定义与调用以及私有化方法的定义，还会学习静态方法的概念以及定义。

### ••• 优雅的代码从认识英语单词开始

学习本章内容前你需要先认识表 19-1 中的单词。

表 19-1 英语单词

| 英文单词 | 中文含义 | Python 中用法 |
| --- | --- | --- |
| method | 方法 | 类定义及实例化中的函数 |
| discount | 折扣 | 例程变量 |
| staticmethod | 静态方法 | @staticmethod，Python 静态方法装饰器 |
| advertisement | 广告 | 例程变量 |
| classmethod | 类方法 | @classmethod，Python 类方法装饰器 |
| Rect | 矩形 | 例程自定义类名 |
| table | 桌子 | 例程变量 |
| job | 工作 | 例程参数 |
| insert | 插入 | 例程参数 |

### ••• 知识、技能目标

#### 知识学习目标

- ◆ 认知类方法的概念
- ◆ 认知实例方法的概念
- ◆ 认知静态方法的概念

#### 技能掌握目标

- ◆ 掌握类方法、实例方法以及静态方法的区别与联系
- ◆ 掌握类方法、实例方法等定义、调用规则技巧

方法是封装在类中的函数，通常分为实例方法、类方法、静态方法、私有方法。

## 实例方法

① 在类中定义，以 self 为第一个参数的方法都是实例方法；

② 通过实例调用实例方法时，默认传入 self 参数，self 参数默认缺省；

③ 实例方法可以通过实例和类去调用；

④ 当通过类调用时，不会自动传递 self 参数，此时必须手动传递 self 参数。

看下面的例程：

超市卖的水果有苹果、香蕉，现在做一个收银系统，负责计算顾客购买水果的价格。在学习字典的知识时是把选择每种水果定义成一个字典，完成对价格的定义，现在利用面向对象的思想，定义一个水果的类，然后实例化成苹果对象和香蕉对象。

其中应该包含的属性有哪些？名字、价格、折扣信息、数量。

**代码清单 19-1 定义水果类**

```
class Fruit:
    def __init__(self, name, price, discount, count):
    self.name=name
    self.price=price
    self.discount=discount
    self.count=count
apple=Fruit('苹果', 5, 0.88, 1)
banana=Fruit('香蕉', 10, 0.9, 1)
```

有了单价数量折扣信息，怎么计算总的价格？这里需要在类中定义一个计算总价的实例方法。

**代码清单 19-2 定义水果类实例方法**

```
class Fruit:
    def __init__(self, name, price, discount, count):
        self.name=name
        self.price=price
        self.discount=discount
        self.count=count
#定义实例方法时，调用实例属性必须带 self.实例属性名
    def fruit_price(self):  #定义总价实例方法
        discount_price=float(self.price * self.discount*self.count)
```

```
            print('您好，当前商品为%s，打折后价格为:%.2f 元。'%
            (self.name, discount_price))
apple=Fruit('苹果', 3, 0.88, 1)
banana=Fruit('香蕉', 5, 0.9, 1)
#然后访问刚才定义好的方法，即在对象后加"."再加方法名再加一对小括号
apple.fruit_price()
banana.fruit_price()
```

#代码运行结果

您好，当前商品为苹果，打折后价格为：2.64 元。

您好，当前商品为香蕉，打折后价格为：4.50 元。

实例方法定义：第一个参数必须是实例对象，该参数名为"self"，通过它来传递实例的属性和方法；

实例方法调用：建议实例对象调用。原则上类是可以调用实例方法的，只要调用的时候传入与 self 对应的实参就可以，但是实际开发中类调用实例方法没什么意义，因此不建议去这么做。

## 类方法

① 在类内部使用 @classmethod 来修饰的方法属于类方法；

② 类方法的第一个参数是"cls"也会被自动传递，通过它来传递类的属性和方法（不能传实例的属性和方法）；

③ 类方法和实例方法的区别是实例方法的第一个参数是 self，而类方法的第一个参数是 cls；

④ 类方法可以通过类去调用，也可以通过实例调用。

还是之前卖水果的例子，现在店里举行全场折扣的活动，在单品打折的基础上总价再打折。

应该怎样修改之前的 Fruit 类呢？

**代码清单 19-3 增加类属性实现折扣**

```
class Fruit:
    overall_discount=0.5  #定义类属性
    def __init__(self, name, price, discount, count):
        self.name=name
        self.price=price
        self.discount=discount
        self.count=count
    def fruit_price(self):
```

```
#调用类属性
        discount_price = float(self.price*self.discount*self.
count*Fruit.overall_discount)
        print('您好，当前商品为%s，打折后价格为:%.2f 元。'% (self.\
        name, discount_price))
apple=Fruit('苹果', 3, 0.88, 1)
banana=Fruit('香蕉', 5, 0.9, 1)
apple.fruit_price()
banana.fruit_price()
```

```
#之前的结果为:
#您好，当前商品为苹果，打折后价格为: 2.64 元。
#您好，当前商品为香蕉，打折后价格为: 4.50 元。
#现在代码运行结果
您好，当前商品为苹果，打折后价格为: 1.32 元。
您好，当前商品为香蕉，打折后价格为: 2.25 元。
```

上面的总价折扣实现方式看似没问题，但是这种实现方式每次变更全场总价折扣时都要重新维护类定义中的代码，显然这不是安全的方式。能否只更改要传递的参数实现全场折扣的变更？

这里用到类方法，通过调用类方法并灵活设定类方法参数，就可以使全场折扣灵活改变。

（1）类方法基本格式

```
@classmethod
def function(cls):
    pass
```

（2）类方法调用

**代码清单 19-4 类方法定义及调用**

```
class Fruit:
    overall_discount=0.5
    def __init__(self, name, price, discount, count):   #定义实
    例属性
        self.name=name
        self.price=price
        self.discount=discount
        self.count=count
```

```
    def fruit_price(self):  #定义实例方法
        discount_price=float(self.price*self.discount*self.count*
        Fruit.overall_discount)
        print('您好，当前商品为%s，打折后价格为:%.2f 元。'% (self.
        name, discount_price))
    @classmethod  #定义类方法
    def change_discount(cls, over_discount):
        cls.overall_discount=over_discount
apple=Fruit('苹果', 3, 0.88, 1)
banana=Fruit('香蕉', 5, 0.9, 1)
Fruit.change_discount(2)
#调用类方法，change_discount()实参参数值为 2，通过类方法运算传递给类
属性 overall_discount 再传递给实例方法 apple.fruit_price
apple.fruit_price()  #调用实例方法
```

思考：代码中定义了类属性 overall_discount = 0.5，为什么没有用到？

## 静态方法

① 在类中使用 @staticmethod 来修饰的方法属于静态方法；

② 静态方法不需要指定任何默认参数，静态方法可以通过类和实例去调用；

③ 静态方法基本上是一个和当前类无关的方法，它只是一个保存到当前类中的函数；

④ 静态方法一般都是一些工具方法，和当前类无关。

还是之前的超市卖水果的例子，如果每次使用这个系统收银的时候，需要先让它加一段广告，而这广告又跟水果没什么关系，这时候就要用到静态方法。

写一个这样的函数很简单：

```
def advertisement():
    print('平头哥果园欢迎您下次光临')
```

当把广告加在类中作为一个方法时，需要在前边加上一个@staticmethod 来告诉 Python 这是个静态方法，它不能访问实例属性和类属性。

**代码清单 19-5 定义静态方法**

```
class Fruit:
    @staticmethod
    def advertisement():
        print('平头哥果园欢迎您下次光临')
```

## 三种方法的总结

```
class Fruit:
    overall_discount=0.5
    def __init__(self, name, price, discount, count): #定义实例
属性
        self.name=name
        self.price=price
        self.discount=discount
        self.count=count
    def fruit_price(self): #定义实例方法
        discount_price=float(self.price *self.discount*self.\
count*Fruit.overall_discount)
        print('您好, 当前商品为%s, 打折后价格为:%.2f元。'% (self.\
name, discount_price))
    @classmethod  #定义类方法
    def change_discount(cls, over_discount):
        cls.overall_discount=over_discount
    @staticmethod
    def advertisement():
        print('平头哥果园欢迎您下次光临')
apple=Fruit('苹果', 3, 0.88, 1)
banana=Fruit('香蕉', 5, 0.9, 1)
#调用类方法, change_discount实参参数值为2, 传递给类方法, 通过类方法运算
传递给类属性overall_discount, 再传递给实例方法apple.fruit_price
Fruit.change_discount(2)
apple.fruit_price()  #调用实例方法
apple.advertisement()
```

① 实例方法：必须传入 self 参数，通过实例对象调用。

② 类方法：前边加@classmethod，必须传入 cls 参数，不能访问实例属性，通过类直接调用或者通过实例对象调用。

③ 静态方法：前边加@staticmethod，没有规定特定参数，不能访问实例属性和类属性，通过类直接调用或者通过实例对象调用。

## 19.2　方法的私有化

前面已经学习了属性的私有化，现在再来介绍一下方法的私有化。先来创建一个类，并调用其方法。

```
class Fruit:
    def demo_1(self):
        print('例子 1')
    def demo_2(self):
        print('例子 2')
apple=Fruit()
apple.demo_1()
apple.demo_2()
```

接着做些改变，将 demo_2( ) 方法私有化，方法私有化跟属性私有化一样也是在方法名前加 "__"。

**代码清单 19-6 私有化方法**

```
class Fruit:
    def __demo_2(self):
        print('例子 2')
    def demo_1(self):
        print('例子 1')
        print(self.__demo_2())   #类内部可以引用私有方法
apple=Fruit()
apple.demo_1()
apple.__demo_2()   #类外部不能调用私有方法
```

```
#代码运行结果
例子 1
例子 2
None
Traceback (most recent call last):
  File "C:/Users/lss/PycharmProjects/linss/sl.py", line 9, in
  <module>
    apple.__demo_2()
AttributeError: 'Fruit' object has no attribute '__demo_2'
```

以之前的 ATM 机为例，程序中允许用户录入信息，用户可以把账号密码输入进去，但是在验证输入的账号密码是否正确时需要在整个数据库中查找当前账户，即系统需要拥有查看所有账户信息的权限，这些信息不可能随便被查看，这时把验证功能定义为私有方法后，就可以在一定程度上保护这部分信息。

```python
class Atm:
    data=[]
    def __init__(self, user_info):
        self.data=user_info
        Atm.data.append(user_info)
    def __test(self):   #定义私有方法
        if self.data in Atm.data:
            print('登入成功! ')
    def account_test(self):
        Atm.__test(self)   #类内部调用私有方法
atm=Atm(["Limei",12345])
print(Atm.data)
atm.account_test()
[['Limei', 12345]]
登入成功!
```

## 19.3 面向对象总结回顾

**代码清单 19-7 面向对象总结代码**

```python
class MyClass:
    name='Tom'
    def __init__(self, age):
        self.age=age   #定义实例属性
    @staticmethod   #静态方法
    def static_method():
        print("I'm static method")
    @classmethod
    def class_method(cls):
        print('class_name:', cls.name)   #类方法访问类变量
        print("I'm class method" )
    def example_method(self, age):
        self.age=30
```

```
       print('example_name:', cls.name)  #实例方法访问类变量
       print("I'm a method, and age is %d" % self.age )
```

（1）使用类来访问类变量

```
MyClass.name
#结果为
'Tom'
```

（2）使用类来修改类变量

```
MyClass.name='Jack'
print (MyClass.name)
#结果为
'Jack'
```

（3）使用类来访问类方法

```
MyClass.class_method()
#结果为
class_name: Jack
I'm class method
```

（4）使用类来访问静态方法

```
MyClass.static_method()
#结果为
I'm static method
```

（5）修改实例变量

```
my_class=MyClass(20)  #实例化
print(my_class.age)
#结果为
20
my_class.age=23  #修改实例属性
print(my_class.age)
#结果为
23
```

（6）使用实例来访问类变量

```
print(my_class.name)
#结果为
'Jack'
```

（7）使用实例来访问实例方法

```
my_class.example_method(25)
#结果为
example_name: Jack
I'm example method , and age is 30
```

思考：为什么 age 是 30 而不是 25？

（8）使用实例来访问类方法

```
my_class.class_method()
#结果为
class_name: Jack
I'm class method
```

（9）使用实例来访问静态方法

```
my_class.static_method()
#结果为
I'm static method
```

（10）修改实例属性，类变量不变，实例变量改变

```
my_class.name='Bon'
print(MyClass.name)
#结果为
Jack
print(my_class.name)
#结果为
Bon
```

## 划重点

◆ 实例方法定义及调用
◆ 类方法定义及调用
◆ 类、实例、实例方法与类方法的调用关系

## ★拓展与提高

### 方法转属性

在 Python 中，可以通过@property(装饰器) 将一个方法转换为属性。将方法转换为属性后，可以直接通过方法名来访问方法，而不需要再添加一对小括号"（ ）"，这样可以让代码更加简洁。通过@property 创建属性的语法如下：

```
class class_name:
    @property
    def methodname(self):
        pass  #方法体
```

① methodname：用于指定方法名，一般使用小写字母开头。该名称最后将作为创建的属性名。

② self：必要参数，表示类的实例。

③ pass：方法体，实现的具体功能。在方法体中，通常以 return 语句结束，用于返回计算结果。

定义一个矩形类，在__init__（）方法中定义两个实例属性，然后再定义一个计算矩形面积的方法，并应用@property 将其转换为属性，最后创建类的实例，并访问转换后的属性。

**代码清单 19-8 装饰器@property 方法转属性**

```
class Rect:
    def __init__(self, width, height):
        self.width=width
        self.height=height
    @property
    def area(self):
        return(self.width * self.height)
rect=Rect(80, 60)
#输出属性的值，因为使用了装饰器，这里调用 area 就不需要在最后加一个括号了
print('面积为: ', rect.area)
```

```
#代码运行结果
面积为：4800
```

通过@property 转换后的属性不能重新赋值，如果对其重新赋值，将会抛出异常。

示例代码如下：

```
class Rect:
    def __init__(self, width, height):
        self.width=width
        self.height=height
    @property
    def area(self):
        return(self.width * self.height)
rect=Rect(80, 60)
```

```
#在这里进行了重新赋值
rect.area=10
#因为使用了装饰器，这里调用 area 就不需要在最后加一个括号了
print('面积为: ', rect.area)
#代码运行结果
    Traceback (most recent call last):
     File "D:/xuexi/Python/Demo.py", line 14, in <module>
        rect.area=10
    AttributeError: can't set attribute
```

## "魔法方法"

先看如下代码：

```
class Student:
    def __init__(self, name, age, address):
        self.name=name
        self.age=age
        self.address=address
#创建实例对象
xiaoming = Student("小明",10,"北京市")
print(xiaoming)
#代码运行结果
<__main__.Student object at 0x000001635905B240>
Process finished with exit code 0
```

怎样改变才能让它显示"小明 10 北京市"呢？

实现此功能，需要使用 Python 中的"魔法方法"，格式为：__方法名__ ( )。这些方法，当然它们并不是真的有魔法，这些只是在你创建类时 Python 自动包含的一些方法。Python 程序员通常把它们叫作特殊方法（special method）。

前面例题中直接 print(xiaoming) 打印出了<__main__.Student object at 0x000001635905B240>，如果想打印出你要求的结果就需要引入"魔法方法"中的__str__ ( ) 方法，它会告诉 Python 打印（print）一个对象时具体显示什么内容。

__str__ ( ) 方法的注意事项：

① 当需要将实例对象打印出来的时候，可以调用__str__ ( ) 方法，一般用于返回对象的描述信息。

② __str__ ( ) 方法必须要有返回值，并且返回值必须是字符串类型。

下面用__str__ ( ) 方法来实现：

**代码清单 19-9 __str__ ( ) 方法的应用**

```
class Student:
    def __init__(self, name, age, address):
        self.name=name
        self.age=age
        self.address=address
    def __str__(self):
        return("%s %d %s" %(self.name, self.age, self.address))
xiaoming = Student("小明",10, "北京市")
print(xiaoming)
```

## ★ 你掌握了没有

① 编写一个 Student 类；

② 该类的实例属性有姓名（name）、年龄（age）、身高（height）、职业（job）；

③ 运用__str__ ( ) 方法，打印输出格式为"我叫小明，今年 17 岁，身高 170 厘米，职业为学生。"。

```
class Student:
    def _____

        self.name=name
        self.age=age

        _____

        _____

    _____
    return("我叫%s,今年%d 岁，身高%d 厘米，职业为 \
    %s。" %(self.name,self.age,self.height,self.job))
xiaoming=Student("小明",17,170,"学生")
print(xiaoming)
```

## 学编程，多动手

设计一个订餐系统类，有桌号实例属性和折扣类属性，点餐、输出当前折扣和欢迎方法。点餐方法打印桌号开始点餐，输出当前折扣方法打印出当前折扣，欢迎方法输出欢迎光临。设计此类。

你的代码

20

寻求"爸爸"的
帮助——继承

内容概述

前面提到过面向对象的三大特性：封装、继承、多态。本章将重点介绍继承的概念、继承的特性以及方法的重写、扩展，另外也将探讨多重继承的继承顺序。

## ●●● 优雅的代码从认识英语单词开始

学习本章内容前你需要先认识表 20-1 中的单词。

表 20-1　英语单词

| 英文单词 | 中文含义 | Python 中用法 |
| --- | --- | --- |
| Animal | 动物 | 类定义例程，类名 |
| introduce | 介绍 | 例程方法名称 |
| Cat | 猫 | 类定义例程，类名 |
| super | 超级的 | Python 特殊类，用以调用父类方法 |
| Father | 爸爸 | 类定义例程，类名 |
| Mother | 妈妈 | 类定义例程，类名 |
| Child | 孩子 | 类定义例程，类名 |
| gray | 灰色 | 例程参数 |
| fish | 鱼 | 例程用词 |
| eating | 吃 | 例程方法 |
| grass | 草 | 例程用词 |
| ability | 能力 | 例程方法名称 |
| output | 产出 | 例程方法 |

## ●●● 知识、技能目标

知识学习目标

◆ 认知继承的概念

◆ 认知父类、子类的概念

◆ 认知方法重写、拓展与提高的概念

技能掌握目标

◆ 掌握继承的规则

◆ 掌握方法重写、拓展与提高的规则

◆ 掌握多继承及继承顺序规则

## 20.1 继承的概念

在编写程序的时候，经常能碰到一些已经有的类，它们能实现所需的大部分功能，但并不能满足全部。这个时候该如何做？这时可以对这个类进行修改，但是这会让代码变得更加复杂，很可能会带来额外的麻烦。当然也可以重新写一个类，但这样就得维护更多的代码，同时新类跟旧类相同的功能被分割在不同的地方，这也增加了维护类的难度。

有效的办法是对已有的类添加或修改部分功能从而衍生出新的类，这也跟前面学习过的函数、模块一样，贯彻了代码复用的精神，这种方法称为类的继承，见图 20-1。继承让子类拥有父类所有的属性和方法，相同的代码不需要重复编写。

图 20-1　继承的概念

### 代码清单 20-1 定义 Animal 类（图 20-2）

```
class Animal:
    def __init__(self, name, color, age):
        self.name=name
        self.color=color
        self.age=age
    def introduce(self):
        print('我是一只动物')
```

图 20-2　"物以类聚"

### 代码清单 20-2 定义 Cat 类（图 20-3）

```
class Cat:
    def __init__(self, name, color, age):
        self.name=name
        self.color=color
        self.age=age
    def introduce(self):
        print('我是一只动物')
```

图 20-3　猫子类

继承语法规则:

```
class 子类(父类):
    pass
```

如:

```
class Cat(Animal):
    pass
```

子类继承自父类,可以直接拥有父类中已经开发好的属性及方法,不需要再次开发,具体见下面的代码,它分别从 Cat 类继承 Animal 类以及单独定义 Cat 类两个方向验证继承的概念与实现。

```
class Animal:
    def __init__(self, name,
    color, age):
        self.name=name
        self.color=color
        self.age=age
    def introduce(self):
        print('我是一只动物')
```

通过继承 ⇒

```
#Cat 类继承 Animal 类
class Cat(Animal):
    def __init__(self, name,
    color, age):
        super().__init__(self,
        name, color, age)
```

⇓

```
class Cat:
    def __init__(self, name,
    color, age):
        self.name=name
        self.color=color
        self.age=age
    def introduce(self):
        print('我是一只动物')
```

直接定义 ⇒

```
cat=Cat('Tom','gray','3')
#继承后等于继承了 Animal 类初始化
方法,并将实例属性传递给父类初始化
构造方法,注意参数不可少
print(cat.name)  #调用父类属性
cat.introduce()  #调用父类方法
    #运行结果
    Tom
    我是一只动物
```

通过代码可以发现,无论继承后实例化还是单独定义类再实例化,调用实例属性及实例方法的结果一致。

## ★ 20.2 继承的传递性

继承是可以传递的,比如 C 类继承自 B 类,B 类又继承自 A 类,那么 C 类就拥有 B 类和 A 类所有的属性和方法。即子类拥有父类及父类的父类中所有封装的属性与方法。代码清单 20-3 中 Tom 继承了 Cat 类的 eating( ) 方法,同时继承了 Animal 类的 introduce( ) 方法。

**代码清单 20-3 继承的传递**

```
class Animal:
    def introduce(self):
        print("I am an animal.")
class Cat(Animal):  #Cat 子类继承 Animal 父类
    def eating(self):
        print("I like eat fish.")
class Tom(Cat):  #Tom 子类继承 Cat 父类，同时继承了 Animal 类
    def name(self):
        print("My name is Tom")
tom=Tom()
tom.name()
tom.eating()
tom.introduce()

#代码运行结果
My name is Tom
I like eat fish.
I am an animal.
```

## 20.3 重写——方法覆盖

当父类中的方法满足不了子类的需求时，可以对方法进行重写，重写父类的方法有两种：

① 覆盖父类的方法；

② 对父类方法进行扩展。

### 覆盖父类的方法

如果在开发中父类的方法实现和子类的方法实现完全不同，就可以使用覆盖方法在子类中重新编写父类的方法实现（严格意义上并不是覆盖父类方法，子类里直接定义的方法是子类或其实例方法，只是恰好与父类的方法重名而已）。覆盖方式为在子类中定义一个和父类重名的方法并且实现，重写之后，在运行时，只会调用子类中重写的方法，而不会再调用父类中封装的方法。

**代码清单 20-4 覆盖方式重写方法**

```
class Animal:
    def __init__(self, name, color, age):
        self.name=name
```

287

```
        self.color=color
        self.age=age
    def introduce (self):
        print('我是一只动物')
class Cat(Animal):
    #与父类方法重名，覆盖父类方法
    def introduce(self):
        print('我是一只猫')
cat=Cat()
cat.introduce()
```

我是一只猫

**代码清单 20-5 验证重写方法后，优先调用子类方法**

```
class Animal:
    def introduce(self):
        print("I am an animal.")
class Cat(Animal):  #Cat 子类继承 Animal 父类
    def introduce(self):
        print("I am a cat.")
#Tom 子类继承 Cat 父类，同时继承了 Animal 类
class Tom(Cat):
    def introduce(self):
        print("My name is Tom.")
tom=Tom()
tom.introduce()  #优先调用 Tom 子类方法
```

```
My name is Tom.
```

TIPS    方法重写后优先调用子类方法。

## 20.4 给父类方法加点料——方法扩展

不想完全重写父类的方法，只想给父类的方法添加一些功能，即子类的方法实现包含了父类的方法实现，这时候需要对父类的方法进行拓展与提高。

```
class 父类：
    def 父类方法名：
        父类方法
```

```
class 子类(父类):
    def 新方法:
        super().父类方法名
        添加的功能
```

**代码清单 20-6 重写之方法扩展**

```
class Father:
    def __init__(self):
        self.iq = 140
class Son(Father):
    def __init__(self):
        super().__init__()
        self.face='高颜值'
son=Son()
print(son.iq, son.face)
```

140 高颜值

扩写方式

① 在子类中重写父类的方法；

② 在需要的位置，调用父类的方法，用 super( ).父类方法（参数）；

③ 编写子类方法其他的代码。

## 20.5 __init__（ ）初始化构造方法的继承

语法规则：类.__init__ (self,参数 1，参数 2，……)

实例化对象-->实例调用子类__init__( ) --> 子类__init__( ) 继承父类__init__( ) -->调用父类 __init__( )

**代码清单 20-7 继承父类初始化构造方法**

```
class Animal:
    def __init__(self, weight):
        self.weight=weight
class Cat(Animal):
    def __init__(self, name, age):
        self.name=name
        self.age=age
cat=Cat('Tom',2,130)
print(cat.weight)
```

```
Traceback (most recent call last):
  File "C:/Users/lss/PycharmProjects/linss/sl.py", line 9, in
  <module>
    print(cat.weight)
```
AttributeError: 'Cat' object has no attribute 'weight'#Cat 类并没有绑定 weight 属性

事实表明 Cat 子类并没有继承到父类构造方法里 weight 属性，这里可以通过 super( ).__init__ (weight) 或父类名.__init__ (self, weight) 实现继承父类实例属性。

将代码调整如下：

**代码清单 20-8 继承父类初始化构造方法**

```
class Animal:
    def __init__(self, weight):
        self.weight=weight
class Cat(Animal):
    def __init__(self, name, age, weight):
        self.name=name
        self.age=age
        #调用父类__init__方法, 将 weight 属性传递给 Cat 子类
        super().__init__(weight)
cat=Cat('Tom',2,130)
print(cat.weight)
```

130

下面再看一个实例，写下代码运行结果。

```
class Animal:
    def __init__(self, weight):
        self.weight = weight
    def eating(self):
        print("It likes to eat grass.")
class Cat(Animal):
    #先继承, 再重构
    def __init__(self, name, age, weight):
    #也可以写成 super().__init__(weight)
        Animal.__init__(self, weight)
    #定义子类专有的实例属性
        self.name = name
        self.age=age
```

```
    def eating(self):
    #重写父类 eating 实例方法
        print("%s like eating fish."%self.name)
cat=Cat('Tom',5,6)
print(cat.name, cat.weight)
cat.eating()
#代码运行结果
```

---

## ★ 20.6 　多继承与继承顺序

### 子类可以拥有多个父类

**代码清单 20-9 多继承**

```
class Father(object):
    def show_iq(self):
        print('智商')
class Mother(object):
    def show_face(self):
        print('颜值')
class Child(Father, Mother):
    pass
```

定义子类时，如果父类有多个，程序会调用哪一个父类中的方法呢？

（注：实际开发中尽量避免存在相同方法时使用多继承。）

```
class Father:
    def ability(self):
        print('智商')
class Mother:
    def ability(self):
        print('颜值')
class Child(Father, Mother):
    pass
xiaoming=Child()
xiaoming.ability()
```

```
class Father:
    def ability(self):
        print('智商')
class Mother:
    def ability(self):
        print('颜值')
class Child(Mother, Father):
    pass
xiaoming=Child()
xiaoming.ability()
```

智商

颜值

## 总结与归纳

多继承调用规则：_____

Python 中针对类提供了一个内置属性 __mro__，可以查看方法搜索顺序，mro 是 method resolution order 的缩写，主要用于在多继承时判断方法、属性的调用路径。

① 在搜索方法时，是按照 __mro__ 的输出结果从左至右的顺序查找的；

② 如果在当前类中找到方法，就直接执行，不再继续搜索。

```
class Child(Father,Mother):
    pass
    print(Child.__mro__)
```
(<class '__main__. Child'>, <class '__main__.Father'>, <class '__main__.Mother'>, <class 'object'>)

```
class Child(Mother, Father):
    pass
    print(Child.__mro__)
```
(<class '__main__.Child'>, <class '__main__. Mother'>,<class '__main__. Father '>,<class 'object'>)

### Task: 写出下述代码的运行结果

```
class A:
    def output(self):
        print('A')
class B:
    def output(self):
        print('B')
class C(A, B):
    def output(self):
        super().output()
c=C()
c.output()
```
_____

```
class A:
    def output(self):
        print('A')
class B:
    def output(self):
        print('B')
class C(B, A):
    def output(self):
        super().output()
c=C()
c.output()
```
_____

## 划重点

◆ 方法继承的技巧

◆ 实例初始化方法继承与 super( )

◆ 方法覆盖与扩展

◆ 继承的传递

◆ 多继承规则

## ★拓展与提高

调用父类的私有方法同样需要应用到 super( ) 函数，super( ).__父类名__私有方法名 ( )，具体参照下述代码：

```python
class Animal():
    def __introduction(self):
    #父类的私有方法
        print('我是个动物')
class Cat(Animal):
    def introduction(self):
        super()._Animal__introduction()
cat=Cat()
cat.introduction()
```

## 你掌握了没有

（1）什么是类的继承？

（2）如何进行父类方法的扩展？

（3）如何继承父类初始化构造方法？

（4）多继承遵循什么样的规则？

（5）当子类与父类具有相同名称的方法时，子类调用哪个方法？

## 学编程，多动手

编写一个学校的类，学校成员包含教师、学生子类，不论教师还是学生都包含姓名、性别、年龄属性，以及自我介绍、增减员方法，并且实现每次新的实例化能够自动增加学校的人数。学生有分数属性，教师有薪水属性，定义教师授课方法以及学生交学费方法，定义学生注册以及开除方法。

### 任务分解分析

学校类：School_Member

属性：

name

每次实例化提示：一，"A new member is coming, it's..."；二，"Now it's__persons in school."

方法

自我介绍：introduce_self(self)，介绍自己名字。

成员离开：del，注意为了保证数据的安全，需要保证在外部不能对数据进行删除操作，因而需要定义为私有化方法：__del__(self)。

```python
class School_Member:
    count=0
    def __init__(self, name):
        self.name=name
        print("A new member is coming, it's %s."%self.name)
        School_Member.count+=1
        print("Now it's %d persons in school." % School_Member.\
        count)
    def introduce_self(self):
        print("Hello, my name is %s."%self.name)
    def __del__(self):
        School_Member.count-=1
        print("%s left the school, there's %d persons in school.\"
        %(self.name, School_Member.count))
```

教师类：Teacher

属性：

name

salary

方法

自我介绍：School_Member.introduce_self(self)。

介绍身份及薪水：introduce_self(self)。

成员离开：School_Member.__del__(self)。

```python
class Teacher(School_Member):
    def __init__(self, name, salary):
        School_Member.__init__(self, name)
        self.salary=salary
    def introduce_self(self):
        School_Member.introduce_self(self)
        print("I am a teacher, my salary is %d."%self.salary)
    def __del__(self):
        School_Member.__del__(self)
```

学生类: Student

　　　属性:

　　　name

　　　score

　　　方法

　　　自我介绍: School_Member.introduce_self（self）。

　　　介绍身份及成绩: introduce_self（self）。

```python
class Student(School_Member):
    def __init__(self, name, score):
        School_Member.__init__(self, name)
        self.score=score
    def introduce_self(self):
        School_Member.introduce_self(self)
        print("I am a student, my score is %d."%self.score)
    def __del__(self):
        School_Member.__del__(self)
```

## 代码整理

```python
class School_Member:
    count=0
    def __init__(self, name):
        self.name=name
        print("A new member is coming, it's %s."%self.name)
        School_Member.count+=1
        print("Now it's %d persons in school." % School_Member.count)
    def introduce_self(self):
        print("Hello, my name is %s."%self.name)
    def __del__(self):
        School_Member.count-=1
        print("%s left the school, there's %d persons in school.\"
        %(self.name, School_Member.count))
class Teacher(School_Member):
    def __init__(self, name, salary):
        School_Member.__init__(self, name)
        self.salary=salary
```

```
    def introduce_self(self):
        School_Member.introduce_self(self)
        print("I am a teacher, my salary is %d."%self.salary)
    def __del__(self):
        School_Member.__del__(self)


class Student(School_Member):
    def __init__(self, name, score):
        School_Member.__init__(self, name)
        self.score=score
    def introduce_self(self):
        School_Member.introduce_self(self)
        print("I am a student, my score is %d."%self.score)
    def __del__(self):
        School_Member.__del__(self)
tea=Teacher("Mr Li",6000)
tea.introduce_self()
stu=Student("LiDong",99)
stu.introduce_self()
#代码运行结果
A new member is coming, it's Mr Li.
Now it's 1 persons in school.
Hello, my name is Mr Li.
I am a teacher, my salary is 6000.
A new member is coming, it's LiDong.
Now it's 2 persons in school.
Hello, my name is LiDong.
I am a student, my score is 99.
Mr Li left the school, there's 1 persons in school.
LiDong left the school, there's 0 persons in school.
```

21

游戏开发中的图形

内容概述

本章将学习 pygame 的基本函数应用，pygame 图形绘制
工具，pygame 游戏开发中图形开发部分从窗口的初始化建立
到窗口关闭事件的代码设计。通过具体项目学习三角函数在
程序开发中的应用。

## ●●● 优雅的代码从认识英语单词开始

学习本章内容前你需要先认识表 21-1 中的单词。

表 21-1　英语单词

| 英语单词 | 中文含义 | Python 中用法 |
| --- | --- | --- |
| pygame | 一 | Python 中游戏开发的包 |
| display | 显示 | pygame 中模块 pygame.display |
| draw | 绘画，绘制 | pygame 中模块 pygame.draw |
| event | 事件 | pygame 中模块 pygame.event |
| font | 字体 | pygame 中模块 pygame.font |
| image | 图片 | pygame 中模块 pygame.image |
| surface | 表面 | 表示在哪一层上绘制图形 |
| width | 宽度 | 宽度，screen 尺寸 |
| height | 高度 | 高度，screen 尺寸 |
| rect | 矩形 | draw 中函数 pygame.draw.rect( ) |
| radius | 半径 | 半径，圆形的尺寸参数 |
| update | 更新 | display 下方法 pygame.display.update( ) |
| caption | 标题 | display 下方法 pygame.display.set_caption( ) |
| screen | 屏幕 | pygame 对象名称 |
| blit | 位块传送 | pygame 函数 screen.blit( )，表示将绘制的图形传送到屏幕上 |
| init | 初始化 | pygame 初始化函数 pygame.init( ) |
| mode | 模式 | 绘制屏幕，pygame.display.set_mode( ) |
| background | 背景 | 项目对象名称 |
| clock | 时钟 | pygame 时钟类 pygame.time.clock.tick( ) |

续表

| 英语单词 | 中文含义 | Python 中用法 |
|---|---|---|
| tick | 嘀嗒 | 程序计时器 |
| angle | 角度 | 例程变量 |
| thickness | 厚度 | 例程变量 |
| radians | 弧度 | math 模块角度转弧度函数 |
| sprite | 类 | 精灵类，图形对象加一个矩形区域 |

## ••• 知识、技能目标

### 知识学习目标

◆ 认知 pygame 模块基本函数及功能

◆ 认知 display 模块函数基本参数规则

◆ 认知 draw 模块函数基本规则

### 技能掌握目标

◆ 掌握 pygame 窗口绘制技巧

◆ 掌握 pygame 图形绘制技巧

## 21.1 pygame 模块概述

前面学习了输入输出、数据类型、条件与循环、函数与模块，还接触到了海龟绘图，是时候来做更有意思的事了，接下来将学习如何利用 Python 的一个特殊的包——pygame，开发游戏图形的工作。

首先了解下 pygame 有哪些模块（表 21-2）。

表 21-2  pygame 常用模块

| 模块 | 说明 |
|---|---|
| pygame.display | 访问设备显示 |
| pygame.draw | 绘制形状、线和点 |
| pygame.event | 管理事件 |
| pygame.font | 使用字体 |
| pygame.image | 加载和存储图片 |
| pygame.key | 读取键盘按键 |

| 模块 | 说明 |
| --- | --- |
| pygame.mixer | 声音 |
| pygame.mouse | 鼠标 |
| pygame.music | 播放视频 |
| pygame.sndarray | 管理图像和屏幕 |
| pygame.rect | 管理矩形区域 |
| pygame.time | 管理时间和帧信息 |

## pygame.draw

（1）pygame.draw 模块函数（表 21-3）

**表 21-3 pygame.draw 模块函数**

| 函数 | 说明 |
| --- | --- |
| pygame.draw.rect( ) | 绘制矩形 |
| pygame.draw.polygon( ) | 绘制多边形 |
| pygame.draw.circle( ) | 根据圆心和半径绘制圆形 |
| pygame.draw.ellipse( ) | 根据限定矩形绘制一个椭圆形 |
| pygame.draw.arc( ) | 绘制弧线 |
| pygame.draw.line( ) | 绘制线段 |
| pygame.draw.lines( ) | 绘制多条连续的线段 |
| pygame.draw.aaline( ) | 绘制抗锯齿的线段 |
| pygame.draw.aalines( ) | 绘制多条连续的线段（抗锯齿） |

pygame.draw 模块系列函数用于在 Surface 对象上绘制一些简单的形状，这些函数将图形渲染到任何格式的 Surface 对象上。大部分函数用 width 参数指定图形边框的宽度，如果 width=0 则表示填充整个图形。

所有的绘图函数仅能在 Surface 对象的剪切区域生效，这些函数返回一个 Rect，表示包含实际绘制图形的矩形区域（又称为精灵 sprite）。

大部分函数都有一个 color 参数，传入一个表示 RGB 颜色值的三元组，进一步也支持 RGBA 四元组。其中的 A 是 Alpha 的意思，用于控制透明度。不过该模块的函数并不会绘制透明度，而是直接传入到对应 Surface 对象的 pixel alphas 中。color 参数也可以是已经映射到 Surface 对象的像素格式中的整型像素值。

（2）函数详解

◆ **pygame.draw.rect()**

**功能**：绘制矩形。

**语法**：rect(Surface, color, Rect, width=0)

**说明**：在 Surface 对象上绘制一个矩形。Rect 参数指定矩形的位置和尺寸。width 参数指定边框的宽度，如果设置为 0 则表示填充该矩形。

**举例**：the_rect=rect(screen,(255, 255, 255),[300, 150, 300, 100], 0)，其中 (255, 255, 255) 为颜色，[300, 150, 300, 100]前两个数 300、150 为左上角的坐标，后面两个 300、100 分别为宽度与高度，0 为边的宽度，当边的宽度为 0 时表示填充。

◆ **pygame.draw.polygon()**

**功能**：绘制多边形。

**语法**：polygon(Surface, color, pointlist, width=0)

**说明**：在 Surface 对象上绘制一个多边形。pointlist 参数指定多边形的各个顶点。width 参数指定边框的宽度，如果设置为 0 则表示填充该多边形。

◆ **pygame.draw.circle()**

**功能**：根据圆心和半径绘制圆形。

**语法**：circle(Surface, color, pos, radius, width=0)

**说明**：在 Surface 对象上绘制一个圆形。pos 参数指定圆心的位置，radius 参数指定圆的半径。width 参数指定边框的宽度，如果设置为 0 则表示填充该圆形。

◆ **pygame.draw.ellipse()**

**功能**：根据限定矩形绘制一个椭圆形。

**语法**：ellipse(Surface, color, Rect, width=0)

**说明**：在 Surface 对象上绘制一个椭圆形。Rect 参数指定椭圆外围的限定矩形。width 参数指定边框的宽度，如果设置为 0 则表示填充该矩形。

◆ **pygame.draw.arc()**

**功能**：绘制弧线。

**语法**：arc(Surface, color, Rect, start_angle, stop_angle, width=1) - > Rect

**说明**：在 Surface 对象上绘制一条弧线。Rect 参数指定弧线所在的椭圆外围的限定矩形。两个 angle 参数指定弧线的开始和结束位置。width 参数指定边框的宽度。

◆ **pygame.draw.line()**

**功能**：绘制线段。

**语法**：line(Surface, color, start_pos, end_pos, width=1)

**说明**：在 Surface 对象上绘制一条线段。两端以方形结束。

◆ **pygame.draw.lines()**

**功能**：绘制多条连续的线段。

**语法**：lines(Surface, color, closed, pointlist, width=1) -> Rect

**说明**：在 Surface 对象上绘制一系列连续的线段。pointlist 参数是一系列短点。如果 closed 参数设置为 True，则绘制首尾相连。

◆ **pygame.draw.aaline()**

**功能**：绘制抗锯齿的线段。

**语法**：aaline(Surface, color, startpos, endpos, blend=1) -> Rect

**说明**：在 Surface 对象上绘制一条抗锯齿的线段。blend 参数指定是否通过绘制混合背景的阴影来实现抗锯齿功能。该函数的结束位置允许使用浮点数。

◆ **pygame.draw.aalines()**

**功能**：绘制多条连续的线段（抗锯齿）。

**语法**：aalines(Surface, color, closed, pointlist, blend=1) -> Rect

**说明**：在 Surface 对象上绘制一系列连续的线段（抗锯齿）。如果 closed 参数为 True，则首尾相连。blend 参数指定是否通过绘制混合背景的阴影来实现抗锯齿功能。该函数的结束位置允许使用浮点数。

## pygame.display

（1）pygame.display 模块函数（表 21-4）

表 21-4　pygame.display 模块函数

| 函数 | 说明 |
| --- | --- |
| pygame.display.init( ) | 初始化 display 模块 |
| pygame.display.quit( ) | 结束 display 模块 |
| pygame.display.get_init( ) | 如果 display 模块已经初始化，返回 True |
| pygame.display.set_mode( ) | 初始化一个准备显示的窗口或屏幕 |
| pygame.display.get_surface( ) | 获取当前显示的 Surface 对象 |
| pygame.display.flip( ) | 更新整个待显示的 Surface 对象到屏幕上 |
| pygame.display.update( ) | 更新部分界面显示 |
| pygame.display.get_driver( ) | 获取 pygame 显示后端的名字 |
| pygame.display.info( ) | 创建有关显示界面的信息对象 |
| pygame.display.get_wm_info( ) | 获取关于当前窗口系统的信息 |
| pygame.display.list_modes( ) | 获取全屏模式下可使用的分辨率 |
| pygame.display.mode_ok( ) | 为显示模式选择最合适的颜色深度 |
| pygame.display.gl_get_attribute( ) | 获取当前显示界面 OpenGL 的属性值 |
| pygame.display.gl_set_attribute( ) | 设置当前显示模式的 OpenGL 属性值 |

| 函数 | 说明 |
|------|------|
| pygame.display.get_active( ) | 当前显示界面显示在屏幕上时返回 True |
| pygame.display.iconify( ) | 最小化显示的 Surface 对象 |
| pygame.display.toggle_fullscreen( ) | 切换全屏模式和窗口模式 |
| pygame.display.set_gamma( ) | 修改硬件显示的 gama 坡道 |
| pygame.display.set_gamma_ramp( ) | 自定义修改硬件显示的 gama 坡道 |
| pygame.display.set_icon( ) | 修改显示窗口的图标 |
| pygame.display.set_caption( ) | 定义窗口标题 |
| pygame.display.get_caption( ) | 获取窗口标题 |

（2）函数详解

◆ **pygame.display.init()**

**功能**：初始化 display 模块。

**语法**：init( )

**说明**：初始化 pygame 的 display 模块。在初始化之前，display 模块无法做任何事情。但当你调用更高级别的 pygame.init( ) 时，便会自动调用 pygame.display.init( ) 进行初始化。

◆ **pygame.display.set_mode()**

**功能**：初始化一个准备显示的窗口或屏幕。

**语法**：set_mode(resolution= (0, 0)，flags=0, depth=0)

**说明**：这个函数将创建一个 Surface 对象的显示界面。传入的参数用于指定显示类型。最终创建出来的显示界面将最大可能地匹配当前操作系统。

◆ **pygame.display.update()**

**功能**：更新显示到桌面。

**说明**：这个函数可以看作是 pygame.display.flip( ) 函数在软件界面显示的优化版。它允许更新屏幕的部分内容，而不必完全更新。如果没有传入任何参数，那么该函数就像 pygame.display.flip( ) 那样更新整个界面。

◆ **pygame.display.set_caption()**

**功能**：设置当前窗口的标题栏。

**语法**：set_caption(title, icontitle=None)

**说明**：如果显示窗口拥有一个标题栏，这个函数将修改窗口标题栏的文本。一些操作系统支持最小化窗口时切换标题栏，通过设置 icontitle 参数实现。

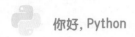

### pygame.event

pygame.event 模块函数（表21-5）

表 21-5　pygame.event 模块函数

| 函数 | 说明 |
| --- | --- |
| pygame.event.pump( ) | 让 pygame 内部自动处理事件 |
| pygame.event.get( ) | 从队列中获取所有事件 |
| pygame.event.poll( ) | 从队列中获取一个事件 |
| pygame.event.wait( ) | 等待并从队列中获取一个事件 |
| pygame.event.peek( ) | 检测某类型事件是否在队列中 |
| pygame.event.clear( ) | 从队列中删除所有的事件 |
| pygame.event.event_name( ) | 通过 id 获得该事件的字符串名字 |
| pygame.event.set_blocked( ) | 控制哪些事件禁止进入队列 |
| pygame.event.set_allowed( ) | 控制哪些事件允许进入队列 |
| pygame.event.get_blocked( ) | 检测某一类型的事件是否被禁止进入队列 |
| pygame.event.set_grab( ) | 控制输入设备与其他应用程序的共享 |
| pygame.event.get_grab( ) | 检测程序是否共享输入设备 |
| pygame.event.post( ) | 放置一个新的事件到队列中 |
| pygame.event.Event( ) | 创建一个新的事件对象 |
| pygame.event.EventType | 代表 SDL 事件的 pygame 对象 |

### pygame.image

（1）pygame.image 模块函数（表21-6）

表 21-6　pygame_image 模块函数

| 函数 | 说明 |
| --- | --- |
| pygame.image.load( ) | 从文件加载新图片 |
| pygame.image.save( ) | 将图像保存到磁盘上 |
| pygame.image.get_extended( ) | 检测是否支持载入拓展与提高的图像格式 |
| pygame.image.tostring( ) | 将图像转换为字符串描述 |
| pygame.image.fromstring( ) | 将字符串描述转换为图像 |
| pygame.image.frombuffer( ) | 创建一个与字符串描述共享数据的 Surface 对象 |

（2）函数详解

用于图像传输的 Pygame 模块。image 模块包含了加载和保存图像的函数，同时转换为 Surface 对象支持的格式。

注意：没有 Image 类。当一个图像被成功载入后，将转换为 Surface 对象。

21.2 绘制图形准备

pygame 图形绘制时需要先确定在哪里绘图，同时需要先建立窗口。pygame 窗口绘制前通常需要确认窗口的以下几个参数：大小（高度 height，宽度 width），窗口标题，窗口填充色，窗口背景图片等几个主要属性。建立窗口时需要用到 pygame 里 display 模块的 set_mode( ) 函数，函数参数为窗口的高度以及宽度，建立了窗口后，就可以用 set_caption( ) 函数给窗口起个名字，利用 fill( ) 函数给窗口上色，利用 blit( ) 函数给窗口设置背景图片，在本章后面的内容中将详细介绍。这里首先建立一个窗口，代码清单 21-1 创立了一个仅有宽度与高度参数的简单窗口：

**代码清单 21-1 建立窗口**

```
#在屏幕中创建一个 800×600 的窗口
import pygame
screen_width=800  #屏幕宽度
screen_height=600  #屏幕高度
screen=pygame.display.set_mode([screen_width, screen_height])
```

注：这里的 800、600 都是像素单位（在第二章已经介绍过像素）。

运行程序可以发现，屏幕一闪而逝，也就是说这段程序并没有一直执行。在分析如何解决这个问题之前，观察我们曾经所玩过的游戏，如果没有人的操作游戏会不会自己运行？游戏的运行有赖于人与游戏的交互，这种交互可能是通过鼠标、键盘、甚至是语音指令来实现的，而游戏也必须拥有这样一种机制，持续不停地监测这些交互行为，这些交互行为称为事件（event），而持续监测交互则是事件循环（event loop），关于事件以及事件循环的详细内容将在下一章详细介绍。

持续不断的事件循环应该用什么循环？前面循环章节中学习过死循环（while True:）的用法，保持监测事件一直循环，就需要用到 while True 循环。如果需要窗口一直保持，直到用鼠标关闭窗口为止，也需要用到 while True 循环，代码清单 21-2 提供了这一解决方案：

**代码清单 21-2 窗口关闭程序结束事件**

```
while True:
    for event in pygame.event.get():
```

```
        if event.type==QUIT:  #event.type==QUIT 表示事件类型是窗
口关闭或程序退出
        pygame.quit()
        sys.exit()
```

for event in pygame.event.get( ) 是在捕捉事件时的通用代码，在后面的章节中会经常用到，if event.type = = 事件类型名称，是事件类型判断，它表示"= ="右边的事件是什么事件，只有判断出事件类型才能根据其执行相应的事件代码。

如果想把窗口的背景颜色改为白色，可以这么做：screen.fill((255, 255, 255))。当你需要给窗口起个名字时，可以这样做：pygame.display.set_caption（"彩虹圈"）。

## 你的 pygame 包完整吗

pygame 作为一个包，有时候你并不知道电脑里面安装的 pygame 模块是否完整，如果不完整会很容易引发异常，因此在要调用它之前，每次都要检查一遍 pygame 包的完整性，而这个检查的动作，就是 pygame.init( )。

如果 event type 对象是一个停止事件，有两种函数 pygame.quit( ) 和 sys.exit( ) 可以实现。pygame.quit( ) 使得 pygame 库停止工作，如果同时还需要退出程序，则用 sys 模块中exit( ) 函数来实现程序的退出，在调用 sys.exit( ) 终止程序之前，建议先调用 pygame.quit( )。

### 代码清单 21-3 完整窗口建立

```
import pygame, sys
pygame.init()
screen_width=800  #屏幕宽度
screen_height=600  #屏幕高度
screen=pygame.display.set_mode([screen_width, screen_height])
pygame.display.set_caption("彩虹圈")
screen.fill((255,255,255))  #背景色改为白色
while True:
    for event in pygame.event.get():
#event.type==QUIT 表示事件类型是窗口关闭或程序退出
        if event.type==pygame.QUIT:
            pygame.quit()  #执行窗口退出方法
#退出程序，调用此方法必须导入 sys 模块
            sys.exit()
```

程序建立的窗口如图 21-1 所示。

明明将窗口背景调整为白色，为什么还是初始色黑色？上面的程序在对窗口填充色进行了更改后，需要程序将更改后的结果更新到屏幕上。在开发游戏或者其他程序时，几乎所有的图形对象都是动态的，或者说图形都是不断变化的，这时候就需要时刻将图形的最新状态显示到桌面上，但是这样必然会影响画面的流畅以及程序运行的速度。pygame 提供了一个机制，即允许程序将图形的动态变化临时存放起来，修改很多后再更新到窗口中。pygame 提供两种代码实现此功能，一个是 pygame.display.flip( )，另一个是 pygame.display.update( )，后一种支持更新部分区域，当参数缺省时它跟 flip( ) 的功能是一致的。需要提醒的是 flip( ) 与 update( ) 方法的使用是有位置要求的，它们必须至少跟在图形动态变化后面或者整个程序的结尾。代码清单 21-3 窗口建立代码加入 update 方法后效果如图 21-2 所示。

**图 21-1　绘制窗口 update 前**

**图 21-2　绘制窗口 update 后**

pygame.display.update( ) 应该放在什么位置？无限循环 while True 是游戏的主循环，它会一直运行，直到用户关闭窗口，在这个主循环里做的事情就是不停地画背景和更新图像位置，虽然背景是不动的，但还是需要每次都画它，否则鼠标覆盖过的位置就不能恢复正常了。

如果把 pygame.display.update( ) 放在 screen.fill([255, 255, 255]) 之前是否起作用？也可以把 update( ) 方法放在 while True 循环里，这样保证持续不断地更新图形动态变化在屏幕上。

## 21.3　绘制圆形

用 pygame 绘制一个圆，首先需要确定哪些内容？

① 绘制位置（surface）；

② 圆的颜色（color）；

③ 圆心的位置（pos）；

④ 圆的大小（radius）；

⑤ 圆边的宽度（width）。

于是就有了下面绘制圆的方法：

```
pygame.draw.circle(surface, color, pos, raduis, width)
```

## circle( )方法介绍

surface 参数：表示在哪层窗口上绘制圆，pygame 中允许多层表面，实际看到的只是显示出来的表面。

color 参数：表示绘制圆形的线的颜色，传入一个 RGB 三原色元组（见 4.7 节海龟画图）。

pos 参数：表示圆心的坐标。

raduis 参数：表示圆的半径，Python 中大部分时候用像素来表示对象的长度或距离。

width 参数：表示绘制圆的线的宽度，当为 0 时，圆内全部被填充。

color 中的 RGB 常用三原色元组：

(255, 0, 0) 为红色；

(0, 255, 0) 为绿色；

(0, 0, 255) 为蓝色；

(0, 0, 0) 为黑色；

(255, 255, 255) 为白色。

## pos 参数及坐标

pygame 图形窗口的原点位置即坐标（0，0）为窗口的左上角，横向、纵向坐标（坐标的概念在第 3 章已经介绍过）沿向右、向下增大。

下面在前面绘制的 screen 中心里绘制一个圆形，圆心位置见图 21-3。

为了方便查看，这里用 screen.fill ([255, 255, 255]) 将 screen 背景色改成白色。

**代码清单 21-4 绘制圆形**

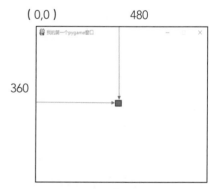

图 21-3　绘制圆形准备

```
import pygame, sys
pygame.init()
screenWidth, screenHeight=480, 360
screen=pygame.display.set_mode((screenWidth, screenHeight))
pygame.display.set_caption("我的第一个 pygame 窗口")
screen.fill((255,255,255))  #将 screen 背景色改成白色
pygame.draw.circle(screen,(255,0,0),(240,180),20,0)  #绘制圆形
while True:
    for event in pygame.event.get():
```

```
    if event.type==pygame.QUIT:
        pygame.quit()
        sys.exit()
pygame.display.update()
```

上面代码执行结果见图 21-4。

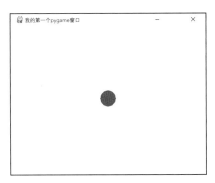

图 21-4　圆形效果

**彩虹圈项目效果**

先看一下彩虹圈的项目效果（图 21-5）。

通过图 21-5 得知，绘制彩虹圈的图形构成是：存在一个半径为 r 的圆，画出多个不同颜色的小圆，这些小圆的圆心都在这个半径为 r 的圆上，图形空间逻辑如图 21-6 所示。

图 21-5　彩虹圈项目效果图

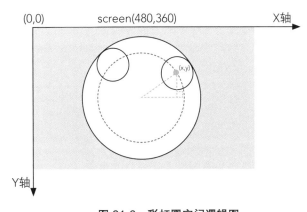

图 21-6　彩虹圈空间逻辑图

现在设定小圆圆心所在圆的圆心居于 screen 的中央，那么圆心的坐标是(screenWidth//2, screenHeight//2)，小圆圆心所在圆的半径为 radius。

## 彩虹圈小圆类建立

现在创建一个小圆的类（LittleCircle），定义小圆实例属性。

彩虹圈小圆类创建

小圆实例属性定义

| | |
|---|---|
| 彩虹圈半径 | `self.radius` |
| 颜色 | `self.color` |
| 画笔宽度 | `self.thickness` |
| 小圆圆心坐标 | `(self.x,self.y)` |
| 小圆圆心偏转角度 | `self.angle` |

**代码清单 21-5 定义小圆类**

```python
class LittleCircle():
    def __init__(self, radius, color, thickness):
        self.color=color  #圆的颜色
        self.thickness=thickness  #画笔宽度
        self.x=screenCenterx  #圆心x坐标初始值
        self.y=screenCentery  #圆心y坐标初始值
        self.angle=0  #圆心偏转角度
        self.radius=radius  #小圆圆心所在圆的半径
```

小圆绘制方法定义，小圆圆心坐标数学逻辑见图 21-7。虚线为要绘制圆形圆心的轨迹，坐标为(x，y)，x = screenCenterx + x1，y = screenCentery + y1，关于 x1 和 y1，可以用数学中的正弦余弦来计算，具体计算公式见图 21-8。

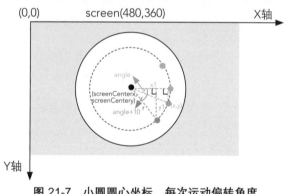

**图 21-7　小圆圆心坐标、每次运动偏转角度**

要计算圆的坐标，就需要用到math模块中三角正弦函数和余弦函数
import math

正弦函数 (sin值)
sin (角A) =对边/斜边=a/c

余弦函数 (cos值)
cos (角A) =邻边/斜边=b/c

90°<圆心角<270°，余弦值是负数；
180°<圆心 角<360°，正弦值是负数。

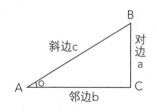

**图 21-8　三角形正弦余弦计算**

数学中可以这样解 x1 和 y1：

```
x1=radius*cos(angle)
```

```
y1=radius*sin(angle)
```

Python 中三角函数运算跟数学中的不一样，要先把角度换算成弧度，用 math 模块里的 radians 函数实现由角度向弧度的换算：

```
math.radians(self.angle)
```

**代码清单 21-6 圆心坐标**

```
x1=self.radius*math.cos(math.radians(self.angle))
y1=self.radius*math.sin(math.radians(self.angle))
self.x=screenCenterx+self.radius*math.cos(math.radians(self.angle))
self.y=screenCentery+self.radius*math.sin(math.radians(self.angle))
```

前面设置了 self.angle 角度的初始值为 0，另外因为小圆的圆心是不断运动的，也就是圆心的偏转角度是不断增加的，因此这里需要给 self.angle 设定自增加，可以设定每次增加 10°。也可以设定增加 90°。但是为了尽可能地让图形绘制更平滑，需要设置一个小的值但又不影响绘制图形的效率，self.angle = self.angle + 10。

圆形绘制方法：

```
pygame.draw.circle(screen, self.color,(self.x, self.y),20,0)  #
画笔宽度是 0 表示颜色填充
```

小圆颜色方法（这里仍然采用随机颜色）：

```
import random as r
self.color=(r.randrange(0, 256), r.randrange(0, 256),
r.randrange(0, 256))
```

## 小圆类建立代码整理

**代码清单 21-7 小圆类建立**

```
import turtle as r
class LittleCircle():
    def __init__(self, radius, color):
        self.color=color   #笔颜色
        self.x=screenCenterx   #圆心x坐标初始值
        self.y=screenCentery   #圆心y坐标初始值
    self.angle=0   #小圆圆心偏转角度
    self.radius=radius   #小圆圆心所在圆的半径
def draw_circle(self):  #绘制小圆的方法
    x=screenCenterx+self.radius*math.cos(math.radians(self.angle))
```

```
        #小圆圆心x坐标
        y=screenCentery+self.radius*math.sin(math.radians(self.angle))
        #小圆圆心y坐标
        self.angle=self.angle+10   #小圆圆心偏转角度
        self.color=(r.randrange(256), r.randrange(256), r.randrange(256))
        pygame.draw.circle(screen, self.color,(self.x, self.y),20,0)
little_circle=LittleCircle(100,(255,0,0),0)   #小圆类实例化
```

## 彩虹圈代码整理

### 代码清单 21-8 彩虹圈项目代码

```
import pygame, sys, math   #程序结束事件必须导入 sys 模块
import random as r
pygame.init()
screenWidth, screenHeight=480, 360
screenCenterx=screenWidth//2
screenCentery=screenHeight//2
screen=pygame.display.set_mode((screenWidth, screenHeight))
screen.fill((255,255,255))   #将 screen 背景色改成白色
class LittleCircle():
    def __init__(self, radius, color):
        self.color=color   #笔颜色
        self.x=screenCenterx   #圆心x坐标
        self.y=screenCentery   #圆心y坐标
        self.angle=0   #圆心偏转角度
        self.radius=radius   #小圆圆心轨迹所在圆的半径
        def draw_circle(self):
            self.x=screenCenterx+self.radius*math.\
            cos(math.radians(self.angle))
        #小圆圆心x坐标
            self.y=screenCentery+self.radius*math.\
            sin(math.radians(self.angle))
        #小圆圆心y坐标
            self.angle=self.angle+10   #小圆圆心偏转角度
            self.color=(r.randrange(256), r.randrange(256),\
            r.randrange(256))
            pygame.draw.circle(screen, self.color, (self.x,\
            self.y), 20, 0)
little_circle=LittleCircle(100,(255,0,0),0)   #小圆类实例化
```

```
    while True:
        for event in pygame.event.get():
            if event.type==pygame.QUIT:
                pygame.quit()
                sys.exit()
        little_circle.draw_circle()
        pygame.display.update()
```

#运行程序后出现异常

```
Hello from the pygame community.https://www.pygame.org/
contribute.html
Traceback (most recent call last):
  File "C:/Users/lss/PycharmProjects/linss/sl.py", line 33, in
  <module>
    pen.draw_circle()
  File "C:/Users/lss/PycharmProjects/linss/sl.py", line 26, in
  draw_circle
    pygame.draw.circle(screen, self.color, (self.x, self.y),
    20, 0)
TypeError: integer argument expected, got float
```

在计算小圆圆心坐标时，因为涉及了三角函数运算，所以计算的值是浮点型（float），异常信息表明 draw_circle( ) 需要整型参数：

```
self.x=int(screenCenterx + self.radius*math.cos(math.\radians(self.
angle)))
#小圆圆心 x 坐标
self.y=int(screenCentery + self.radius*math.sin(math.\radians(self.
angle)))
#小圆圆心 y 坐标
```

## 观察并优化

通过观察程序运行结果（图21-9）可以发现，每个小圆圆心之间的偏转角度偏大，因而需要调整 self.angle = self.angle + 5 ~ self.angle + 10。另外程序中在定义 LittleCircle 类的时候，设置了 thickness = 0，也就是画笔绘图时填充色，同时在 draw_circle( ) 方法里也定义了画笔宽度为 0，pygame.draw.circle(screen, self.color, (self.x, self.y)，20, 0)，显然这样就重复了，可以将画笔类里的 thickness 参数去掉。

通过观察还发现图形绘制速度过快，pygame 提供了一个时钟类对象（Clock），从而可以控制程序或者循环的执行频率，就好比在操场跑步的时候，老师要求你必须保持 2 分钟一圈，不能快也不能慢，或者老师会要求你 10 分钟内必须要跑够 5 圈。在使用时钟对象前，必须先创建的实例，这里用到 pygame 中 time 模块的一个叫 Clock 的类，它提供了一系列方法：

```
clock=pygame.time.Clock()
```

Clock 类给提供了一个方法——tick( ) 方法，可实现设置每秒循环执行的次数。注意：这一方法参数设定的不是毫秒，而是每秒循环执行的次数，如 clock.tick(60) 表示设置程序循环 60 次每秒。

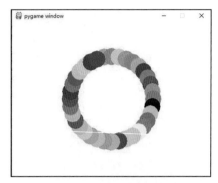

显然利用 clock.tick( ) 可以控制彩虹圈绘图的速度，另外还可以用 pygame.time.delay( ) 命令控制彩虹圈绘图的速度。

代码优化后，项目完整代码如代码清单 21-9。

**代码清单 21-9 代码优化及整合**

图 21-9　代码运行效果

```python
import pygame, sys, random
import math
import random as r
pygame.init()
screenWidth, screenHeight=480, 360
screen=pygame.display.set_mode((screenWidth, screenHeight))
#屏幕定义
screenCenterx=screenWidth//2
screenCentery=screenHeight//2
screen.fill((255,255,255))  #将 screen 背景色改成白色
clock=pygame.time.Clock()
class LittleCircle ():
    def __init__(self, radius, color):
        self.color=color  #笔颜色
        self.x=screenCenterx  #圆心x坐标
        self.y=screenCentery  #圆心y坐标
        self.angle=0  #圆心偏转角度
        self.radius=radius  #小圆圆心所在圆的半径
    def draw_circle(self):  #定义小圆绘制方法
        self.x=int(screenCenterx+self.radius \
        *math.cos(math.radians(self.angle)))  #小圆圆心x坐标
        self.y=int(screenCentery+self.radius \
        *math.sin(math.radians(self.angle)))  #小圆圆心y坐标
        self.angle=self.angle+5  #小圆圆心偏转角度
```

```
        self.color=(r.randrange(256), r.randrange \
        (256), r.randrange(256))
        pygame.draw.circle(screen, self.color, (self.x, self.
        y), 20, 0)
littlecircle=LittleCircle(100,(255,0,0))  #小圆类实例化
while True:
    for event in pygame.event.get():
        if event.type==pygame.QUIT:
            pygame.quit()
            sys.exit()
    littlecircle.draw_circle()
    clock.tick(35)   #尝试将参数改为不同的值并观察对程序运行结果的影响
    pygame.display.update()
```

## 21.5  图形与动画

### 让绘制的图形滚动起来

（1）知识准备：给窗口贴个背景图

前面学了绘制窗口，但是背景是不是太单调？现在给窗口加个背景图像，在绘制图形的窗口上面绘制背景图像，这时候需要用到 image 函数 load( ) 以及 blit( ) 方法。

（2）pygame surface 与 blit

pygame 允许多层表面（你可以理解为图层），当在 pygame 窗口里绘制图形，加入诸多游戏元素对象的时候，一个游戏元素为一个表面，把这些游戏元素作为一个个图片叠加到其他图像上面。这种叠加称为移块（blit），表示将一个图块移动到另一个的上面，见图 21-10。

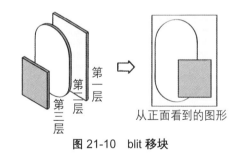

图 21-10　blit **移块**

surface.blit(source, dest, area=None, special_flags=0) -> Rect，将 source 参数指定的对象绘制到对象 surface 上。

**代码清单 21-10 image 用法及 blit( )用法**

```
background=pygame.image.load("./images/background.png")
```

#将图片绘制到屏幕相应坐标上，（0，0）表示整个 screen 区域，blit 坐标参数为 background 对象的左上角

```
screen.blit(background, (0, 0))
```

然后用 pygame.display.update( ) 使图片更新在窗口上，上面建立的图形背景如图 21-11 所示。

（3）归纳

加载程序图形对象时需要进行图 21-12 中的操作。

接下来看如何让图形对象运动起来。

让圆形动起来本质是将图形对象从一个位置移动到另外一个位置。首先建立一个窗口并绘制一个球。

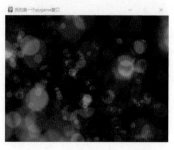

图 21-11　设置窗口背景图

| 对象图片加载 load( ) | → | 对象图片移块到<br>另一个对象上 blit( ) | → | 使图片持续更新<br>显示在屏幕上 |
|---|---|---|---|---|

图 21-12　加载程序图形对象步骤

**代码清单 21-11 建立窗口并加载图形**

```
import pygame, sys
pygame.init()
screenWidth, screenHeight=480, 360
screen=pygame.display.set_mode((screenWidth, screenHeight))
pygame.display.set_caption("让球动起来")
screen.fill((255,255,255))  #将 screen 背景色改成白色
ball=pygame.image.load('ball.png')
screen.blit(ball,(240,180))
while True:
    for event in pygame.event.get():
        if event.type==pygame.QUIT:
            pygame.quit()
            sys.exit()
    pygame.display.update()   #一般在程序最后执行
```

在 screen 上，图形对象从一个位置运动到另一个位置，相当于在新的坐标重新绘制一个一模一样的图形（代码清单 21-12 中第 9、10 行代码），如图 21-13 所示。

(x0, y0) 慢动作 (x1, y1)

图 21-13　绘制相同图形

**代码清单 21-12 新的位置绘制一个新的图形**

```
1.import pygame, sys
2.pygame.init()
3.screenWidth, screenHeight=1500, 500
4.screen=pygame.display.set_mode((screenWidth, screenHeight))
5.pygame.display.set_caption("让球动起来")
6.screen.fill((255,255,255))  #将 screen 背景色改成白色
7.ball=pygame.image.load('ball.png')
8.screen.blit(ball,(240,180))
9.ball=pygame.image.load('ball.png')
10.screen.blit(ball,(500,180))   #新的位置绘制一个完全一样的图形
11.while True:
12.    for event in pygame.event.get():
13.        if event.type==pygame.QUIT:
14.             pygame.quit()
15.             sys.exit()
16.    pygame.display.update()   #一般在程序最后执行
```

上述代码只是显示了图形对象运动的起点与终点（图 21-14），要显示图形运动的轨迹，就需要加入延时代码，pygame.time.delay(2000)，它可以实现类似慢动作的效果，从而通过肉眼就能够看清楚图形的运动轨迹。

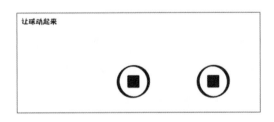

**图 21-14　图形运动——"复制"绘制**

新的位置的图形绘制完成后，要形成看上去是对象移动到了新的位置的效果，就需要将初始位置上的图形擦除，如何达到擦除的效果？其实并不是真正的擦除，只需要将起始位置上的图形用与 screen 完全一致的颜色遮盖即可：

pygame.draw.circle(screen,(255,255,255),(240,180),60,0)

（4）归纳，让图形看上去运动起来的步骤

① 在新的位置绘制一个一模一样的图形；

② 将原来位置的图形擦除（用与背景图完全一致的图形覆盖掉）。

### 代码清单 21-13 优化代码

```
import pygame, sys
pygame.init()
screenWidth, screenHeight=800, 500
screen=pygame.display.set_mode((screenWidth, screenHeight))
pygame.display.set_caption("让球动起来")
screen.fill([255,255,255])  #将 screen 背景色改成白色
ball=pygame.image.load('biao.png')  #加载初始位置图形
screen.blit(ball, (240,180))  #将图形贴到初始位置
pygame.time.delay(2000)  #延时，造成图形正在移动的表象
pygame.draw.circle(screen, (255,255,255),(240,180),150,0)  #绘
制色块遮盖初始位置图形
ball=pygame.image.load('biao.png')  #新的位置重新加载同一个图形对象
screen.blit(ball, (500,180))  #在新的位置"贴图"到 screen
while True:
    for event in pygame.event.get():
        if event.type==pygame.QUIT:
            pygame.quit()
            sys.exit()
    pygame.display.update()  #即刻更新图形到 screen 并显示
```

思考：有无更简单的遮盖方式？试下你的猜测。

## 让图形平滑地动起来

前面实现了让图形移动一次，如何让图形更平滑地移动？理论上只需要让图形每次移动的距离尽可能短，移动次数尽可能多就可以了，显然这时候需要用到循环，确切地说是 for 循环。通过观察代码清单 21-13 可以发现除了图形初始位置及状态的定义外，延时、绘制遮盖图形、更新图形、终点位置图片加载、blit( )、更新图形的代码都是可以重复执行的，显然这就是循环体的构成，见代码清单 21-14。

### 代码清单 21-14 循环体设置

```
for i in range(1,100):
    pygame.time.delay(20)
    #遮挡当前位置以绘制下一位置的图形
    pygame.draw.circle(screen, (255,255,255),(x, y),150,0)
    x=x+3  #球体横坐标x的移动变化
    ball=pygame.image.load('biao.png')
    screen.blit(ball, (x, y))  #横向移动 y=180 值不变
    pygame.display.update()
```

**代码清单 21-15 利用循环实现平滑运动代码整理**

```
import pygame, sys
pygame.init()
screenWidth, screenHeight=800, 500
screen=pygame.display.set_mode((screenWidth, screenHeight))
pygame.display.set_caption("让球动起来")
screen.fill([255,255,255])  #将 screen 背景色改成白色
ball=pygame.image.load('ball.png')  #加载初始位置图形
x=240
y=180
screen.blit(ball,(x, y))  #将图形贴到初始位置
for i in range(1,100):  #将球的运动拆分成 99 步
    pygame.time.delay(20)  #通过循环延时制造图形移动的"慢动作"
    screen.fill([255,255,255])  #遮盖上一位置图形
    x=x+3  #每次以 3 个像素向前重绘图形
    ball=pygame.image.load('ball.png')  #对象图片加载
    screen.blit(ball,(x, y))  #重绘图形对象
#程序关闭事件
while True:
    for event in pygame.event.get():
        if event.type==pygame.QUIT:
            pygame.quit()
            sys.exit()
    pygame.display.update()
```

思考：现在把 range( ) 函数 end 位置上的参数改成 200 试下，是不是超出边界，球消失了？如果球碰到边界反弹回来呢？如何让球反弹将在后面的章节介绍。

## 动画精灵

（1）动画精灵概念

前面两种动画实现形式表明看似简单的动画实际上实现起来并不简单。

如果有大量图像在四处移动，要想跟踪每个图像是什么，这可能要费很大的功夫。在上面的例子中，由于背景是白色的，所以更容易一些。不过你也可以想象，倘若背景上有一些图形，这肯定会复杂得多。利用 pygame 工具可以更高效地实现动画，实现四处移动单个图像或多个图像，这一工具称为动画精灵（sprite），pygame 有一个特殊的模块 sprite 来处理动画精灵，利用这个模块，可以更容易地移动图形对象。

你可以把动画精灵想象成屏幕上会移动的图片，这些图片甚至可以与其他的图片交互。

通常一个动画精灵包含两个部分：

① 图片对象（image）：显示动画精灵的图片样式；

② 矩形区域（rect）：包含动画精灵的矩形区域。

如图 21-15 所示，中间圆形图片与外框构成一个完整的动画精灵。

程序中，动画精灵在矩形区域是不可见的，矩形区域可以理解为图片的边界。

图 21-15　完整动画精灵

（2）Sprite 类

pygame 的 sprite 模块提供了一个动画精灵父类，名为 Sprite。正常情况下，程序中不会直接使用父类，而是基于 pygame.sprite.Sprite 来创建自己的子类（详细见第 21 章类的继承）：

```
class Class_name(pygame.sprite.Sprite):
```

pygame 提供了一个方法可实现获取对象的 rect：精灵对象名.get_rect()。这一方法返回此精灵对象的左上角坐标（rect.left, rect.top），而这也是精灵对象的坐标，另外 rect 还有两个属性，即 rect.right 和 rect.bottom，分别对应 rect 的右下角的横坐标及纵坐标（图 21-16）。

接下来用精灵完成一个任务：让小球自己运动并且碰到窗口后反弹。首先定义一个名为 Ball_Rect 的类，球的基本属性包括小球图形以及小球的位置等。

几乎所有程序中动画精灵定义 Sprite 子类的代码都如代码清单 21-16 所示。

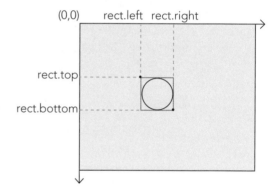

图 21-16　rect 位置属性的四个值

**代码清单 21-16 定义精灵类**

```
class Ball_Rect(pygame.sprite.Sprite):
    def __init__(self, image_file, location):
        pygame.sprite.Sprite.__init__(self)  #继承父类的初始化
        方法
        self.image=pygame.image.load(image_file)  #加载动画对象
        样式图片
        self.rect=self.image.get_rect()  #定义图像边界的矩形
        self.rect.left, self.rect.top=location  #球的位置初始化
    def image_blit(self.image, self.rect):
        screen.blit(self.image, self.rect)
```

前面的章节介绍了类与实例的区别与联系，定义的类只是个蓝图，现在需要将类实例化：

```
image_file='biao.png'
location=(300,200)ball_rect=Ball_Rect(image_file,location)
```

在整个代码初始部分，首先需要定义窗口：

```
size=width, height=640,480
screen=pygame.display.set_mode(size)
screen.fill((255,255,255))
```

上述变量"size"的定义模式，不仅定义了窗口的大小，还定义了两个变量 width、height，通过一个语句不仅定义了一个变量 size，还定义了两个整型变量，非常高效，另外在定义的时候没有加括号，在 Python 里是允许的。将上述代码整合到一起，如代码清单 21-17。

**代码清单 21-17 窗口及创建小球精灵类**

```python
import pygame, sys
pygame.init()
size=width, height=640,480
screen=pygame.display.set_mode(size)
screen.fill((255,255,255))
class Ball_Rect(pygame.sprite.Sprite):
    def __init__(self, image_file, location):
        pygame.sprite.Sprite.__init__(self)   #继承父类的初始化方法
        self.image=pygame.image.load(image_file)   #加载动画图片
        self.rect=self.image.get_rect()   #定义图像边界的矩形
        self.rect.left, self.rect.top=location   #球的位置初始化
    def image_blit(self):
        screen.blit(self.image, self.rect)
image_file='ball.png'
location=(300,200)   #rect 位置初始值
ball_rect=Ball_Rect(image_file, location)
while True:
    ball_rect.image_blit()
    for event in pygame.event.get():
        if event.type==pygame.QUIT:
            print('游戏结束...')
            pygame.quit()
            sys.exit()
    pygame.dislay.update()
```

现在需要将 ball 移动起来，先定义对象移动方法 ball_rect_move( )，定义 ball_rect_

move( ) 方法时需要调用动画精灵的一个内置方法 rect.move( )，这个方法需要一个 speed 参数来告诉它对象要移动多远（也就是移动多快），self.speed = speed，speed 也是个列表，储存了一个横向速度和一个纵向速度，小球移动代码如代码清单 21-18。

**代码清单 21-18 小球运动方法定义**

```
def ball_rect_move(self):
    #将移动后的精灵替换移动前精灵
    self.rect=self.rect.move(self.speed)
    #碰到或超出窗口左右边界
    if self.rect.left<0 or self.rect.right>width:
        self.speed[0]=-self.speed[0]    #超出边界,x轴速度反向
    #碰到或超出窗口上下边界
    if self.rect.top<0 or self.rect.bottom>height:
        self.speed[1]=-self.speed[1]    #超出边界,y轴速度反向
```

将 speed 属性及 move( ) 方法加入代码里，这里需要注意的是球体的运动、把球块移到屏幕上（blit）等代码都是要持续运行的，需要把这部分代码放进 while True 循环里，用动画精灵实现动画完整代码。

**代码清单 21-19 完整代码**

```
import pygame, sys
pygame.init()
size=width, height=640,480
screen=pygame.display.set_mode(size)
screen.fill((255,255,255))
class Ball_Rect(pygame.sprite.Sprite):
    def __init__(self, image_file, location, speed):
        #继承父类 Sprite 的初始化方法
        pygame.sprite.Sprite.__init__(self)
        self.image=pygame.image.load(image_file)    #加载对象图片
        self.rect=self.image.get_rect()    #定义图像边界的矩形
        self.rect.left, self.rect.top=location    #球的位置初始化
        self.speed=speed    #定义球的初始速度
    def image_blit(self):
        screen.blit(self.image, self.rect)
    def ball_rect_move(self):
        self.rect=self.rect.move(self.speed)
        #是否碰到窗口左右两边
```

```
        if self.rect.left<0 or self.rect.right>width:
            self.speed[0]=-self.speed[0]   #实现相反方向运动即反弹
        if self.rect.top<0 or self.rect.bottom>height:
            self.speed[1]=-self.speed[1]
image_file='ball.png'
location=(300,200)
speed=[2,2]
ball_rect=Ball_Rect(image_file, location, speed)
while True:
    pygame.time.delay(20)   #控制对象移动的速度
    screen.fill((255,255,255))   #遮盖屏幕
    ball_rect.ball_rect_move()   #调用小球移动方法
    ball_rect.image_blit()   #图形移块到屏幕上
    for event in pygame.event.get():
        if event.type==pygame.QUIT:
            print('游戏结束...')
            pygame.quit()
            sys.exit()
    pygame.display.update()
```

上述代码的 while True 循环里，对于球体的遮盖，这里偷了个懒，直接用白色重新填充整个窗口，然后重绘球体。

## 21.6 碰撞检测、精灵与精灵组

前面提到过，一个图形对象在游戏窗口的运动，是通过重绘图形并将上一位置的图形遮盖实现的，这样不可避免地造成精灵对象与自身碰撞或者与其他图形对象碰撞的问题，如飞机大战游戏中，可能会需要检测子弹与所有陨石的碰撞，也可能需要检测陨石和陨石的碰撞，为解决此问题这里引入一个新的概念或方法：动画精灵分组。碰撞检测离不开精灵组方法，实际游戏开发中经常需要检测一个精灵与一个组中的所有精灵的碰撞，pygame 提供了一个方法可实现类似的检测：spritecollide( )。检测一个精灵组中精灵间的碰撞通常需要做以下工作：

① 定义精灵组：objGroup = pygame.sprite.Group(rectobj)

② 从精灵组中删除精灵：pygame.sprite.Group.remove(rectobj)

③ 检测精灵与精灵组内所有精灵的碰撞：pygame.sprite.spritecollide(rectobj, objgroup, false)

④ 将第一步删除的精灵再添加回到精灵组里：pygame.sprite.Group.add(rectobj)

你好，Python

　　将精灵从精灵组删除是为了保证精灵不会与自身发生碰撞，如果不需要考虑排除与自身碰撞的情况则不需要删除与添加操作，比如当你需要检测球拍与球碰撞的时候，把球拍定义为 rectobj，把球定义为 objgroup，这种情况下的碰撞无需检测球与球的碰撞。

　　精灵组与碰撞检测常用方法如下。

## 精灵组常用函数

pygame.sprite.Group.sprites()：返回精灵组包含的精灵列表。

pygame.sprite.Group.copy(objectgroup)：复制精灵组。

pygame.sprite.Group.add(object)：将 object 添加到此组。

pygame.sprite.Group.remove(object)：从精灵组中删除精灵。

pygame.sprite.Group.has(object)：返回一个组是否包含精灵 object。

pygame.sprite.Group.empty()：删除所有精灵。

## 精灵碰撞相关函数

pygame.sprite.spritecollide()：检测一个精灵与精灵组的碰撞。

pygame.sprite.collide_rects()：检测精灵与精灵之间的 rect 碰撞。

pygame.sprite.collide_rect_ratio：两个精灵之间的碰撞检测，使用缩放比例的 rects。

pygame.sprite.collide_circle：两个精灵之间的碰撞检测，圆碰撞。

**代码清单 21-20 用精灵组及碰撞检测方法加入小球与小球之间的碰撞检测**

```
import pygame, sys
pygame.init()
size=width, height=640,480
screen=pygame.display.set_mode(size)
screen.fill((255,255,255))
class Ball_Rect(pygame.sprite.Sprite):
    def __init__(self, image_file, location, speed):
        pygame.sprite.Sprite.__init__(self)  #继承父类 Sprite 的
        初始化方法
        self.image=pygame.image.load(image_file)  #加载对象图片
        self.rect=self.image.get_rect()  #定义图像边界的矩形
        self.rect.left, self.rect.top=location  #球的位置初始化
        self.speed=speed  #定义球的初始速度
    def image_blit(self):
        screen.blit(self.image, self.rect)
    def move(self):
        self.rect=self.rect.move(self.speed)
```

```
                #是否碰到窗口左右两边
        if self.rect.left<0 or self.rect.right>width:
            self.speed[0]=-self.speed[0]   #实现相反方向运动即反弹
        if self.rect.top<0 or self.rect.bottom>height:
            self.speed[1]=-self.speed[1]
image_file0='ball.png'
image_file1='ball1.png'
image_file2='ball2.png'
location0=(300,200)
location1=(150,100)
location2=(250,350)
speed0=[2,4]
speed1=[-3,2]
speed2=[3,4]
ball_rect0=Ball_Rect(image_file0, location0, speed0)
ball_rect1=Ball_Rect(image_file1, location1, speed1)
ball_rect2=Ball_Rect(image_file2, location2, speed2)
ballGroup=pygame.sprite.Group()
ballGroup.add(ball_rect0)
ballGroup.add(ball_rect1)
ballGroup.add(ball_rect2)
while True:
    pygame.time.delay(20)   #可以控制鼠标移动的速度
    screen.fill((255,255,255))
    for ball_rect in ballGroup:
        ballGroup.remove(ball_rect)
        if pygame.sprite.spritecollide(ball_rect, ballGroup, False):
            ball_rect.speed[0]=-ball_rect.speed[0]
            ball_rect.speed[1]=-ball_rect.speed[1]
        ball_rect.move()
        ball_rect.image_blit()
        ballGroup.add(ball_rect)
    for event in pygame.event.get():
        if event.type==pygame.QUIT:
            print('游戏结束...')
            pygame.quit()
            sys.exit()
    pygame.display.update()
```

## 划重点

- ◆ pygame 在被导入后，必须先初始化
- ◆ pygame 开发窗口定义规则
- ◆ pygame 程序保持运行及进程结束事件代码（多数 pygame 开项目都需要此项代码）
- ◆ clock = pygame.time.Clock( )，clock.tick( ) 设置程序帧数，控制程序循环频率
- ◆ pygame 游戏开发中动画的实现技巧
- ◆ 精灵与精灵碰撞

## ★ 拓展与提高

### "挑剔" 的程序员

本章在绘制彩虹时颜色用了三色 RGB 模式，利用 R、G、B 值非连续性随机变化实现颜色的随机变化，图形绘制的结果显示颜色的切换并不是那么完美，对挑剔的平头哥来说这是难以忍受的。如何实现颜色完美过渡？在介绍解决方案前先引入一个概念——颜色空间，所谓颜色空间是指特定的颜色组织，它提供了将颜色分类，并以数字图像表示的方法。前面学习过的 RGB 颜色模式是红绿蓝颜色空间，现在将 RGB 模拟到一个三维坐标系里（图 21-17），其中任何颜色都可以用 R、G、B 值的三维坐标表示。例如，白色具有坐标（255，255，255），其具有红色、绿色和蓝色的最大值。

除了红绿蓝三色模式空间以外，还可以利用颜色的三个属性即色相（hue）、饱和度（saturation）、亮度（lightness）来标识一个颜色，这三个属性构成了 HLS 颜色空间，见图 21-18。

色相是颜色的一种属性，它实质上是色彩的基本颜色，即日常生活中经常讲的红、橙、黄、绿、蓝、靛、紫七种颜色，每一种颜色代表一种色相，色相的调整也就是改变它的颜色。

亮度就是各种颜色的图形原色的明暗度，亮度调整也就是明暗度的调整。亮度范围从 0 到 255，共分为 256 个等级。而通常讲的灰度图像，就是在纯白色和纯黑色之间划分了 256 个级别的亮度，也就是从白到灰，再转黑。同理，在 RGB 模式中则代表各原色的明暗度，即红绿蓝三原色的明暗度，从浅到深。

饱和度是指图像颜色的彩度。对于每一种颜色都有一种人为规定的标准颜色，饱和度就是用描述颜色与标准颜色之间的相近程度的物理量。调整饱和度就是调整

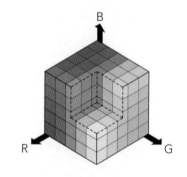

图 21-17　RGB 三色空间

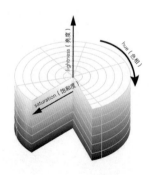

图 21-18　HLS 三色空间

图像的彩度。将一个图像的饱和度调为零时，图像则变成一个灰度图像。

借助 H、L、S 这三个属性值的变化，可以实现更细腻的颜色变化。利用 HLS 模式设置颜色时需要首先导入一个模块：

```
import colorsys
```

colorsys 模块提供了一个函数 rgb_to_hls( )，可实现将 R、G、B 值转换为 H、L、S 值：

h＝r/255，l＝g/255，s＝b/255

h，l，s＝colorsys.rgb_to_hls（r/255，g/255，b/255）

实现 H、L、S 的动态变化从而得到颜色的动态变化，这里仅利用色相值 H 的动态变化来体验：H＝H＋0.01。

r，g，b＝colorsys.hls_to_rgb(h，l，s)

r＝int(h*255)，g＝int(l*255)，b＝int(s*255)

color＝(r，g，b)

实现了 H、L、S 的动态变化后，仍然需要将 H、L、S 值转化回 R、G、B 值才能调用。

### 代码清单 21-21 优化后的彩虹圈项目

```python
import pygame, sys, random
import math
import colorsys
pygame.init()
screenWidth, screenHeight=480, 360
screenCenterx, screenCentery=screenWidth // 2, screenHeight // 2
screen=pygame.display.set_mode((screenWidth, screenHeight))
pygame.display.set_caption("彩虹圈")
clock=pygame.time.Clock()
class LittleCircle():
    def __init__(self, radius, color, thickness):
        self.color=color   #笔颜色
        self.thickness=thickness   #笔迹宽度
        self.x=screenCenterx
        self.y=screenCentery
        self.angle=0
        self.radius=radius
    def move(self):
        self.x=int(screenCenterx+self.radius * math.cos(math.radians(self.angle)))
```

```
        self.y=int(screenCentery+self.radius * math.sin(math.
        radians(self.angle)))
        pygame.draw.circle(screen, self.color, (self.x, self.
        y), 20, 0)  #画圆点
        self.angle=self.angle+1
    def coloradd(self):
        #把颜色从 RGB 值转为 HLS 值
        h, l, s=colorsys.rgb_to_hls(self.color[0]/255, self.
        color[1]/255, self.color[2]/255)
        h=h+0.01   #通过色相值的持续变化使颜色持续变化
        #把颜色从 HLS 值转为 RGB 值
        c0, c1, c2=colorsys.hls_to_rgb(h, l, s)
        self.color=(int(c0 * 255), int(c1 * 255), int(c2 *
        255))
little_circle=LittleCircle(100, (255,0,0), 2)
while True:
    for event in pygame.event.get():
        if event.type==pygame.QUIT:
            pygame.quit()
            sys.exit()
    little_circle.coloradd()
    little_circle.move()
    pygame.display.update()
    clock.tick(75)
```

将颜色模式解决方案替换后可以得到图 21-19 中的图形。

## 代码与艺术的碰撞

方形绘制函数：

```
pygame.draw.rect(Surface, color, Rect,
width=0):
```

在 Surface 上绘制矩形，第二个参数是线条（或填充）的颜色，第四个参数 width 表示线条的粗细，单位为像素，默认值为 0，表示填充矩形内部。第三个参数 Rect

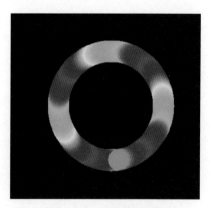

图 21-19　新版彩虹圈

的形式是 ((x，y)，(width, height))，表示的是所绘制矩形的区域，其中第一个元组 (x，y) 表示的是该矩形左上角的坐标，第二个元组 (width, height) 表示的是矩形的宽度和高度。

color：随机颜色；

Rect：( (x，y)，(width, height) )；

x：随机；

y：随机；

width：随机；

height：随机；

线条宽度 width：随机。

完成本项目显然需要三个步骤，第一步初始化及建立绘图窗口，第二步循环随机绘制方形，第三步程序关闭事件，详细见代码清单 21-22，效果见图 21-20。

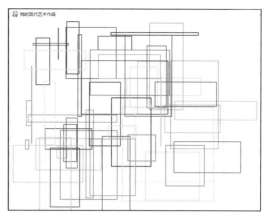

图 21-20 随机矩形绘制

### 代码清单 21-22 绘制随机方形

```python
#建立窗口
import pygame, sys, random
pygame.init()
screenWidth, screenHeight=800, 500
screen=pygame.display.set_mode((screenWidth, screenHeight))
pygame.display.set_caption("我的现代艺术作品")
screen.fill([255,255,255])  #将 screen 背景色改成白色
#循环随机绘制图形
for i in range(50):
    r=random.randrange(256)
    g=random.randrange(256)
    b=random.randrange(256)
    left=random.randrange(450)
    top=random.randrange(360)
    width=random.randrange(250)
    height=random.randrange(250)
    the_rect=pygame.draw.rect(screen,(r, g, b),(left, top,
    width, height),2)  #绘制方形
#窗口关闭事件
while True:
    for event in pygame.event.get():
        if event.type == pygame.QUIT:
            pygame.quit()
            sys.exit()
    pygame.display.update()  #一般在程序最后执行
```

## 你掌握了没有

◆ 写出 pygame 开发建立窗口的标准代码（即不论什么样的程序都要有的代码）；

◆ 写出关闭程序事件循环代码（这也是所有 pygame 程序都有的）；

◆ 写出绘制圆形和方形的代码及参数的含义；

◆ 写出图形对象坐标规则；

◆ 写出将一个已知图形显示在某个 surface 上的步骤及代码；

◆ 写出什么是动画精灵；

◆ 写下所有你已知的让图形动起来的方法。

## 学编程，多动手

写出定义动画精灵类属性及移动方法的代码。

你的代码

**22**

不一样的输入——
事件

你好，Python

**内容概述**

本章将介绍 pygame 中常用事件的概念、规则以及应用场景。

### ●●● 优雅的代码从认识英语单词开始

学习本章内容前你需要先认识表 22-1 中的单词。

表 22-1　英语单词

| 英文单词 | 中文含义 | Python 中用法 |
|---|---|---|
| event | 事件 | Python 中作为用户与程序交互的总称 |
| key | 按键 | 键盘 |
| mouse | 老鼠 | 鼠标 |
| KEYDOWN | 按键按下 | 按键按下 |
| KEYUP | 按键抬起 | 松开按键 |
| timer | 计时器，定时器 | 定时器 |

### ●●● 知识、技能目标

**知识学习目标**

- ◆ 认知事件及事件循环的概念
- ◆ 认知事件监测的基本代码

**技能掌握目标**

- ◆ 掌握鼠标模块及事件语法规则
- ◆ 掌握常用键盘事件的语法规则

## 22.1　事件的概念

上一章在介绍定义窗口关闭代码时引入了两个概念——事件与事件循环，了解到事件是用户与程序的交互行为，很多时候有些程序会什么都不做直到通过鼠标、键盘或者语音指令给它一个指令，称为键盘事件或鼠标事件。而事件循环（event loop）则是为了随时监测、捕捉事件的发生，随时捕捉这些指令。

在处理事件前必须要先捕捉或检索这些事件，通过代码判断事件是一个什么事件后再执行相应的操作。

pygame 用 pygame.event.get( ) 方法来获取所有的事件；有时候需要等待一个事件的触发才允许程序继续下去，这时候需要使用 pygame.event.wait( )；另外一个方法 pygame.event.poll( )，一旦调用，它会根据现在的情形返回一个真实的事件，或者一个"什么都没有"，表 22-2 是一个常用事件集。

**表 22-2　常用事件集合**

| 事件 | 产生途径 | 参数 |
| --- | --- | --- |
| QUIT | 用户按下关闭按钮 | none |
| ATIVEEVENT | pygame 被激活或者隐藏 | gain, state |
| KEYDOWN | 键盘被按下 | unicode, key, mod |
| KEYUP | 键盘被放开 | key, mod |
| MOUSEMOTION | 鼠标移动 | pos, rel, buttons |
| MOUSEBUTTONDOWN | 鼠标按下 | pos, button |
| MOUSEBUTTONUP | 鼠标放开 | pos, button |
| JOYBALLMOTION | 游戏球 (Joy ball) 移动 | joy, axis, value |
| JOYHATMOTION | 游戏手柄 (Joystick) 移动 | joy, axis, value |
| JOYBUTTONDOWN | 游戏手柄按下 | joy, button |
| JOYBUTTONUP | 游戏手柄放开 | joy, button |
| VIDEORESIZE | pygame 窗口缩放 | size, w, h |
| VIDEOEXPOSE | pygame 窗口部分公开 (expose) | none |
| USEREVENT | 触发了一个用户事件 | code |

这里需要一个无限循环实现循环的实时监测捕捉：

```
while True:
    #监测用户事件
    for event in pygame.event.get():
        if event.type==pygame.事件名:
            pass
```

## 22.2　鼠标事件

鼠标是程序使用者与程序交互最常用的工具，如让图形对象跟随鼠标的移动而移动，利用鼠标点击游戏开始和结束等任何按钮都需要用到鼠标事件。常用鼠标模块函数见表 22-3。

表 22-3　pygame 常用鼠标模块函数

| 函数 | 说明 |
| --- | --- |
| pygame.mouse.get_pressed( ) | 获取鼠标按键的情况（是否被按下） |
| pygame.mouse.get_pos( ) | 获取鼠标光标的位置 |
| pygame.mouse.get_rel( ) | 获取鼠标一系列的活动 |
| pygame.mouse.set_pos( ) | 设置鼠标光标的位置 |
| pygame.mouse.set_visible( ) | 隐藏或显示鼠标光标 |
| pygame.mouse.get_focused( ) | 检查程序界面是否获得鼠标焦点 |
| pygame.mouse.set_cursor( ) | 设置鼠标光标在程序内的显示图像 |
| pygame.mouse.get_cursor( ) | 获取鼠标光标在程序内的显示图像 |

## 图形对象跟随鼠标运动

在上一章有关动画精灵的内容中，利用了精灵内置 move( ) 方法实现了小球的运动计算，而且用小球运动速度属性正负值的变化表示小球与边界碰撞后运动方向的改变，还有一种更广泛的应用场景就是让小球跟随鼠标的运动而运动。

让小球跟随鼠标的移动而运动，本质是让鼠标的位置坐标与小球精灵对象的位置随时相等就可以了。关于精灵对象位置，可以引入精灵属性 rect.center，它是精灵对象的中心位置坐标，让这个坐标随时与鼠标的位置坐标相等，就实现了图形对象对鼠标的跟随，在这之前需要监测鼠标是否运动，即检测鼠标运动事件。

处理鼠标点击某个图形对象事件，pygame.mouse 模块中有一个 pygame.mouse.get_pos( ) 函数，它返回鼠标的当前位置坐标(x，y)，然后通过比较坐标(x，y)与图形对象的坐标，判断鼠标是否与当前位置图形对象重叠，如果两者重叠，继续判断鼠标按下的键是哪一个键（通常需要判断左键是否被按下），通过鼠标位置运算以及鼠标按键值的组合判断来决定如何处理鼠标点击事件。

对于鼠标按键值，Python 提供了 pygame.mouse.get_pressed( ) 函数，这一方法返回一个元组，即 (左键，中键，右键)，如按下则为 1：

左键按下：(1, 0, 0)；

中键按下：(0, 1, 0)；

右键按下：(0, 0, 1)；

三键按下：(1, 1, 1)；

三键松开：(0, 0, 0)。

程序可以通过判断上面元组的三个元素的值中哪个值为 1 来判断哪个键被按下。

pygame.mouse.get_pressed( ) 与 pygame.mouse.get_pos( ) 的具体用法将在下一章声音部分内容中详细介绍。

```
if event.type==pygame.MOUSEMOTION:  ball_rect.rect.center=
    pygame.mouse.get_pos()
```

需要说明的是 ball_rect.rect.center = pygame.mouse.get_pos( ) 也可以表示为：

ball_rect.rect.centerx = pygame.mouse.get_pos( )[0];

ball_rect.rect.centery = pygame.mouse.get_pos( )[1]。

小球跟随鼠标运动代码见代码清单 22-1。

**代码清单 22-1 小球跟随鼠标运动**

```python
import pygame, sys
pygame.init()
size=width, height=640,480
screen=pygame.display.set_mode(size)
screen.fill((255,255,255))
class Ball_Rect(pygame.sprite.Sprite):
    def __init__(self, image_file, location, speed):
        pygame.sprite.Sprite.__init__(self)   #继承父类的初始化方法
        self.image=pygame.image.load(image_file)  #加载动画图片
        self.rect=self.image.get_rect()   #定义图像边界的矩形
        self.rect.left, self.rect.top=location   #球的位置初始化
        self.speed=speed   #定义球的初始速度
    def image_blit(self):
        screen.blit(self.image, self.rect)
image_file='ball.png'
location=(300,200)
speed=[2,2]
ball_rect=Ball_Rect(image_file, location, speed)
while True:
    pygame.time.delay(20)
    for event in pygame.event.get():
        if event.type==pygame.QUIT:
            print('游戏结束...')
            pygame.quit()
            sys.exit()
        elif event.type==pygame.MOUSEMOTION:
```

```
        #保证小球跟着鼠标运动
        ball_rect.rect.center=pygame.mouse.get_pos()
screen.fill((255,255,255))
ball_rect.image_blit()
pygame.display.update()
```

## 只有按下鼠标左键，小球才跟随

但是多数时候需要鼠标拖拽小球运动，也就是说只有鼠标按下时小球才跟随运动，但是 pygame 里并没有这样一个方法。这时需要换一个思路实现，利用现有已知的鼠标事件 MOUSEBUTTONDOWN 来实现，首先需要判断鼠标是否在运动，同时鼠标键是否保持被按下状态，这样很容易会想到这样解决：

```
if event.type==pygame.MOUSEMOTION:
    if pygame.MOUSEBUTTONDOWN:
        ball_rect.rect.center=pygame.mouse.get_pos()
```

但是 pygame.MOUSEBUTTONDOWN 并不是一个布尔变量，显然这样无法实现，因此需要作出调整，你是否还记得前面学习过的标志变量的概念及应用？

定义一个标志变量 mouse_hold_down，初始值设为 False，当监测到鼠标事件 MOUSEBUTTONDOWN 时，将标志变量改为 True；当监测到鼠标事件 MOUSEBUTTONUP 时，将标志变量改为 False。当监测到鼠标运动事件时，如果 mouse_hold_down 为 True，则图形对象跟着鼠标运动，详细见代码清单 22-2。

**代码清单 22-2 标志变量与鼠标事件**

```
mouse_hold_down=False
for event in pygame.event.get():
    if event.type == pygame.QUIT:
        print('游戏结束...')
        pygame.quit()
        exit()
    elif event.type==pygame.MOUSEBUTTONDOWN:
        mouse_hold_down=True
    elif event.type==pygame.MOUSEMOTION:
        if mouse_hold_down:
            ball_rect.rect.center=pygame.mouse.get_pos()
```

代码清单 22-2 最后三行代码实现了当鼠标按下时小球跟着鼠标运动而运动，当事件循环监测到鼠标移动事件时，并且判断鼠标键被按下（标志变量 mouse_hold_down 为 True）

时触发小球跟随运动代码的执行。

**代码清单 22-3 鼠标拖拽小球运动**

```python
import pygame, sys
pygame.init()
size=width, height=640,480
screen=pygame.display.set_mode(size)
class Ball_Rect(pygame.sprite.Sprite):
    def __init__(self, image_file, location, speed):
        pygame.sprite.Sprite.__init__(self)  #继承父类的初始化方法
        self.image=pygame.image.load(image_file)  #加载动画图片
        self.rect=self.image.get_rect()  #定义图像边界的矩形
        self.rect.left, self.rect.top=location  #球的位置初始化
        self.speed=speed  #定义球的初始速度
#代码实践时需在代码文件目录下放入名为"ball"的图片
image_file='ball.png'
location=(300,200)
speed=[2,2]
ball_rect=Ball_Rect(image_file, location, speed)
key_hold_down=False
while True:
    pygame.time.delay(20)
    for event in pygame.event.get():
        if event.type==pygame.QUIT:
            print('游戏结束...')
            pygame.quit()
            exit()
        elif event.type==pygame.MOUSEBUTTONDOWN:
            key_hold_down=True
        elif event.type==pygame.MOUSEBUTTONUP:
            key_hold_down=False
        elif event.type==pygame.MOUSEMOTION:
            if key_hold_down:
                ball_rect.rect.center=pygame.mouse.get_pos()
screen.fill((255,255,255))
screen.blit (ball_rect.image, ball_rect.rect)
pygame.display.update()
```

## 22.3 键盘事件

### 键盘事件代码模式

常用 pygame 键盘事件如表 22-4 所示。

表 22-4 常用 pygame 键盘事件

| 事件 | 说明 |
| --- | --- |
| pygame.KEYDOWN | 键盘按键按下 |
| pygame.KEYUP | 键盘按键抬起 |
| pygame.K_LEFT | 键盘左箭头按下 |
| pygame.K_RIGHT | 键盘右箭头按下 |
| pygame.K_UP | 键盘上箭头按下 |
| pygame.K_DOWN | 键盘下箭头按下 |
| pygame.K_SPACE | 键盘空格键按下 |

通常 pygame.KEYDOWN、pygame.KEYUP 两组事件需要与另外 pygame.K_LEFT 等四个事件中的任意组合判断使用，通常的代码模式是：

```
while True:
    for event in pygame.evet.get():
        if event.type==QUIT:
            sys.exit()
        elif event.type==pygame.KEYDOWN:
            if event.key==pygame.K_UP
                pass
            elif event.key==pygame.K_DOWN:
                pass
            elif event.key==pygame.K_LEFT:
                pass
            elif: event.key==pygame.K_RIGHT:
                pass
        elif event.type==pygame.KEYUP:
            pass
```

还有一个场景是设置一个标志变量，当触发 pygame.KEYDOWN 或 pygame.KEYUP 事件时分别对标志变量赋予不同的布尔值，通过对标志变量值的判断来决定代码执行的逻辑，通常用来判断某个键是否一直被按下的代码如下：

```
var_flag=False
while True:
    for event in pygame.evet.get():
        if event.type==QUIT:
            sys.exit()
        elif event.type==pygame.KEYDOWN
            var_flag=True
        elif event.type==pygame.KEYUP
            var_flag=False
        if var_flag=True:
            pass
```

用键盘控制图形对象运动，需要先设计图形对象移动代码，将小球图形对象初始位置定义为"x，y=0, 0"，将图形对象的运动速度定义为"speed_x, speed_y=0, 0"。下面先描述键盘控制小球运动的逻辑。

**我是伪代码**

如果监测到键盘按下事件：

　如果被按下的键是向左方向键

　speed_x 速度为-1, speed_y = 0

　如果被按下的键是向右方向键

　speed_x 速度为 1, speed_y = 0

　如果被按下的键是向上方向键

　speed_y 速度为-1, speed_x = 0

　如果被按下的键是向下方向键

　speed_y 速度为 1, speed_x = 0

如果监测到键盘按键松开事件

　图形对象回到初始位置

　图形速度重置为 0

**代码清单 22-4 键盘控制对象运动**

```
if event.type==pygame.KEYDOWN:
    if event.key==pygame.K_LEFT:
        speed_x=-1
    elif event.key==pygame.K_
    RIGHT:
        speed_x=1
    elif event.key==pygame.K_UP:
        speed_y=-1
    elif event.key==pygame.K_
    DOWN:
        speed_y=1
elif event.type==pygame.KEYUP:
    speed_x=0
    speed_y=0
    x=0
    y=0
```

通过上面的代码可以发现在小球移动到窗口边界的时候，还可以继续运动并消失。这里需要这么做才能让小球到达边界时往相反的方向运动：

向左移动时小球 x 坐标：

```
if x<=0:
    x=0
```

向上移动时小球 y 坐标：

```
if  y<=0:    #常用
     y=0
```

向右移动时：

```
if  x>640-background.get_width():
    x=640-background.get_width()
```

向下移动时：

```
if  y>480-background.get_height():
     y=480-background.get_height
```

**代码清单 22-5 键盘控制小球运动代码整理**

```
import pygame, sys
pygame.init()
screen=pygame.display.set_mode((640, 480))
pygame.display.set_caption('键盘控制小球运动')
ball=pygame.image.load('ball.png')
x,y=0, 0
speed_x, speed_y=0, 0
while True:
    for event in pygame.event.get():
        if event.type==pygame.QUIT:
            sys.exit()
        elif event.type==pygame.KEYDOWN:
            if event.key==pygame.K_LEFT:
                speed_x, speed_y=-20,0
            elif event.key==pygame.K_RIGHT:
                speed_x, speed_y=20,0
            elif event.key==pygame.K_UP:
                speed_x, speed_y =0,-20
            elif event.key==pygame.K_DOWN:
                speed_x, speed_y =0,20
        #更新移动后坐标
        x+=speed_x
        y+=speed_y
        if x<=0:
            x=0
        elif x>=640-ball.get_width():
            x=640-ball.get_width()
```

```
        if y>=480-ball.get_height():
            y=480-ball.get_height()
        elif y<=0:
            y=0
    elif event.type==pygame.KEYUP:
        speed_x, speed_y=0,0
screen.fill((0, 0, 0))#还记得这个有什么作用吗?
screen.blit(ball, (x, y))#在新的位置上画图
pygame.display.update()
```

## ★ 22.4　定时器事件

到睡觉时间了，这时需要闹铃提醒我们；早上起床了，也需要闹铃提醒我们。同样在 pygame 开发中，也会遇到这样的场景，即要求某个事件到时间才能被事件监测循环捕捉到，或者说定时器到时间生成一个能够被事件循环捕捉到的事件，定时器会生成什么样的事件？这种事件称为用户事件（USEREVENT）。

pygame 中内置了很多已有的事件比如我们前面学习到的 MOUSEBUTTONDOWN 事件或者 KEYUP 事件，同时还允许用户定义事件的触发时间，比如接下来要学习的定时器事件（timer event）。

要在 pygame 中设置定时器，需要用 set_timer( ) 函数：pygame.time.set_timer(pygame. USEREVENT, interval)，interval 为间隔时间。

这里在小球精灵动画代码清单 21-19 中加入定时器代码：

**代码清单 22-6 定时器事件**

```
import pygame, sys
pygame.init()
size=width, height=640,480
screen=pygame.display.set_mode(size)
screen.fill((255,255,255))
class Ball_Rect(pygame.sprite.Sprite):
    def __init__(self, image_file, location, speed):
        #继承父类 Sprite 的初始化方法
        pygame.sprite.Sprite.__init__(self)
        self.image=pygame.image.load(image_file)  #加载动画图片
        self.rect=self.image.get_rect()   #定义图像边界的矩形
        self.rect.left, self.rect.top=location  #球的位置初始化
```

```
            self.speed=speed  #定义球的初始速度
    def image_blit(self):
        screen.blit(self.image, self.rect)
    def move(self):
        self.rect=self.rect.move(self.speed)
        if self.rect.left<0 or self.rect.right>width:
            self.speed[0]=-self.speed[0]
        if self.rect.top<0 or self.rect.bottom>height:
            self.speed[1]=-self.speed[1]
image_file='ball.png'
location=(300,200)
speed=[2,2]
speed_x, speed_y=2,2
ball_rect=Ball_Rect(image_file, location, speed)
pygame.time.set_timer(pygame.USEREVENT+1,1000)
xdirection, ydirection=1,1
while True:
    screen.fill((255,255,255))  #遮盖屏幕
    for event in pygame.event.get():
        if event.type==pygame.QUIT:
            print('游戏结束...')
            pygame.quit()
            exit()
        elif event.type==pygame.USEREVENT+1:
        #用户事件触发精灵中心y轴坐标增减，也可以放到类中 move 方法里
            ball_rect.move()
            if ball_rect.rect.top<=0 or ball_rect.rect.
            bottom>=height:
                    ydirection=-ydirection
            elif ball_rect.rect.left<=0 or ball_rect.rect.
            right>=width:
                    xdirection=-xdirection
            ball_rect.rect.centerx=ball_rect.rect.centerx+
            (10*xdirection)
            ball_rect.rect.centery=ball_rect.rect.centery+
            (10*ydirection)
    ball_rect.image_blit()  #图形移块到屏幕上
    pygame.display.update()
```

**划重点**

◆ 理解事件的概念与逻辑

◆ 掌握事件监测的常用代码

◆ 鼠标事件与键盘事件的规则及应用技巧

## ★ 拓展与提高

pygame.time 模块

pygame 中用于监控时间的模块。

（1）pygame.time 模块函数（表 22-5）

表 22-5 pygame.time 模块函数

| 函数 | 说明 |
| --- | --- |
| pygame.time.get_ticks( ) | 获取以毫秒为单位的时间 |
| pygame.time.wait( ) | 暂停程序一段时间 |
| pygame.time.delay( ) | 暂停程序一段时间 |
| pygame.time.set_timer( ) | 在事件队列上重复创建一个事件 |
| pygame.time.Clock( ) | 创建一个对象来帮助跟踪时间 |

pygame 中的时间以毫秒（1/1000 秒）表示。

（2）函数详解

◆ pygame.time.get_ticks()

**功能**：获取以毫秒为单位的时间。

**语法**：get_ticks( )

**说明**：返回自 pygame_init( ) 调用以来的时间。在 pygame 初始化之前，这将始终为 0。

◆ pygame.time.wait()

**功能**：暂停程序一段时间。

**语法**：wait(milliseconds)

**说明**：将暂停一段给定的时间。此函数会休眠进程以与其他程序共享处理器。即使等待几毫秒的程序也需消耗处理器时间。

◆ pygame.time.delay()

**功能**：延迟程序一段时间。

**语法**：delay(milliseconds)

**说明**：将暂停一段给定的时间。此功能将使用处理器（而不是休眠）来使程序延迟此 pygame.time.wait( ) 更准确。

注：这里可以理解 delay 为慢镜头或者图像延时，它可以用来调节程序执行的速度或者循环的速度。

◆ pygame.time.set_timer()

**功能**：在事件队列上重复创建一个事件，使这个事件定期被事件循环捕捉到。

**语法**：set_timer(eventid, milliseconds)

**说明**：将事件类型设置为每隔给定的时间显示在事件队列中。第一个事件将在经过一段时间后才会出现。每种事件类型都可以附加一个单独的计时器。在 pygame.USEREVENT 和 pygame.NUMEVENTS 中使用该值更好。要禁用事件的计时器，请将 milliseconds 参数设置为 0。

◆ pygame.time.Clock()

**功能**：创建一个对象来帮助跟踪时间。

**语法**：Clock( )

**说明**：创建一个新的 Clock 对象，可用于跟踪一段时间。时钟还提供了几个功能来帮助控制游戏的帧速率：

pygame.time.Clock.tick()：更新时钟用于控制循环频率；

pygame.time.Clock.tick_busy_loop()：更新时钟；

pygame.time.Clock.get_time()：在上一个 tick 中使用的时间；

pygame.time.Clock.get_rawtime()：在上一个 tick 中使用的实际时间；

pygame.time.Clock.get_fps()：计算时钟帧率。

◆ tick()

**功能**：更新时钟。

**语法**：tick(framerate = 0)

**说明**：每次循环调用一次此方法，返回自上一次调用以来经过的时间。如果传入参数，该函数将延迟程序执行，以使游戏循环频次低于 tick( ) 的参数，这样就可以限制游戏运行时的速度。通过每帧调用一次 Clock.tick(30)，程序将永远不会超过 30 帧每秒或者说每秒循环执行 30 次。

## 你掌握了没有

◆ 写出鼠标事件循环的常用代码；

◆ 如何让图形对象跟随鼠标运动，如何实现按住鼠标左键或右键对象才运动；

◆ 写出键盘事件的常用代码。

23

游戏开发怎能
少了声音

内容概述

本章将综合利用 pygame image、blit、mixer.music、pygame.mouse 等开发一个简单的 MP3 音乐播放器，实现音乐加载、播放、暂停、停止、上一曲以及下一曲功能。

## ●●● 优雅的代码从认识英语单词开始

学习本章内容前你需要先认识表 23-1 中的单词。

表 23-1　英语单词

| 英语单词 | 中文含义 | Python 中含义 |
| --- | --- | --- |
| glob | — | Python 模块，功能是搜索特定类型的文件 |
| button | 按钮 | 例程变量名称 |
| play | 播放 | 例程变量名称 |
| pause | 暂停 | 例程变量名称 |
| stop | 停止 | 例程变量名称 |
| last | 上一个 | 例程变量名称 |
| next | 下一个 | 例程变量名称 |
| mouse | 鼠标 | Python 对象名称 |
| mixer | 声音，混音 | pygame 声音模块 |
| music | 音乐 | pygame 声音模块中的函数 |
| press | 按下 | 鼠标事件 get_pressed |
| quit | 退出 | Python 事件方法 |
| exit | 出口 | sys 模块函数，通过 quit 关闭 pygame 窗口后，还要用 sys 关闭进程 |

## ●●● 知识、技能目标

知识学习目标

◆ 巩固鼠标事件应用

◆ pygame 音乐播放、停止函数

技能掌握目标

◆ 掌握 pygame 开发声音模块的函数规则以及开发技巧

◆ 掌握播放文件搜索加载命令

## 23.1 任务分析

一个播放器应该要有的基本功能：播放设置（包括播放，暂停、停止、恢复播放），节目选择（包括上一曲、下一曲、获取播放列表，载入音乐），见图 23-1。

获取播放列表

载入音乐

播放音乐

暂停播放

恢复播放

下一曲

上一曲

停止播放

图 23-1　播放器功能分析

## 23.2 播放列表

一个播放器首先需要加载音乐播放列表，这里引入内置模块 glob 以及函数 glob.glob( )。

glob.glob(pathname＋*.＋filetype)

glob( )以列表的形式返回 pathname 路径下所有 filetype 类型文件的绝对路径。

例：以列表的形式返回 C 盘根目录下所有 MP3 格式的文件。

**代码清单 23-1 搜索符合条件的文件**

```
import glob
song_list=glob.glob('C:\\*.mp3')
print(song_list)
```

['C:\\1.mp3', 'C:\\2.mp3', 'C:\\3.mp3']

找到匹配特定格式的所有文件，跟 Windows 的文件搜索功能差不多。

## 23.3 按钮实现

音乐播放器根据功能设置包含了多个用于交互、控制的按钮，pygame 模块并没有封装好的按钮可供使用，这里只能自己"创造"按钮了。

设计一个按钮，首先要确定按钮的以下特性（图23-2）：

按钮类型

按钮位置

按钮操作

……

**图 23-2　播放器按钮的逻辑分析**

## 绘制按钮

在开始绘制按钮前，先回顾上一章中接触到的窗口的定义：

```
screen=pygame.display.set_mode((width, height), 0,32)
```

## 窗口绘制

```
import pygame, sys
pygame.init()
SCREEN_SIZE=(800, 600)
screen=pygame.display.set_mode(SCREEN_SIZE, 0,32)
pygame.display.update()
```

## 贴个图片到 screen 表面

现在需要将播放器背景图片贴到窗口：

```
background=pygame.image.load('bg.png')  #加载指定图片
#图片位置，（0,0）默认将图片 background 贴到整个 screen
screen.blit(background, (0, 0))
```

## 按钮宽度与高度

pygame 中内置了两个方法获取对象的尺寸即宽度（width）与高度（height）。

（1）按钮宽度

pic_w=play_button.get_width()

（2）按钮高度

pic_h=play_button.get_height()

同样在绘制图形按钮时，也需要加载图片，然后把图片贴到指定的位置。

前面提到过 pygame 中对象的坐标是此对象左上角的坐标，这里设定所有按钮的纵坐标都是 400，播放按钮在 screen 对象横向的正中间，已知 screen 宽度是 800，结合以上内容思考播放按钮的横坐标（即左上角）如何计算。播放按钮左上角横坐标为800/2-pic_w*0.5。

```
play_button=pygame.image.load('play.png')
screen.blit(play_button,(400-pic_w*0.5,400))
```

## 绘制播放器背景及播放按钮图形

### 代码清单 23-2 绘制 play 按钮

```
import pygame, sys
pygame.init()
background=pygame.image.load('bg.png')
play_button=pygame.image.load('play.png')
SCREEN_SIZE=(800, 600)
screen=pygame.display.set_mode(SCREEN_SIZE, 0,32)
screen.blit(background, (0, 0))   #播放器背景图片
screen.blit(play_button,(400-pic_w*0.5,400))   #播放按钮图片
pygame.display.update()   #使绘制的图形，blit（）方法后的图形一直显示
```

这仅仅是播放按钮，接下来看所有按钮的效果图（图23-3）。

## 所有按钮的位置逻辑

要想五个按钮均匀整齐地排列在 screen 上就需要间隔必须相等，每个按钮尺寸也相等。

按钮间隔宽度：interval_w = (800 − 5* play_button.get_width( ) )/6。

注意 blit( ) 中对象的坐标是指左上角的坐标。

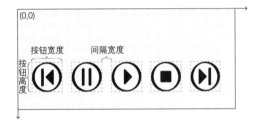

图 23-3　播放器效果图

```
play_button 坐标: (400-pic_w*0.5, 400);
pause_button 坐标: (400-pic_w*1.5-interval_w, 400);
last_button 坐标: (400-pic_w*2.5-interval_w*2, 400);
stop_button 坐标: (400+pic_w*0.5+interval_w, 400);
next_button 坐标: (400+pic_w*1.5+interval_w*2, 400)。
```

## 绘制所有按钮图形代码

### 代码清单 23-3 绘制所有按钮

```
play_button=pygame.image.load('play.png')   #加载播放按钮图片
pic_w=play_button.get_width()   #获取按钮的宽度
pic_h=play_button.get_height()   #获取按钮的高度
```

```
interval_w=(800-5* pic_w)/6   #按钮图标中间间隔宽度
background=pygame.image.load('bg.png')   #加载播放按钮图片
pause_button=pygame.image.load('pause.png')   #加载暂停按钮图片
last_button=pygame.image.load('last.png')   #加载上一曲按钮图片
stop_button=pygame.image.load('stop.png')   #加载停止按钮图片
next_button=pygame.image.load('next.png')   #加载播下一曲钮图片
#坐标（0,0）默认将图片 background 贴到整个 screen 上
screen.blit(background, (0, 0))
screen.blit(play_button,(400-pic_w*0.5,400))   #播放按钮图片
screen.blit(pause_button,(400- pic_w*1.5- interval_w,400))
screen.blit(last_button,(400- pic_w*2.5- interval_w*2,400))
screen.blit(stop_button,(400+pic_w*0.5+interval_w,400))
screen.blit(next_button,(400+pic_w*1.5+interval_w*2,400))
pygame.display.update()   #使绘制的图形，blit（）方法后的图形一直显示
```

## 23.4 鼠标模块回顾

### 鼠标事件常用函数

（1）pygame.mouse.get_pressed()

返回按键按下的细节，以元组形式返回，即(左键，中键，右键)，如按下则为1：

左键按下：$(1, 0, 0)$；

中键按下：$(0, 1, 0)$；

右键按下：$(0, 0, 1)$；

三键按下：$(1, 1, 1)$；

三键松开：$(0, 0, 0)$。

（2）pygame.mouse.get_pos

返回当前鼠标位置$(x, y)$。

### 获取鼠标的位置

x, y=pygame.mouse.get_pos()

**代码清单 23-4 鼠标位置获取实例**

```
import pygame, sys
pygame.init()
SCREEN_SIZE=(800, 600)
```

```
screen=pygame.display.set_mode(SCREEN_SIZE, 0,32)
while True:
    x,y=pygame.mouse.get_pos()
    print(x, y)
    break
```

## 鼠标的点击

pygame.mouse.get_pressed()

**代码清单 23-5 鼠标按键实例**

```
import pygame, sys
pygame.init()
SCREEN_SIZE=(800, 400)
screen=pygame.display.set_mode(SCREEN_SIZE, 0,32)
while True:
    press_m = pygame.mouse.get_pressed()
    print(press_m)
    break
```

在程序开发时通过判断通过 pygame.mouse.get_pressed( ) 产生的名为 press_m 元组的元素值来判断鼠标被按下的行为是左键被按下还是右键被按下。

## 23.5 音乐播放——pygame.mixer.music 模块函数

pygame.mixer.music 模块函数，主要针对.mp3 文件。

## 函数

pygame.mixer.music 模块函数见表 23-2。

表 23-2  pygame.mixer.music 模块函数

| 函数 | 说明 |
| --- | --- |
| pygame.mixer.music.load(filename) | 打开音乐文件 |
| pygame.mixer.music.play(count, start) | 播放音乐文件 |
| pygame.mixer.music.stop( ) | 停止播放 |
| pygame.mixer.music.pause( ) | 暂停播放 |
| pygame.mixer.music.unpause( ) | 继续播放 |

续表

| 函数 | 说明 |
| --- | --- |
| pygame.mixer.music.get_busy( ) | 检测声卡是否正被占用 |
| pygame.mixer.music.set_volume(value) | 设置音乐音量 |
| pygame.mixer.music.get_volume( ) | 获取音乐音量 |

**函数详解**

◆ pygame.mixer.music.load()

**功能**：载入一个音乐文件用于播放。

**语法**：load(filename)

　　　　load(object)

**说明**：该函数将会载入一个音乐文件名或者文件对象，并且准备播放。如果已经有音乐流正在播放，该音乐流将被停止。另外，load( ) 函数仅仅是加载列表，不会开始播放音乐。

播放列表，前面提过可以用 glob( ) 函数获取：

```
song_list=glob.glob('C:\\Users\\lss\\PycharmProjects\\linss\\
music\\*.mp3')   #搜索指定路径下的歌曲
pygame.mixer.music.load(song_list)
```

◆ pygame.mixer.music.play()

**功能**：开始播放音乐流。

**语法**：play(loops=0, start=0.0)

**说明**：该函数用于播放已载入的音乐流。如果音乐已经开始播放，则将会重新开始播放。

loops 参数控制重复播放的次数，例如 play(5) 意味着被载入的音乐将会立即开始播放 1 次并且再重复 5 次，共 6 次。如果 loops = − 1，则表示无限重复播放。

start 参数控制音乐从哪里开始播放。开始的位置取决于音乐的格式。MP3 和 OGG 使用时间表示播放位置（以秒为单位）。MOD 使用模式顺序编号表示播放位置。如果音乐文件无法设置开始位置，则在传递 start 参数后会产生一个 NotImplementedError 错误。

◆ pygame.mixer.music.stop()

**功能**：结束音乐播放。

**语法**：stop( )

**说明**：如果音乐正在播放则立即结束播放。

◆ pygame.mixer.music.pause()

**功能**：暂停音乐流的播放。

**语法**：pause( )

**说明**：如果音乐正在播放则立即暂停播放。

## 通过鼠标的位置及按键方法返回值判断当前需要执行哪个播放器任务

① 通过判断鼠标事件 pygame.mouse.get_pressed( ) 所得数组的第一个值是否为 1 判断左键是否被按下，由此判断相应的播放器任务是否被执行；

② 通过坐标比较判断鼠标的位置是否在按钮范围内，以及在哪个按钮范围内，从而判断当前操作针对的是哪一项播放器功能。

具体播放器按钮操作实现见代码清单 23-6。

**代码清单 23-6 鼠标操作与播放器功能**

```
x,y=pygame.mouse.get_pos()  #获取鼠标光标的坐标
if y>400 and y<400+pic_h:  #首先判断鼠标是否在按钮纵向范围内
    if press_m[0]==1:  #判断左键是否被按下
#播放
        if x>(400-pic_w*0.5) and x<(400+pic_w*0.5):  #鼠标光标
        的横向位置
            pygame.mixer.music.load(song_list[count])
            pygame.mixer.music.psslay()
#暂停
        elif x>(400-pic_w*1.5-interval_w) and x<(400-pic_w*
        0.5-interval_w):
            pygame.mixer.music.pause()
#停止
        elif x>(400+pic_w*0.5+interval_w) and x<(400+pic_w*
        1.5+interval_w):
            pygame.mixer.music.stop()
#下一曲
        elif x>(400+pic_w*1.5+interval_w*2) and x<(400+pic_w*
        2.5+interval_w*2):
            count+=1
            pygame.mixer.music.load(song_list[count])
            pygame.mixer.music.play()
#上一曲
        elif x>(400-pic_w*2.5-interval_w*2) and x<(400-pic_w*
        1.5-interval_w*2):
            count-=1
            pygame.mixer.music.load(song_list[count])
            pygame.mixer.music.play()
```

## 项目完整代码整理

整合窗口建立、绘制按钮、事件循环等代码见代码清单 23-7。

**代码清单 23-7 代码整理**

```python
import pygame, sys, glob, random
pygame.init()  #必须首先进行 pygame 初始化
SCREEN_SIZE=(800,600)  #定义窗口尺寸
screen=pygame.display.set_mode(SCREEN_SIZE, 0,32)  #创建窗口
pygame.display.set_caption("平头哥的音乐播放器")  #窗口标题
play_button=pygame.image.load('play.png')  #加载播放按钮图片
pic_w=play_button.get_width()  #获取按钮的宽度
pic_h=play_button.get_height()  #获取按钮的高度
interval_w=(800-5* pic_w)/6  #按钮图标中间间隔宽度
background=pygame.image.load('bg.png')  #加载播放按钮图片
pause_button=pygame.image.load('pause.png')  #加载暂停按钮图片
last_button=pygame.image.load('last.png')  #加载上一曲按钮图片
stop_button=pygame.image.load('stop.png')  #加载停止按钮图片
next_button=pygame.image.load('next.png')  #加载下一曲按钮图片
screen.blit(background, (0, 0))
screen.blit(play_button, (400-pic_w/2,400))
screen.blit(pause_button, (400-pic_w*1.5-interval_w,400))
screen.blit(last_button, (400-pic_w*2.5-interval_w*2,400))
screen.blit(stop_button, (400+pic_w*0.5+interval_w,400))
screen.blit(next_button, (400+pic_w*1.5+interval_w*2,400))
song_list=glob.glob('C:\\Users\\lss\\PycharmProjects\\linss\\
music\\*.mp3')  #搜索指定路径下歌曲
while True:  #定义程序运行及退出事件
    for event in pygame.event.get():
        if event.type==pygame.QUIT:
            pygame.quit()
            sys.exit()
    x,y=pygame.mouse.get_pos()  #获取鼠标光标的坐标
    press_m=pygame.mouse.get_pressed()  #获取鼠标动作事件
    if y>400 and y<400+pic_h:  #当光标位置纵坐标满足条件时
        if press_m[0]==1:  #判断鼠标被按下的行为是左键被按下还是其他
    #播放
            count=random.randrange(len(song_list))
            #鼠标光标的横向位置
```

```
        if x>(400-pic_w*0.5) and x<(400+pic_w*0.5):
            pygame.mixer.music.load(song_list[count])
            pygame.mixer.music.play()   #执行播放功能
    #暂停
        elif x>(400-pic_w*1.5-interval_w) and x<(400-pic_
        w*0.5-interval_w):
            pygame.mixer.music.pause()
    #停止
        elif x>(400+pic_w*0.5+interval_w) and x<(400+
        pic_w*1.5+interval_w):
            pygame.mixer.music.stop()
    #下一曲
        elif x>(400+pic_w*1.5+interval_w*2) and x<(400+
        pic_w*2.5+interval_w*2):
            pygame.mixer.music.stop()
            count+=1
            if count>len(len(song_list)-1):
                count=0
            pygame.mixer.music.load(song_list[count])
            pygame.mixer.music.play()
    #上一曲
        elif x>(400-pic_w*2.5-interval_w*2) and x<(400-pic_
        w*1.5-interval_w*2):
            pygame.mixer.music.stop()
            count-=1
            if count<-len(song_list)
                count=0
            pygame.mixer.music.load(song_list[count])
            pygame.mixer.music.play()
pygame.display.update()
```

## 代码调试与优化

```
x,y=pygame.mouse.get_pos()   #获取鼠标光标的坐标
if y>400 and y<400+pic_h:  #当光标位置纵坐标满足条件时
if press_m[0]==1:   #判断鼠标被按下的行为是左键被按下还是其他
```

除了光标在按钮区域并且鼠标触发左键被按下之外，不需要对鼠标操作，也不需要浪费

资源随时获取光标的位置，因此上述代码的顺序可以调整下，只要确保只有当鼠标按下左键才获取光标位置即可：

```
if press_m[0]==1:    #判断鼠标左键是否被按下
    x,y=pygame.mouse.get_pos()    #获取鼠标光标的坐标
    if y>400 and y<400+pic_h:    #当光标位置纵坐标满足条件时
```

这样就减少了不必要的鼠标位置获取运算。

另外在对于播放列表的处理上，有两个关键点，第一个是初次播放从哪一首开始，也就是说 count 变量的初始值的设定，可以设定从零开始，也可以随机选择一个；第二个是当选择下一曲或者上一曲时有可能遇到超过 song_list 的 index 限制问题，这时候需要作出进一步的判断并将 count 归零，避免出现异常：

```
if count>2:
    count=0
```

或者

```
if count<-3:
    count=0
```

## 划重点

◆ 鼠标位置获取及鼠标按键模块的规则，利用鼠标实现按钮交互操作
◆ pygame mixer.music 模块函数及应用

## 你掌握了没有

◆ 写下鼠标 get_pos( ) 以及 get_pressed( ) 模块的代码逻辑
◆ 写出实现播放列表的加载及播放时选择歌曲的代码

# 24

弹球游戏

本章将综合应用 pygame 图形、声音功能设计弹球游戏。

### ●●● 优雅的代码从认识英语单词开始

学习本章内容前你需要先认识表 24-1 中的单词。

表 24-1 英语单词

| 英语单词 | 中文含义 | Python 中用法 |
|---|---|---|
| font | 字体 | pygame 字体函数，用于创建字体对象 |
| ball | 球体 | 项目对象名称 |
| baffle | 隔板 | 项目对象名称 |
| render | 使成为 | pygame 方法，.render()，对点前面的对象进行转化 |
| runtime | 运行时间 | 例程变量名称 |
| speed | 速度 | 例程变量名称 |
| collisionMusic | 碰撞音乐 | 例程变量名称 |
| keyup | 按键弹起 | 键盘事件方法 |
| keydown | 按键按下 | 键盘事件方法 |
| sprite | 精灵 | pygame 模块，包含图片对象以及一个矩形边界 |
| top | 顶部 | 精灵矩形坐标 |

### ●●● 知识、技能目标

知识学习目标

◆ 初步熟悉游戏开发的基本流程

技能掌握目标

◆ 进一步掌握 pygame 图形、声音模块的应用

## 24.1 任务分析

游戏设计的两个组成部分，一个是游戏初始化，一个是游戏循环，其中游戏循环的开始意味着游戏正式开始，见图 24-1。

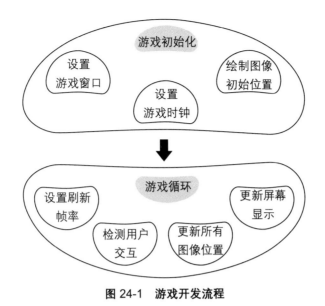

**图 24-1　游戏开发流程**

```
#必须先初始化
pygame.init()
#游戏窗口整体生成
pygame.display.set_mode(宽，高)
#游戏窗口标题
pygame.display.set_caption()
#绘制图像初始位置，游戏窗口背景图片、对象图片加载
pygame.image.load()
#绘制图像初始位置，将图片显示在某个 surface 上
surface.blit(图片对象，(0,0))
pygame.display.update()
#设置游戏时钟
pygame.time.Clock()
#控制循环执行的频率
pygame.time.Clock.tick()
#代码执行延时
pygame.time.delay(n)
#退出事件
pygame.QUIT
#键盘按键按下
pygame.KEYDOWN
#键盘按键抬起
pygame.KEYUP
......
```

弹球游戏流程从用户选择游戏开始、小球落下到用户用挡板去接球：如果接住了，小球被弹飞，弹飞的小球碰到窗口边缘反方向弹回；如果没有接住，游戏重新开始，见图24-2。

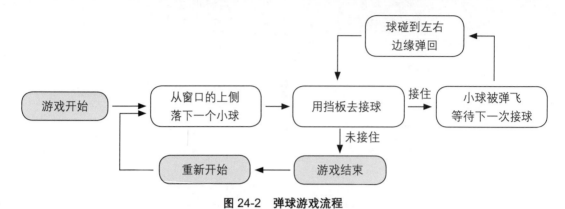

图 24-2　弹球游戏流程

### 游戏界面与结束画面

游戏画面、游戏结束界面要素如下：

游戏界面（图24-3）：

① 天蓝色的背景板；

② 记录游戏得分的计时器；

③ 一个可以左右移动的挡板；

④ 一个可以四个方向移动的小球。

游戏结束界面（图24-4）：

① 花的背景板；

② 游戏得分的提示；

③ 你的分数；

④ 重新开始按钮。

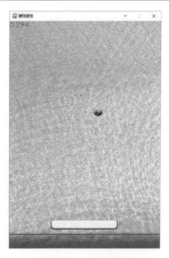

图 24-3　游戏界面

图 24-4　游戏结束界面

### 程序设计结构框架

在设计本任务时，将程序分为四个部分，分结构实现，见图24-5。

图 24-5　程序设计结构框架

## 24.2　游戏窗口初始化

前面章节已学过窗口的建立，现在利用本章项目回顾下，建立游戏初始窗口：

**代码清单 24-1 游戏窗口初始化**

```
import pygame
pygame.init()
#定义游戏窗口尺寸
width=500
height=720
screen_size=(500,720)
#以上三行也可以改写为 screen_size=width, height=500,720
#定义游戏窗口，可以想象成盖房子前要打的地基
screen=pygame.display.set_mode(screen_size)
#定义程序名称，即游戏名字
pygame.display.set_caption("弹球游戏")
#定义 screen 的表面图片
background=pygame.image.load('./material/GameBackground.jpg')
#将图片贴到指定屏幕表面层次上
screen.blit(background,(0,0))
#将上述操作实时更新显示出来
pygame.display.update()
```

设置了游戏初始窗口后，下面设计游戏循环整体代码框架。

## 24.3　球、挡板、计时器初始化

### 绘制文字——以图形模式输出文本

（1）pygame.font.Font(filename, size)

**功能**：返回一个特定字体对象，可使用该特定字体去定义文本。

**参数**：

filename：字体文件的文件名。如果 filename 参数设置为 None 则默认采用系统自带字体，如果自带字体文件无法打开就会报错。

size：字体的高 height，单位为像素。

（2）pygame.font.Font.render(text, antialias, color, background=None)

开发游戏时经常需要在游戏画面显示文字，通常会将文字转换成图片（或者说渲染）显示在 screen 上，这时候需要用到一个方法 render( )，具体规则为字体对象.render( )，使用时首先要建立一个字体对象，然后再调用 render( ) 方法。

**功能**：返回一个 surface 对象（字体渲染成的图像）。

**参数**：

text：要显示的文字；

antialias：为 True 时文本图像显示更光滑，为 False 时文本图像显示有锯齿状；

color：字体颜色；

background：背景颜色（可选参数），默认为小黑屏。

游戏界面中挡板和小球的初始位置如图 24-6 所示。

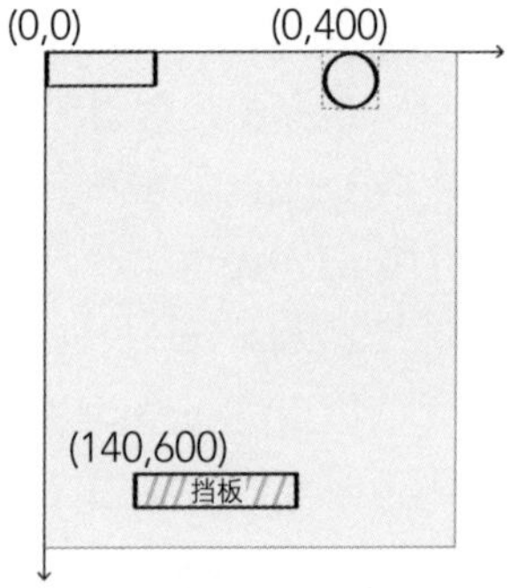

图 24-6　挡板和小球的初始位置

### 游戏元素对象（图片）初始化

第一步，程序中需要显示游戏时间，可用下述代码实现：

```
#建立时间显示 Font 对象（定义名称 runTimeFont）
runTimeFont=pygame.font.Font('./material/Jura-DemiBold.ttf', 24)
```

第二步，建立弹球的图片：

```
#建立球对象
ball=pygame.image.load('./material/Ball.png')   #加载球的图片
ball_x=400   #球的初始位置
ball_y=0   #球的初始位置
```

第三步，建立挡板的图片：

```
#建立挡板（baffle）对象
baffle=pygame.image.load('./material/Baffle.png')
baffle_x=140
baffle_y=600
```

这里将游戏元素图片初始化系列代码封装成一个函数 game_start( )：

**代码清单 24-2 定义游戏各元素初始化函数**

```
def game_start()
    ball=pygame.image.load('./material/Ball.png')  #加载球的图片
    ball_x = 400   #球的初始位置
    ball_y = 0   #球的初始位置
    baffle=pygame.image.load('./material/Baffle.png')
    baffle_x=140
    baffle_y=600
    runTimeFont=pygame.font.Font('./material/Jura-DemiBold.
    ttf', 24)
```

## 24.4 游戏循环与时钟

前面第 22 章接触到了 pygame.time.Clock( ) 方法，设置游戏时钟一共分两步：

① 在游戏初始化时用 pygame.time.Clock( ) 创建一个时钟对象，这里将时钟对象命名为 FPSClock，即 FPSClock = pygame.time.Clock( )；

② 在游戏循环中让时钟对象调用 tick(帧率) 方法，设置循环进行的频率或者说游戏的速率。

### 获取游戏时间

几乎所有的游戏都需要记录游戏运行的时间，pygame 中用 pygame.time.get_ticks( ) 返回从 pygame.init( ) 被调用开始计数后，游戏走过的时间。

因为时间是不断变化的，所以这里需要定义一个变量存储游戏时间——runTimeStr，而且要不断更新，计时器对象自然也要不断更新。

这里用 pygame.time.get_ticks( ) 记录程序当前的时间点，另外要准确记录游戏开始的时间，必须确保计时器从 0 开始。这里将程序运行开始的时间点定义为 programRunClock，游戏开始时，programRunClock = = pygame.time.get_ticks( )。

程序运行的时间 runTimeStr = str(pygame.time.get_ticks( ) − programRunClock)

游戏开始画面中"分数"功能（计时器）记录的是游戏进行的时间，这里将计时器对象命名为 runTimeSurface，它显示的是游戏运行的时间 runTimeStr。

**代码清单 24-3 程序运行时间及计时器**

```
runTimeSurface=runTimeFont.render(runTimeStr, True, (255, 52,
179))
pygame.font.Font.render(runTimeStr)
```

前面提到过 runTimeStr 为要显示的信息，本例中 runTimeStr 为 str( (pygame.time.get_ticks( ) − programRunClock) / 1000.0)。

图形对象建立后，还需要移块到屏幕上，详细代码见代码清单 24-4。

**代码清单 24-4 图形对象移块到屏幕上**

```
while True:
    # ①设置刷新帧率
    # ②检测用户交互
    # ③更新所有图像位置
    #将挡板更新到指定位置
    screen.blit(baffle,( baffle_x, baffle_y))
    #球更新到指定位置
    screen.blit(ball,(ball_x, ball_y))   #将球的图片"贴"到屏幕上
    #将计时器更新到指定位置
    runTimeStr=str((pygame.time.get_ticks()-programRunClock) /
1000.0)
    runTimeSurface=runTimeFont.render(runTimeStr, True, (255,
52, 179))
    screen.blit(runTimeSurface,(0,0))
    # ④更新屏幕显示
    pygame.display.update()
```

## 代码整理

**代码清单 24-5 初始化、循环、时钟代码整理**

```
def game_start():
    baffle=pygame.image.load('./material/Baffle.png')
    baffle_x=140
    baffle_y=600
```

```
ball=pygame.image.load('./material/Ball.png')   #加载球的图片
ball_x=400   #球的初始位置
ball_y=0   #球的初始位置
runTimeFont=pygame.font.Font('./material/Jura-DemiBold.
ttf', 24)
FPSClock=pygame.time.Clock()
programRunClock=pygame.time.get_ticks()
while True:
# ①设置刷新帧率
    FPSClock.tick(60)
# ②检测用户交互
# ③更新所有图像位置
#将挡板更新到指定位置
    screen.blit(baffle,( baffle_x, baffle_y))
#球更新到指定位置
    screen.blit(ball,(ball_x, ball_y))   #将球的图片"贴"到屏
    幕上
#将计时器更新到指定位置
    runTimeStr=str((pygame.time.get_ticks() -
    programRunClock) / 1000.0)
    runTimeSurface=runTimeFont.render(runTimeStr, True,
    (255, 52, 179))
    screen.blit(runTimeSurface,(0,0))
# ④更新屏幕显示
    pygame.display.update()
```

## 24.5 让球动起来

　　在让球动起来前需要通过坐标的变化来判断球是否运动以及运动的距离，还需要一个speed 参数告诉球要移动多远（确切地说是移动多快）。因为现在是在二维平面上绘制图形，球的速度包含横向速度、纵向速度，所以这里需要用一个列表[ball_x_speed, ball_y_speed]保存小球的速度。另外需要注意的是游戏窗口是有边界的，也就是球的运动是有边界的，为了保证球碰撞到边界后能够反弹，这里可以将反弹这一动作用速度值的改变来定义，将球体在碰到边界后的运动方向跟之前反过来，即速度修改为负值：ball_x_speed = − ball_x_speed，ball_y_speed = − ball_y_speed，这样就形成了球碰到边界被反弹的效果。

　　将球的初始速度设为：ball_speed = 16,ball_x_speed = 16, ball_y_speed = 16;

将挡板的初始速度（挡板只能横向移动）设为：baffle_x_speed = 15，baffle_y_speed = 0。

现在将速度的初始化添加到 game_start( ) 函数体里：

```
def game_start():
    baffle=pygame.image.load('./material/Baffle.png')
    baffle_x=140
    baffle_y=600
    baffle_speed=15
    baffle_x_speed=15
    baffle_y_speed=0
    ball=pygame.image.load('./material/Ball.png')   #加载球的图片
    ball_x=400   #球的初始位置
    ball_y=0   #球的初始位置
    ball_x_speed=16
    ball_y_speed=16
```

每次刷新的时候，小球在 x 轴上的位置等于小球在 x 轴的坐标加小球在单位时间移动的距离（x 轴上的速度），持续更新 x 轴坐标就产生了动画效果。

ball_x=ball_x＋ball_x_speed

ball_y=ball_y＋ball_y_speed

注：这里需要再次提醒的是球体的坐标是指左上角的坐标。

前面章节 pygame 的声音部分提到过如何获取对象的宽度与高度：

图片对象. get_width( )：获取图片的宽；

图片对象. get_height( )：获取图片的高。

（1）球体移动的上边界（图 24-7）

小球纵坐标运动范围是大于或等于 0 的，当球的纵坐标小于 0，则不能再向上运动，只能向下移动，即当 ball_y<=0 时，ball_y_speed = － ball_y_speed。

（2）球体移动的下边界（图 24-7）

当球的纵坐标大于 y1 时，则不能向下移动，只能向上移动，即将纵坐标的速度值更新为负的，即反方向移动。

y1=screen.height－ball.get_height()

即当 y>=720－ball.get_height( )时，ball_y_speed = － ball_y_speed。

（3）球体的左边界（图 24-8）

小球横坐标运动范围是大于或等于 0 的，当球的横坐标小

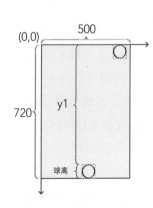

**图 24-7　小球运动的上下边界**

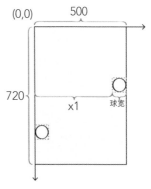

于 0,则不能再向左运动，只能向下移动，即当 ball_x<= 0 时，ball_x_speed = − ball_x_speed。

（4）球体的右边界（图 24-8）

当球的横坐标大于 x1 时，则不能向右移动，只能向左移动，即将横坐标的速度在触碰到边界后更新为负值，即反方向移动。

`x1=screen.width-ball.get_width()`

即当 x>= 500 − ball.get_width( ) 时，ball_x_speed = − ball_x_speed。

图 24-8　小球运动的左右边界

**代码清单 24-6 球的运动**

```
while True:
    #让球动起来
    #①球的坐标更新算法
    ball_x += ball_x_speed
    ball_y += ball_y_speed
    #②判断球边界条件，当球碰到边界之后往反方向弹，并定义反弹后初始位置
    if ball_x > 500 - ball.get_width():
        ball_x_speed = -ball_x_speed
        ball_x = 500 - ball.get_width()
    elif ball_x < 0:
        ball_x_speed = -ball_x_speed
        ball_x = 0
    if ball_y > 720 - ball.get_height():
        ball_y_speed = -ball_y_speed
        ball_y = 720 - ball.get_height()
    elif ball_y < 0:
        ball_y_speed = -ball_y_speed
        ball_y = 0
```

## 24.6　让挡板动起来

挡板的初始位置（图24-9）：

```
#挡板位置信息
baffle_x=140    #挡板横坐标
baffle_y=600    #挡板纵坐标
```

```
baffle_speed=15    #挡板移动速度
baffle_x_speed=15
baffle_y_speed=0
```

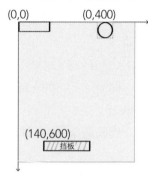

> 挡板只需要左右移动。
> 向左移动后坐标：挡板横坐标减去横坐标上移动的距离；
> 向右移动后坐标：挡板横坐标加上横坐标上移动的距离。

游戏中挡板的移动是通过键盘左右键移动实现的，当按下左键时，挡板向左移动；当按下右键时挡板向右移动。但需要先判断是否有按键被按下，判断被按下的键是否是左右方向键，从而通过捕捉键盘的 pygame.K_RIGHT、pygame.K_LEFT 事件来判断挡板的移动方向。这里将键盘方向键初始未按下状态下的值设定为 0，用一个字典记录 pygame.K_RIGHT、pygame.K_LEFT 的值：

图 24- 9　挡板初始状态

```
baffle_move={pygame.K_RIGHT:0,pygame.K_LEFT:0}
```

### 按键事件代码

**代码清单 24-7 利用左右键的值的变化决定挡板的移动方向**

```
if event.type == pygame.KEYDOWN:   #如果有按键被按下
    if event.key in baffle_move:   #判断被按下的按键是不是左右键
        baffle_move[event.key] = 1   #如果是，则把对应按键的值设置为 1
elif event.type == pygame.KEYUP:   #如果有按键被松开
    if event.key in baffle_move:   #判断被松开的按键是不是左右键
        baffle_move[event.key] = 0   #如果是，则把对应的按键的值设置为 0
#挡板移动后的坐标
baffle_x -= baffle_move[pygame.K_LEFT] * baffle_x_speed
baffle_x += baffle_move[pygame.K_RIGHT] * baffle_x_speed
```

挡板运动的左右边界（图 24-10）：

```
x1=500-baffle.get_width()
```
挡板左边界坐标为 0。
左边界 x<=0 时，
x = 0；
右边界 x>= 500 – baffle.get_width() 时，
　　x = 500-baffle.get_width()。

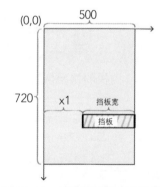

图 24-10　挡板运动的左右边界

## 挡板移动代码

```
#判断挡板边界条件
if baffle_x > 500 - baffle.get_width():   #挡板运动的左右边界
    baffle_x = 500 - baffle.get_width()
elif baffle_x < 0:
    baffle_x = 0
```

**代码清单 24-8 挡板移动代码整理**

```
while true:
    if event.type == pygame.KEYDOWN:   #如果有按键被按下
        if event.key in baffle_move:   #判断被按下的按键是不是左右键
            baffle_move[event.key] = 1   #如果是，则把对应按键的值设
                置为 1
    elif event.type == pygame.KEYUP:   #如果有按键被松开
        if event.key in baffle_move:   #判断被松开的按键是不是左右键
            baffle_move[event.key] = 0   #如果是，则把对应的按键的
                值设置为 0
    baffle_x -= baffle_move[pygame.K_LEFT] * baffle_x_speed
    baffle_x += baffle_move[pygame.K_RIGHT] * baffle_x_speed
    if baffle_x > 500 - baffle.get_width():   #挡板运动的左右边界
        baffle_x = 500 - baffle.get_width()
    elif baffle_x < 0:
        baffle_x = 0
```

## 24.7 挡板和球的碰撞及游戏声音

前面第 23 章 pygame 声音内容中讲解了 pygame 声音的代码设计：这里需要在球跟挡板碰撞时触发碰撞的声音，以及游戏结束时触发声音。

```
#碰撞音效
collisionMusic = pygame.mixer.Sound('./material/collision.wav')
#游戏结束音效
gameOverMusic = pygame.mixer.Sound('./material/over.wav')
```

## 挡板和球的碰撞（图 24-11）

球最右侧跟挡板最左侧碰撞的逻辑是什么？
`ball_x=baffle_x-ball.get_width()`
球最左侧跟挡板最右侧碰撞的逻辑是什么？
`ball_x=baffle_x+baffle.get_width()`
所以球跟挡板碰撞需要 x 轴满足条件：
`(baffle_x-ball.get_width())<BALL_X<`
`(baffle_x+baffle.get_width())`
球的最底部与挡板碰撞的逻辑是什么？
`if ball_y>=baffle_y-ball.get_height()and`
`ball_y<=baffle_y:`
    `ball_y=baffle_y-ball.get_height()`

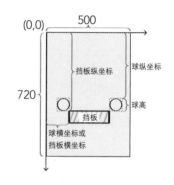

图 24-11　挡板与小球碰撞空间逻辑

球碰到挡板后，将球的速度赋值为负的，来表示球的反弹。

**代码清单 24-9 球与挡板的碰撞**

```
if(baffle_x-ball.get_width())<=ball_x<=(baffle_x+
baffle.get_width())and (baffle_y-ball.get_height()<=ball_
y<=baffle_y):
    ball_x_speed=-ball_x_speed  #速度反方向，即实现反弹
    ball_y_speed=-ball_y_speed  #速度反方向，即实现反弹
    ball_y=baffle_y-ball.get_height()
    collisionMusic.play()
if ball_y>baffle_y
    gameOverMusic=pygame.mixer.Sound('./material/over.wav')
```

## 24.8　游戏结束、得分、restart 游戏

到此为止游戏初始化及循环部分的程序基本结束了，接下来设计游戏结束得分以及游戏重启部分内容。

**代码清单 24-10 游戏结束界面（图 24-12）**

```
def game_result(score):
    #游戏结束背景 Surface 对象
    gameResultBackground =  \
    pygame.image.load('./material/ResultBackground.jpg')
    #游戏得分引导
    resultHint = pygame.image.load('./material/ResultFont.png')
    #游戏得分 Font 对象
```

```
gameResultFont = pygame.font.Font('./material/EuroBold.ttf',
100)
reStartButton = pygame.image.load('./material/ReStartButton.
png')
#重新开始 Hover 按钮
reStartButtonHover = \
pygame.image.load('./material/ReStartButtonHover.png')
while True:
    #将结束背景绘制到指定位置
    screen.blit(gameResultBackground, (0, 0))
    #将得分引导绘制到指定位置
    screen.blit(resultHint, (45, 200))
    #将游戏得分绘制到指定位置
    runTimeSurface = gameResultFont.render(runTimeStr, True,
    (255, 69, 0))
    screen.blit(runTimeSurface, (90, 270))
    #刷新显示
    pygame.display.update()
```

游戏结束后可以选择关闭游戏，也可以选择重启游戏，重启游戏需要用鼠标点击，见图 24-13。这时候需要作两个判断：第一，鼠标光标的位置是否在"Restart"范围内；第二，监测鼠标的事件是否被按下。

前面第 22、23 章中学过鼠标事件的应用：

**图 24-12 游戏结束界面**

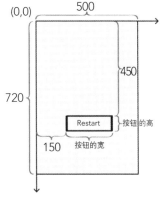

**图 24-13 重启游戏**

（1）pygame.mouse.get_pressed( )

返回按键被按下的情况，返回的是一个元组，即 (左键，中键，右键)，如按下则为 1。

（2）pygame.mouse.get_pos( )

返回当前鼠标位置 (mouse_x, mouse_y)。

**代码清单 24-11 鼠标事件实现游戏音乐**

```
mouse_x, mouse_y = pygame.mouse.get_pos()
mouse_press = pygame.mouse.get_press()
if event.type == pygame.MOUSEBUTTONDOWN :
```

```
if (150 <= event.pos[0] <= 150 +
reStartButton.get_width()) and \
    (450 <= event.pos[1] <= 450 +
     reStartButton.get_height()):
    buttonMusic.play()
```

## 添加背景音乐

前面章节学习了 pygame 的声音开发功能：

pygame.mixer.music.load('音乐路径')：添加歌曲；

pygame.mixer.music.play(-1, 0,0)：播放歌曲。

第一个参数表示播放几次，–1 表示无限循环；

第二个参数表示从这首歌的第几秒开始，以秒为单位。

## 弹球游戏代码合并整理

### 代码清单 24-12 弹球游戏代码整理

```
#创建主窗口
import pygame, sys
pygame.init()
SCREENWIDTH=500
SCREENHRIGHT=720
SCREENSIZE=(SCREENWIDTH, SCREENHRIGHT)
screen=pygame.display.set_mode(SCREENSIZE)
pygame.display.set_caption("弹球游戏")
#碰撞音效
collisionMusic=pygame.mixer.Sound('./material/collision.wav')
#游戏结束音效
gameOverMusic=pygame.mixer.Sound('./material/over.wav')
#重新开始按钮音效
buttonMusic=pygame.mixer.Sound('./material/button.wav')
#背景音乐
pygame.mixer.music.load('./material/Attraction.mp3')
pygame.mixer.music.play(-1, 0.0)
```

```
#游戏开始及运行函数
def game_start():
    #游戏背景 Surface 对象
    background = pygame.image.load('./material/
    GameBackground.jpg')
```

```
#挡板 Surface 对象
baffle = pygame.image.load('./material/Baffle.png')
#球 Surface 对象
ball = pygame.image.load('./material/Ball.png')
#时间显示 Font 对象
runTimeFont = pygame.font.Font('./material/Jura-DemiBold.
ttf', 24)
#游戏开始时的时间
programRunClock = pygame.time.get_ticks()
#帧率控制 Clock 对象
FPSClock = pygame.time.Clock()
#球位置信息
BALL_X = 400 #球的初始位置
BALL_Y = 0
ball_x_speed = 16  #球速度
ball_y_speed = 16
#挡板位置信息
BAFFLE_X = 140   #挡板横坐标
BAFFLE_Y = 600   #挡板纵坐标
baffle_x_speed = 15
#判断哪个按键被按下
baffle_move = {pygame.K_LEFT: 0, pygame.K_RIGHT: 0}


#游戏循环
    while True:
#设置游戏循环速度
        FPSClock.tick(60)
#检测用户交互
        for event in pygame.event.get():
            if event.type == pygame.QUIT:
                print('游戏结束...')
                pygame.quit()
                exit()
            elif event.type == pygame.KEYDOWN:  #如果有按键被按下
                if event.key in baffle_move:  #判断被按下的按键是
                    不是上下左右键
                        baffle_move[event.key] = 1  #如果是，则把对应的
                        按键的值设置为 1
```

```python
        elif event.type == pygame.KEYUP:  #如果有按键被松开
            if event.key in baffle_move:  #判断被松开的按键是
            不是上下左右键
                baffle_move[event.key] = 0  #如果是，则把对应
                的按键的值设置为 0
#移动挡板
    # ①定位挡板移动后坐标
BAFFLE_X -= baffle_move[pygame.K_LEFT] * baffle_x_speed
BAFFLE_X += baffle_move[pygame.K_RIGHT] * baffle_x_speed
    # ②判断挡板边界条件
if BAFFLE_X > 500 - baffle.get_width():  #挡板运动的左右
边界
    BAFFLE_X = 500 - baffle.get_width()
elif BAFFLE_X < 0:
    BAFFLE_X = 0
```

```python
#让球动起来
    # ①球的位置
BALL_X += ball_x_speed
BALL_Y += ball_y_speed
    # ②当球碰到窗口边界之后往反方向运动
if BALL_X > 500 - ball.get_width():
    ball_x_speed = -ball_x_speed
    BALL_X = 500 - ball.get_width()
elif BALL_X < 0:
    ball_x_speed = -ball_x_speed
    BALL_X = 0
elif BALL_Y < 0:
    ball_y_speed = -ball_y_speed
    BALL_Y = 0
    # ③判断球碰撞挡板条
if BALL_X >= (BAFFLE_X-ball.get_width())and BALL_X
<=(BAFFLE_X+ \
baffle.get_width()) and BAFFLE_Y - ball.get_height()<
=BALL_Y<=BAFFLE_Y:
ball_y_speed = -ball_y_speed
ball_x_speed = -ball_x_speed
BALL_Y=BAFFLE_Y-ball.get_height()
collisionMusic.play()
```

```
#更新所有图像位置
    #将游戏背景绘制到指定位置
    screen.blit(background, (0, 0))
    #将挡板绘制到指定位置
    screen.blit(baffle, (BAFFLE_X, BAFFLE_Y))
    #球绘制到指定位置
    screen.blit(ball, (BALL_X, BALL_Y))
    #计时器 runTimeSurface 对象
    runTimeStr = str((pygame.time.get_ticks()-programRunClock)/
    1000.0)
    runTimeSurface = runTimeFont.render(runTimeStr, True,
    (255, 52, 179))
#将计时器绘制到指定位置
screen.blit(runTimeSurface, (0, 0))
#游戏结束判定
if BALL_Y > BAFFLE_Y
        gameOverMusic.play()
        return runTimeStr
    #更新屏幕显示
    pygame.display.update()


#游戏结束函数
def game_result(score):
    gameResultBackground = pygame.image.load('./material/
    ResultBackground.jpg')
    resultHint = pygame.image.load('./material/ResultFont.png')
    gameResultFont = pygame.font.Font('./material/EuroBold.
    ttf', 100)
    #重新开始按钮
    reStartButton = pygame.image.load('./material/
    ReStartButton.png')
    #鼠标点击 "重新开始按钮"后样式
    reStartButtonHover = pygame.image.load('./material/
    ReStartButtonHover.png')
    while True:
        for event in pygame.event.get():
            if event.type == pygame.QUIT:
                print('游戏结束...')
                pygame.quit()
                exit()
```

```python
            #重新开始
    if (event.type == pygame.MOUSEBUTTONDOWN) and \
            (150 <= event.pos[0] <= 150 + reStartButton.
            get_width())and \
            (450 <= event.pos[1] <= 450 + reStartButton.
            get_height())
        buttonMusic.play()
        return True
    #将结束背景绘制到指定位置
    screen.blit(gameResultBackground, (0, 0))
    #将得分引导绘制到指定位置
    screen.blit(resultHint, (45, 200))
    #将游戏得分绘制到指定位置
    runTimeSurface = gameResultFont.render(score, True, (255,
    69, 0))
    screen.blit(runTimeSurface, (90, 270))
    #将重新开始绘制到指定位置
    mouse_x, mouse_y = pygame.mouse.get_pos()
    if 150 <= mouse_x <= (150 + reStartButton.get_width() )
    and(450 <= mouse_y <= 450 + reStartButton.get_height()):
        screen.blit(reStartButtonHover, (150, 450))
    else:
        screen.blit(reStartButton, (150, 450))
    #刷新显示
    pygame.display.update()
result = game_start()
game_result(result)
```

## 划重点

◆ 重点掌握游戏开发的流程
◆ 掌握游戏循环设计的技巧

## 你掌握了没有

◆ 游戏设计分为哪几个步骤？尝试写出你所知道的游戏开发步骤
◆ 如何实现绘制文字？写下绘制文字的标准代码
◆ 写出用键盘事件控制挡板的代码

# 附录

## 附录 1　常用内置函数

（1）函数类别

数学运算

abs()、divmod()、max()、min()、pow()、round()、sum()

类型转换

bool()、int()、float()、complex()、str()、ord()、chr()、bytearray()、
bytes()、memoryview()、bin()、oct()、hex()、tuple()、list()、dict()、
set()、frozenset()、enumerate()、range()、iter()、slice()、super()、
object()

序列操作

all()、any()、filter()、map()、next()、reversed()、sorted()、zip()

对象操作

help()、dir()、id()、hash()、type()、len()、ascii()、format()、vars()

变量操作

globals()、locals()

交互操作

print()、input()

文件操作

open()、close()

装饰器

@property()、@classmethod()、@staticmethod()

（2）函数详解

① **abs()**　取绝对值。

```
>>> abs(-3.16)
3.16
```

② **all()**　用于判断给定的可迭代序列参数中的所有元素是否都为 True，若括号内元素存在 0、空（''）、None、False 等元素，返回 False。

```
>>> all([])   # 注意空列表与空元素的区别
True
>>> all(())   # 空元组
True
>>> all(['a', 'b', 'c', 'd'])   # 列表 list，元素都不为 0、''、None、False
True
```

你好, Python

```
>>> all(['a', 'b', '', 'd'])  #列表 list, 存在一个为空的元素
False
>>> all([0, 1, 2, 3])  #列表 list, 存在一个为 0 的元素
False
>>> all(('a', 'b', 'c', 'd'))  #元组 tuple, 元素都不为 0、''、None、False
True
>>> all(('a', 'b', '', 'd'))  #元组 tuple, 存在一个为空的元素
False
>>> all((0, 1, 2, 3))  #元组 tuple, 存在一个为 0 的元素
False
```

③ **any()** 用于判断给定的可迭代序列参数中是否有为 True 值的元素。若括号内所有元素都是 0、空（''）、None、False, 返回 False。

```
>>> any([])  #空列表
False
>>> any(())  #空元组
False
>>> any(['a', 'b', 'c', 'd'])  #列表 list, 元素都不为 0、''、None、False
True
>>> any(['a', 'b', '', 'd'])  #列表 list, 至少存在一个为 True 的元素
True
>>> any([0, '', False])  #列表 list, 元素全为 0、''、False
False
>>> any(('a', 'b', 'c', 'd'))  #元组 tuple, 元素都不为 0、''、None、False
True
>>> any(('a', 'b', '', 'd'))  #元组 tuple, 元素只有一个为空的元素
True
>>> any((0, '', False))  #元组 tuple, 元素全为 0、''、False
False
```

④ **ascii()** 返回一个可打印的对象，用字符串方式表示，若是非 ASCII 字符就会输出 \x、\u 或 \U 等字符。

```
>>> ascii(524)
'524'
>>> ascii('￥')
"'￥'"
>>> ascii('我是平头哥')  #非 ASCII 字符
"'\u6211\u662f\u5e73\u5934\u54e5'"
```

⑤ **bin()** 返回一个整数 int 或者长整数 long int 的二进制表示，返回一个字符串。

```
>>> bin(10)
```

```
'0b1010'
>>> bin(20)
'0b10100'
```

⑥ **bool()**　用于将给定参数转换为布尔类型，如果没有参数，返回 False。

```
>>> bool()
False
>>> bool(0)
False
>>> bool(1)
True
>>> bool(2)
True
>>> issubclass(bool, int)  # bool 是 int 子类
True
```

⑦ **chr()**　用一个范围在 0~255 内即 range（256）的整数作参数，返回一个对应的字符。

```
>>> print(chr(0x30), chr(0x31), chr(0x61))  #十六进制
0 1 a
>>> print(chr(48), chr(49), chr(97))  #十进制
0 1 a
```

⑧ @**classmethod**　用来指定一个为类的方法，由类直接调用执行，只有一个 cls 参数，执行类的方法时，自动将调用该方法的类赋值给 cls，没有此参数指定的类的方法为实例方法。

```
class MyClass:
    grade = "two"
    def __init__(self, name):
        self.name = name
    @classmethod
    def show(cls):  # 类方法，由类调用，至少要有一个参数 cls，调用的时候这
个参数不用传值，自动将类名赋值给 cls
        print(cls)
 # 调用方法
 MyClass.show()
```

⑨ **delattr()**　用于删除属性。

```
class Animal:
    a =" 平头哥 "
    b =" 小海龟 "
    c =" 小蟒蛇 "
```

```
book_animal = Animal()
print('a = ', book_animal.a)
print('b = ', book_animal.b)
print('c = ', book_animal.c)
delattr(Animal, 'c')
print('-- 删除 c 属性后 --')
print('a = ', book_animal.a)
print('b = ', book_animal.b)
print('c = ', book_animal.c)
# 输出
('a = ', 平头哥)
('b = ', 小海龟)
('c = ', 小蟒蛇)
-- 删除 c 属性后 --
('a = ', 平头哥)
('b = ', 小海龟)
Traceback (most recent call last):
  File "test.py", line 22, in <module>
    print('c = ', book_animal.c)
AttributeError: Coordinate instance has no attribute 'c'
```

⑩ **dict()** 根据传入的参数创建一个新的字典。

```
>>> dict()  # 不传入任何参数时，返回空字典
{}
>>> dict(a = 1,b = 2)  # 可以传入键值对创建字典
{'a': 1, 'b': 2}
>>> dict(zip(['a','b'],[1,2]))  # 可以传入映射函数创建字典
{'a': 1, 'b': 2}
>>> dict((('a',1),('b',2)))  # 可以传入可迭代对象创建字典
{'a': 1, 'b': 2}
```

⑪ **dir()** 不带参数时返回当前范围内的变量（函数、方法和定义的类型列表），带参数时返回参数的属性（方法列表）。

```
>>> dir()
['__builtins__', '__doc__', '__loader__', '__name__', '__
package__', '__spec__', 'li', 'li1', 'li2', 'li_1']
>>> dir(list)
['__add__', '__class__', '__contains__', '__delattr__', '__
delitem__', '__dir__', '__doc__', '__eq__', '__format__', '__
ge__', '__getattribute__', '__getitem__', '__gt__', '__hash__',
```

```
'__iadd__', '__imul__', '__init__', '__iter__', '__le__', '__
len__', '__lt__', '__mul__', '__ne__', '__new__', '__reduce__',
'__reduce_ex__', '__repr__', '__reversed__', '__rmul__', '__
setattr__', '__setitem__', '__sizeof__', '__str__', '__
subclasshook__', 'append', 'clear', 'copy', 'count', 'extend',
'index', 'insert', 'pop', 'remove', 'reverse', 'sort']
```

⑫ **divmod()**　分别取商和余数。

```
>>> divmod(30,7)
(4, 2)
```

⑬ **enumerate()**　根据可迭代对象创建枚举对象。

```
>>> cities = ['HongKong', 'London', 'Peking', 'NewYork']
>>> list(enumerate(cities))
[(0, 'HongKong'), (1, 'London'), (2, 'Peking'), (3, 'NewYork')]
>>> list(enumerate(cities, start=1))   # 指定起始值
[(1, 'HongKong'), (2, 'London'), (3, 'Peking'), (4, 'NewYork')]
```

⑭ **eval()**　用来执行一个字符串表达式，并返回表达式的值。将字符串 str 当成有效的表达式来求值并返回计算结果。

```
eval(expression, globals [, locals])
```

expression：表达式。

globals：变量作用域，全局命名空间，如果被提供，则必须是一个字典对象。

locals：变量作用域，局部命名空间，如果被提供，可以是任何映射对象。

```
>>> x = 7
>>> eval( '4+x' )
11
>>> eval('pow(3,2)')
9
>>> eval('21 + 2')
23
>>> n=15
>>> eval("n + 4")
19
```

⑮ **filter()**　过滤器，构造一个序列，等价于挑出参数序列中符合函数条件的元素构成新的序列，在函数中设定过滤条件，逐一循环迭代器中的元素，将返回值为 True 的元素留下，形成一个 filter 类型数据。

```
filter(function, iterable)
```

参数 function：返回值为 True 或 False 的函数，可以为 None。

参数 iterable：序列或可迭代对象。

```
    def condition_func(x):
```

```
            return x <5
        filter(condition_func, [1, 9, 6, 3, 2, 8])
[1, 3, 2]
```

⑯ **float()**  将整数转换为浮点数。

```
>>> float()
0.0
>>> float(95)
95.0
```

⑰ **format()**  格式化输出字符串，format(value, format_spec) 实质上是调用了 value 的 \_\_format\_\_(format_spec) 方法。

```
>>> "I am {0}, I like {1}!".format("Pingtouge", "Python")
 'I am Pingtouge, I like Python!'
```

⑱ **frozenset()**  创建一个不可修改的集合。

```
>>> a = frozenset(range(5))
>>> a
frozenset({0, 1, 2, 3, 4})
```

⑲ **getattr()**  获取对象的属性。

getattr(object, name [, default]) 获取对象 object 的特性名 name。如果 object 不包含名为 name 的特性，将会抛 AttributeError 异常；如果不包含名为 name 的特性且提供 default（缺省返回值）参数，将返回 default。

```
>>> append = getattr(list, 'append')
>>> append
<method 'append' of 'list' objects>
>>> mylist = [3, 4, 5]
>>> mylist_append(6)
>>> mylist
[3, 4, 5, 6]
>>> method = getattr(list, 'add')
Traceback (most recent call last):
  File "<stdin>", line 1, in <module>
AttributeError: type object 'list' has no attribute 'add'
```

⑳ **globals()**  返回一个描述当前全局变量的字典。

```
>>> a = 1
>>> globals()
 {'__loader__': <class '_frozen_importlib.BuiltinImporter'>, 'a': 1,
 '__builtins__': <module 'builtins' (built-in)>, '__doc__': None,
'__name__': '__main__', '__package__': None, '__spec__': None}
```

㉑ **hasattr()**  判断对象的属性，返回 True 或 False。

hasattr(object, name) 判断对象 object 是否包含名为 name 的特性，通过调用 getattr(object, name) 是否抛出异常来实现。

```
>>> hasattr(list, 'append')
True
>>> hasattr(list, 'add')
False
```

㉒ **int()** 将数值转换为一个整数。

```
>>> int()
0
>>> int(7.7)
7
```

㉓ **isinstance()** 检查对象是否是类的对象，返回 True 或 False。

```
>>> isinstance(10,int)
True
>>> isinstance(3.2,str)
False
>>> isinstance(1,(int,str))
True
```

㉔ **issubclass()** 判断类是否是另外一个类或者类型元组中任意类元素的子类。

```
>>> issubclass(bool,int)
True
>>> issubclass(bool,str)
False
>>> issubclass(bool,(str,int))
True
```

㉕ **len()** 返回对象的长度。

```
>>> len('abcd')  # 字符串
>>> len(bytes('abcd','utf-8'))  # 字节数组
>>> len((1,2,3,4))  # 元组
>>> len([1,2,3,4])  # 列表
>>> len(range(1,5))  #range 对象
>>> len({'a':1,'b':2,'c':3,'d':4})  # 字典
>>> len({'a','b','c','d'})  # 集合
>>> len(frozenset('abcd'))  # 不可变集合
```

㉖ **list()** 根据传入的参数创建一个新的列表。

```
>>> list()  # 不传入参数，创建空列表
[]
>>> list('abcd')  # 传入可迭代对象，使用其元素创建新的列表
```

```
['a', 'b', 'c', 'd']
```

㉗ **locals()**　返回当前作用域内的局部变量和其值组成的字典。

```
def func():
    print('------ 分割线 ------')
    print(locals())  # 作用域内无变量
    a = 'Python'
    print('------ 分割线 ------')
    print(locals())  # 作用域内有一个 a 变量, 值为 1
func()
```
```
'------ 分割线 ------'
{}
'------ 分割线 ------'
{'a':'Python'}
```

㉘ **map()**　使用指定方法去作用传入的每个可迭代对象的元素, 生成新的可迭代对象。

```
>>> a = map(ord,'abcd')
>>> list(a)
[97, 98, 99, 100]
```

㉙ **max()**　返回可迭代对象元素中的最大值或者所有参数的最大值。

```
>>> max(1,2,3)  # 传入 3 个参数, 取 3 个中较大者
3
>>> max('1234')  # 传入 1 个可迭代对象, 取其最大元素值
'4'
>>> max(-6,3,key = abs)  # 求绝对值函数, 比较参数绝对值大小后, 再取较大者
-6
```

㉚ **min()**　返回可迭代对象元素中的最小值或者所有参数的最小值。

```
>>> min(1,2,3)  # 传入 3 个参数, 取 3 个中较小者
1
>>> min('1234')  # 传入 1 个可迭代对象, 取其最小元素值
'1'
>>> min(-1,-2,key = abs)  # 传入求绝对值函数, 比较参数绝对值大小后, 取较小者
-1
```

㉛ **next()**　返回可迭代对象中的下一个元素值。

```
>>> list1 = list('abcd')
>>> next(list1)
'a'
>>> next(list1)
'b'
>>> next(list1)
```

```
'c'
>>> next(list1)
'd'
>>> next(list1)
Traceback (most recent call last):
  File "<pyshell#18>", line 1, in <module>
    next(a)
StopIteration
```

㉜ **oct()** 　将整数转化成八进制数字符串。

```
>>> oct(10)
'0o12'
```

㉝ **open()** 　使用指定的模式和编码打开文件，返回文件读写对象。

```
>>> a = open('test.txt','rt')
>>> a.read()
'some text'
>>> a.close()
```

㉞ **pow()** 　返回两个数值的幂运算值或其与指定整数的模值。

```
>>>pow(3, 3)  # 等价于 3 ** 3
27
>>>pow(3, 3, 5)  # 等价于 (3 ** 3) % 5
2
```

㉟ **print()** 　向标准输出对象打印输出。

```
>>> print(1,2,3)
1 2 3
>>> print(1,2,3,sep = '+')
1+2+3
>>> print(1,2,3,sep = '+',end = '=?')
1+2+3=?
```

㊱ **@ property()** 　标示属性的装饰器，把方法装饰成属性。

```
    class Student:
    def __init__(self):
        self._name = ''
    @property
    def name(self):
        "i'm the 'name' property."
        return self._name
    student = Student()
    student.name  # 访问属性
```

```
        student.name = None   # 设置属性时进行验证
```

㊲ **range()**　根据传入的参数创建一个迭代序列。

```
>>> a = range(10)
>>> b = range(1,10)
>>> c = range(1,10,3)
```

㊳ **reversed()**　反转序列生成新的可迭代对象。

```
>>> a = reversed(range(10))   # 传入 range 对象
>>> a   # 类型变成迭代器
<range_iterator object at 0x035634E8>
>>> list(a)
[9, 8, 7, 6, 5, 4, 3, 2, 1, 0]
```

㊴ **round(x,k)**　对浮点数 x 进行四舍五入求值，参数 k 表示保留几位小数。

```
>>> round(3.1415926)   # 若没有参数，则默认保留 0 位小数
3
>>> round(3.14159,2)   #k=2 代表保留 2 位小数
3.14
>>> round(2319,-2)   #k 为 -2，表示小数点左边第 2 位四舍五入：1<3，所以进位为
2300
```

㊵ **set()**　根据传入的参数创建一个新的集合。

```
>>> set()   # 不传入参数，创建空集合
set()
>>> a = set(range(10))   # 传入可迭代对象，创建集合
>>> a
{0, 1, 2, 3, 4, 5, 6, 7, 8, 9}
```

㊶ **sorted()**　对可迭代对象进行排序，返回一个新的列表。

```
>>> a = ['a','b','d','c','B','A']
>>> a
['a', 'b', 'd', 'c', 'B', 'A']
>>> sorted(a)   #默认按字符 ASCII 码排序
['A', 'B', 'a', 'b', 'c', 'd']
>>> sorted(a,key = str.lower)   #转换成小写后再排序,'a'和'A'值一样,'b'和
'B' 值一样
['a', 'A', 'b', 'B', 'c', 'd']
```

㊷ **@staticmethod()**　标示方法为静态方法的装饰器。

```
# 使用装饰器定义静态方法
    class Student(object):
    def __init__(self,name):
        self.name = name
```

```
@staticmethod
def my_print(a):
    print(a)
    if a == 'I love Python!':
        print('Excellent!')
    else:
        print('I am so sad.')
Student.my_print ('I love Python!')  #类调用，'I love Python!'
```
传给了 a 参数
```
'I love Python!'
Excellent!
>>> stu = Student('Tom')
>>> stu.my_print ('I love c++!')  # 类实例对象调用，'I love c++!' 传给
```
了 a 参数
```
'I love c++!'
'I am so sad.'
```
㊸ **str()**　返回一个对象的字符串表现形式。
```
>>> str()
''
>>> str(None)
'None'
>>> str('abc')
'abc'
>>> str(123)
'123'
```
㊹ **sum()**　对元素类型是数值的可迭代对象中的每个元素求和。
```
>>> sum((1,2,3,4))
10
>>> sum((1,2),3)
6
>>> sum((1.5,2.5,3.5,4.5))
12.0
>>> sum((1,2,3,4),-10)
0
```
㊺ **super()**　根据传入的参数创建一个新的子类和父类关系的代理对象。
```
# 定义父类 A
    class A(object):
    def __init__(self):
```

```
        print('A.__init__')
# 定义子类 B，继承 A
    class B(A):
    def __init__(self):
        print('B.__init__')
        super().__init__()  #super 调用父类方法
    b = B()
B.__init__
A.__init__
```

㊻ **tuple()**　根据传入的参数创建一个新的元组。

```
>>> tuple()  # 不传入参数，创建空元组
()
>>> tuple('121')  # 传入可迭代对象，使用其元素创建新的元组
('1', '2', '1')
```

㊼ **type()**　返回对象的类型，或者根据传入的参数创建一个新的类型。

```
>>> type(100)  # 返回对象的类型
<class 'int'>
```

㊽ **vars()**　返回当前作用域内的局部变量和其值组成的字典，或者返回对象的属性列表。

```
>>> class Student(object):
        pass
>>> stu1= Student ()
>>> stu1.__dict__
{}
>>> vars(stu1)
{}
>>> stu1.name = 'Tim'
>>> stu1.__dict__
{'name': 'Tim'}
>>> vars(stu1)
{'name': 'Tim'}
```

㊾ **zip()**　聚合传入的每个迭代器中相同位置的元素，返回一个新的元组类型迭代器。

```
>>> name = ["Tom","Jim", "Jack"]  # 长度 3
>>> num = [4,5,6,7,8]  # 长度 5
>>> list(zip(name, num))  # 取最小长度 3
[("Tom", 4), ("Jim", 5), ("Jack", 6)]
```

# 附录 2　Python 初学者常见错误

（1）忘记符号为英文状态

导致"SyntaxError: invalid character in identifier"错误

该错误发生在如下代码中：

```
print（"I like python."）
```

（2）通过 input( ) 函数获取的值直接当数值用

导致"TypeError: can only concatenate str(not "int")to str"错误

该错误发生在如下代码中：

```
num = input(" 输入你的数字: ")
num += 1
```

（3）变量调用前没有定义

导致"NameError: name 'num' is not defined"错误

该错误发生在如下代码中：

```
print(num)
```

（4）数值运算"=="与赋值运算"="混淆

导致"SyntaxError: invalid syntax"错误

该错误发生在如下代码中：

```
if spam = 42:
    print('Hello!')
```

（5）在字符串首尾忘记加引号

导致"SyntaxError: EOL while scanning string literal"错误

该错误发生在如下代码中：

```
print(Hello!')
```

或者：

```
print('Hello!)
```

或者：

```
name = 'Liming'
print('My name is'+name+How are you?')
```

你好, Python

（6）字符串单、双引号的使用选择

导致"SyntaxError: invalid syntax"错误

该错误发生在如下代码中：

```
str1 = 'I like 'python'.'
```

正确的应该如下：

```
str1 = "I like 'python'."
```

（7）修改字符串的值

导致"TypeError: 'str' object does not support item assignment"错误

> **TIPS** string 是一种不可变的数据类型。

该错误发生在如下代码中：

```
str1 = 'I have a pet dog.'
Str1[13] = 'r'
print(str1)
```

正确做法：

```
str1 = 'I have a pet dog.'
str1 = str1[:13] + 'r' + str1[14:]
print(str1)
```

（8）字符串与其他类型数值直接相连

导致"TypeError: Can't convert 'int' object to str implicitly"错误

该错误发生在如下代码中：

```
num = 10
print('I have ' + num + ' apples.')
```

而正确的应该这样做：

```
num = 10
print('I have ' + str(num) + ' apples.')
```

或者：

```
num = 10
print('I have % s apple.' % (num))
```

（9）忘记在if、elif、else、for、while、class、def声明末尾添加冒号

导致"SyntaxError：invalid syntax"错误

该错误将发生在如下代码中：

```
if spam == 42
    print('Hello!')
```

（10）错误地使用缩进量

导致"IndentationError：unexpected indent"、"IndentationError：unindent does not match any outer indetation level"以及"IndentationError：expected an indented block"错误

> **TIPS** 记住缩进增加只用在以"："结束的语句之后，而之后必须恢复到之前的缩进格式。

该错误发生在如下代码中：

```
print('Hello!')
    print('world')
```

或者：

```
    if num == 4:
    print('Hello!')
  print('world!')
```

或者：

```
    if num1 == 4:
print('Hello!')
```

（11）在 for 循环语句中忘记调用 len( )

导致"TypeError: 'list' object cannot be interpreted as an integer"错误

> **TIPS** 通常你想要通过索引来迭代一个列表或者字符串的元素，若需要调用 range( )函数，要记得返回 len( )的值而不是返回这个列表。

该错误发生在如下代码中：

```
list1 = ['cat', 'dog', 'mouse']
for i in range(list1):
    print(list1 [i])
```

（12）变量或者函数名拼写错误

导致"NameError: name 'str2' is not defined"错误

该错误发生在如下代码中：

```
str1 = 'aaaaa'
print('My name is ' + str2)
```

## （13）方法名拼写错误

导致 "AttributeError: 'str' object has no attribute 'lowerr'" 错误

该错误发生在如下代码中：

```
str1 = 'I LIKE PYTHON.'
str1 = str1.lowerr()
```

## （14）引用超过列表的最大索引

导致 "IndexError: list index out of range" 错误

该错误发生在如下代码中：

```
spam = ['cat', 'dog', 'mouse']
print(spam[6])
```

## （15）使用不存在的字典键值

导致 "KeyError: 'spam'" 错误

该错误发生在如下代码中：

```
spam = {'cat': 'Zophie', 'dog': 'Basil', 'mouse': 'Whiskers'}
print('The name of my pet zebra is ' + spam['zebra'])
```

## （16）使用 Python 关键字作为变量名

导致 "SyntaxError：invalid syntax" 错误

该错误发生在如下代码中：

```
class = 'algebra'
```

> Python3 的关键字有：and, as, assert, break, class, continue,
> def, del, elif, else, except, False, finally, for, from,
> global, if, import, in, is, lambda, None, nonlocal, not, or,
> pass, raise, return, True, try, while, with, yield。

## （17）在定义局部变量前在函数中使用局部变量（此时有与局部变量同名的全局变量存在）

导致 "UnboundLocalError: local variable 'num' referenced before assignment" 错误

> **TIPS** 在函数中使用局部变量而同时又存在同名全局变量时是很复杂的，使用规则是：如果在函数中定义了任何东西，如果它只是在函数中使用那它就是局部变量，反之就是全局变量。这意味着你不能在定义它之前把它当全局变量在函数中使用。

该错误发生在如下代码中：

```
num = 42
def myFunction():
    print(num)
    num = 100
myFunction()
```

（18）使用 range()创建整数列表

导致"TypeError: 'range' object does not support item assignment"错误

> **TIPS** 有时你想要得到一个有序的整数列表，所以 range() 看上去是生成此列表的不错方式。然而，你需要记住 range() 返回的是"range object"，而不是实际的列表值。

该错误发生在如下代码中：

```
i = range(10)
i[4] = 4
```

也许这才是你想做的：

```
i = list(range(10))
i[4] = 4
```

> **TIPS** 在 Python2 中 i = range(10) 是可行的，因为在 Python2 中 range() 返回的是列表值，但是在 Python3 中就会产生以上错误。

（19）忘记为实例方法的第一个参数添加 self 参数

导致"TypeError: myMethod () takes no arguments（1 given）"错误

该错误发生在如下代码中：

```
class Animal():
    def myMethod():
        print('Hello!')
a = Animal()  # 实例化时默认缺省 self 参数
a.myMethod()
```

# 附录 3　程序设计练习

注：本练习的主旨在于训练初学者的算法基础、逻辑，分析解决问题的能力以及强化初学者对本书知识的掌握与应用，并不会考虑程序运行的效率问题，初学者可以在掌握基本实现方法的前提下考虑如何优化代码。

① 输入一个正整数 n，输出 n 以内：

a. 所有自然数的和；

b. 所有奇数的和；

c. 所有偶数的和。

输入样例：5

输出样例：15

　　　　　9

　　　　　6

② 编写一个函数，输入 n 为偶数时，调用函数求 1/2+1/4+…+1/n；当输入 n 为奇数时，调用函数 1/1+1/3+…+1/n。

输入样例：5

输出样例：1.5333333333333332

输入样例：6

输出样例：1.9166666666666667

③ 输入一个字符串，输出字符串逆序，若字符串首字母大写，逆序后原首字母小写，新的首字母大写。

输入样例：'Abcdef'

输出样例：'Fedcba'

输入样例：'Python'

输出样例：'Nohtyp'

④ 输入一个正整数 n，输出 n 的因数。

输入样例：6

输出样例：[1,2,3,6]

⑤ 项目"抓住 Python 的尾巴"。输入一个字符串如"Pythonlovepythonhelloworld"，如果字符串中存在"PYTHON"或"python"等拼写方式（python 不区分大小写）则输出"PYTHON"，否则输出"C++"。

⑥ 给定一个列表，判断列表中是否有相同的元素，输出第一个相同元素以及它的个数。

输入样例：[1,3,2,24,3,5,3,6,3]

输出样例：3,4

输入样例：[1,2,3,4,5]

输出样例：False

输入样例：[1,2,1,2,4,2]

输出样例：1,2

⑦ 给定两个列表，一个存储学生姓名，一个存储学生分数，设计程序将两个列表对应位置上的元素转换成字典。

输入样例：['Tom', 'Tony', 'Carry', 'Janet']

　　　　　[99,85,90,98]

输出样例：{'Tom':99, 'Tony':85, 'Carry':90, 'Janet':98}

⑧ 列表转数字：给定一个列表，元素都是整数，将列表元素按照列表顺序转化成数字。若元素中有奇数个负数，转换成的数字为负数；若负数的个数为偶数，转换成的数字为正数。

输入样例：[1,2,3,4]

输出样例：1234

输入样例：[0,1,2,3,4]

输出样例：1234

输入样例：[1,-2,3,4]

输出样例：-1234

输入样例：[1,-2,3,-4]

输出样例：1234

⑨ 小明接到老板给的任务，将表格里的重复数据删除。定义一个函数，给定一个列表（存储数据）实现上述功能。

输入样例：[1,2,3,2,4,3]

输出样例：[1,2,3,4]

输入样例：['a', 'a', 'd', 'a', 'e', 'b']

输出样例：['a', 'd', 'e', 'b']

⑩ 如果一个数等于它的因数之和，这个数称为完数。输出 10000 以内的完数。

⑪ 一个球从 100m 高处落下，每次反弹的高度为上一次高度的一半，输出它第 10 次落地时小球累计走过的高度以及第 10 次反弹的高度。

⑫ 圣地亚哥卫生与健康研究中心需要预测未来几天新出生人口的数量：

这里有一个列表 cases 存放旧金山、圣巴巴拉、洛杉矶、圣地亚哥四个城市的上月累计新增人口数：

cases = [12508,9969,310595,57405]

还有一个列表存放未来几天这几个城市每天的新增人口：

predicted_growth = [100, 200,300]

任务：给定上月已新增人口数量及人口出生预测数量列表，编写程序，帮助研究中心输出未来 k 天每天每个城市的累计新增人口，k 为 predicted_growth 的长度。

输入样例：

cases = [12508,9969,310595,57405]

predicted_growth = [100,200,300]

输出样例：

[12608,10069,310695,57505]

[12808,10269,310895,57705]

[13108,10569,311195,58005]

输入样例:

cases = [12508,9969,310595,57405]

predicted_growth = [1000,2000,3000,4000]

输出样例:

[13508,10969,311595,58405]

[15508,12969,313595,60405]

[18508,15969,316595,63405]

[22508,19969,320595,67405]

输入样例:

cases = [12508,9969,310595,57405]

predicted_growth = [10000]

输出样例:

[22508,19969,320595,67405]

⑬ 输入一个自然数 num，分别输出 1~10（含）的 1 到 num 倍数的列表。

输入样例:

5

输出样例:

[1,2,3,4,5,6,7,8,9,10]

[2,4,6,8,10,12,14,16,18,20]

[3,6,9,12,15,18,21,24,27,30]

[4,8,12,16,20,24,28,32,36,40]

[5,10,15,20,25,30,35,40,45,50]

⑭ 输入一个整数 n，输出 n 以内的所有素数。

输入样例: 5

输出样例: [3,5]

⑮ 有红、黄、蓝三种颜色的球，其中红球 3 个，蓝球 3 个，绿球 6 个。先将这 12 个球混合放在一个盒子中，从中任意摸出 8 个球，编程计算摸出球的各种颜色数量搭配。按 red（数量）blue（数量）green（数量）格式输出。

⑯ 输入两个自然数 n、m，求出 n 和 m 间自然数的和。

输入样例: n = 3

m = 6

输出样例: 18

输入样例: n = 6

m = 3

输出样例: 18

输入样例: n = 5

m = 5

输出样例：请重新输入

⑰ 输入两个正整数 i、n，计算 i+ii+iii+…+ii…（n 个）的值。

输入样例：3

4

输出样例：3702

输入样例：5

6

输出样例：617820

⑱ 已知一批货物的重量分别为 33.0、36.3、25.1、29.4、31.5，并存放在列表 lst 里。定义一个函数，当用户输入允许装货的单件货物最大重量（max_weight）以及最小重量（min_weight）时，自动筛选 lst 中符合范围的重量并存储在 shippable_lst 里。

输入样例：

```
lst = [33.0,36.3,25.1,29.4,31.5]
min_weight = 30.0
max_weight = 34.0
```

输出样例：[33.0,31.5]

⑲ 输入列表，用冒泡排序法将列表做升序排列。

输入样例：[3,1,7,4,6,9]

输出样例：[1,3,4,6,7,9]

⑳ 给定一个整数列表 nums，输入一个整数目标值 target，请在该列表中找出和为目标值的那两个整数，并返回它们的数组下标。假设每种输入只会对应一个答案，数组中同一个元素不能使用两遍。

输入样例：nums = [2,7,4,5], target = 9

输出样例：[0,1]

解释：因为 nums[0] + nums[1] == 9，返回 [0, 1]

输入样例：nums = [3,2,4], target = 6

输出样例：[1,2]

输入样例：nums = [3,3], target = 6

输出样例：[0,1]

㉑ 在 turtle 中用正方形绘制圆形，每偏转一个固定的角度，绘制一个正方形，得到的图形具体如下（颜色为随机颜色）：

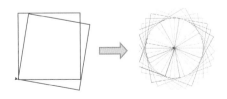

㉒ 输入两个正整数，输出它们的最大公约数。

　　输入样例：9

　　　　　　12

　　输出样例：3

　　输入样例：5

　　　　　　10

　　输出样例：5

㉓ 输入两个正整数，输出它们的最小公倍数。

　　输入样例：4

　　　　　　3

　　输出样例：12

　　输入样例：6

　　　　　　4

　　输出样例：12

㉔ 输入一个正整数 n，输出 n 的阶乘。

　　输入样例：5

　　输出样例：120

　　输入样例：4

　　输出样例：24

㉕ 新建两个文件 test1 和 test2，各存放一段文字，设计程序把这两个文件中的信息合并（按字母顺序排列），写入到一个新文件 test3 中。

㉖ 给定一个列表，请找出其中不含有重复元素的最长子列表的长度。

　　输入样例：lst = ["a", "b", "c", "a", "b", "c", "b", "b"]

　　输出样例：3

　　输入样例：s = ["b", "b", "b", "b", "b"]

　　输出样例：1

　　输入样例：s = []

　　输出样例：0

㉗ 数字翻转。给定一个数字，输出它的翻转数字。

　　输入样例：312

　　输出样例：213

　　输入样例：120

　　输出样例：21

㉘ 零和游戏。给定一个列表，判断列表中是否存在三个数 i+j+K=0，输出所有和为 0 的不重复组合。

　　输入样例：[-1,0,1,2,-1,1,-2]

　　输出样例：[[-1,0,1],[0,2,-2],[1,1,-2],[-1,-1,2]]

　　输入样例：[]

输出样例：[]

输入样例：[0]

输出样例：[]

㉙ 输入一个自然数 n，输出 1!+2!+3!+4!+⋯+n!的和。

㉚ 输出分数序列 2/1，3/2，5/3，8/5，13/8⋯前 100 项的和。

㉛ 给定一个偶数 n，思考将 n 拆分成两个素数的和有多少种拆分法，输出总共有多少种拆分法及这些素数。

输入样例：6

输出样例：2

             [[3,3]]

输入样例：30

输出样例：4

             [[7,23],[11,19],[13,17]]

㉜ 给定一个正整数构成的列表 lst，输出由这些元素构成的最大整数。

输入样例：[3,5,3,4,7,8]

输出样例：875433

# 参考文献

[1]  孙丹，李艳. 我国青少年编程教育课程标准探讨[J]. 开放教育研究，2019，25（5）：99-109.

[2]  孙丹，李艳. 国内外青少年编程教育的发展现状、研究热点及启示——兼论智能时代我国编程教育的实施策略[J]. 远程教育杂志，2019（3）：47-60.

[3]  于纪明，李冠琼，朱坤. 基于编程解决问题的青少年计算思维培养框架[J]. 计算机教育，2020（7）：99-100.

[4]  孟杰，龚波，沈书生. 面向初中生 Python 编程的教学设计与实践研究——基于项目式教学视角[J]. 数字教育，2020（4）：47-51.

[5]  张渤，田荣光. 初中 Python 编程教学的困难与解决[J]. 中国信息技术教育，2019（23）：28.

[6]  Sander W，Sander C. 父与子的编程之旅——与小卡特一起学 Python[M]. 苏金国，易郑超，译. 北京：人民邮电出版社，2014.

[7]  刘思成，刘鹏，朱慧. 小天才学 Python[M]. 北京：清华大学出版社，2019.

[8]  吴灿铭. 图解数据结构——使用 Python[M]. 北京：清华大学出版社，2018.

[9]  翁馨. 玩转 Python——孩子的一本编程书[D]. 广州：华南理工大学，2019.

[10]  杨帆. 初中学段编程校本课程开发与评价研究——以 A 校《Python 程序设计》校本课程为例[D]. 上海：上海师范大学，2019.

[11]  余悦雯. 基于 Minecraft 的 Python 编程教学活动设计与实施[D]. 杭州：浙江大学，2019.